CAD/CAM/CAE 工程应用丛书

UG NX 10.0 完全自学手册

第 3 版

博创设计坊　组　编

钟日铭　等编著

机械工业出版社

本书以 UG NX 10.0（即 SIEMENS NX 10.0）正式中文版为软件操作基础，结合典型范例循序渐进地介绍了 NX 10.0 中文版的软件功能和实战应用知识。本书共 9 章，内容包括：UG NX 10.0 入门及基本操作、草图、空间曲线与基准特征、创建实体特征、特征操作及编辑、曲面建模、装配设计、工程图设计、NX 中国工具箱应用与同步建模。

本书图文并茂、结构清晰、重点突出、实例典型、应用性强，是一本很好的从入门到精通类的完全实战自学手册，适合从事机械设计、工业设计、模具设计、产品造型与结构设计等工作的专业技术人员阅读。本书还可供 UG NX 10.0 系列培训班及大、中专院校作为专业 UG NX 培训教材使用。

图书在版编目（CIP）数据

UG NX 10.0 完全自学手册 / 博创设计坊组编；钟日铭等编著. —3 版.
—北京：机械工业出版社，2015.4（2024.8 重印）
（CAD/CAM/CAE 工程应用丛书）
ISBN 978-7-111-49829-2

Ⅰ. ①U… Ⅱ. ①博… ②钟… Ⅲ. ①计算机辅助设计-应用软件-手册
Ⅳ. ①TP391.72-62

中国版本图书馆 CIP 数据核字（2015）第 063435 号

机械工业出版社（北京市百万庄大街 22 号　邮政编码 100037）
策划编辑：张淑谦　责任校对：张艳霞
责任编辑：张淑谦
责任印制：单爱军
北京虎彩文化传播有限公司印刷
2024 年 8 月第 3 版·第 10 次印刷
184mm×260mm·28.75 印张·710 千字
标准书号：ISBN 978-7-111-49829-2
　　　　　ISBN 978-7-89405-734-1（光盘）
定价：79.00 元（含 1DVD）

出 版 说 明

随着信息技术在各领域的迅速渗透，CAD/CAM/CAE 技术已经得到了广泛的应用，从根本上改变了传统的设计、生产与组织模式，对推动现有企业的技术改造、带动整个产业结构的变革、发展新兴技术、促进经济增长都具有十分重要的意义。

CAD 在机械制造行业的应用最早，使用也最为广泛。目前其最主要的应用涉及机械、电子、建筑等工程领域。世界各大航空、航天及汽车等制造业巨头不但广泛采用CAD/CAM/CAE 技术进行产品设计，而且投入大量的人力、物力及资金进行 CAD/CAM/CAE 软件的开发，以保持自己在技术上的领先地位和在国际市场上的优势。CAD 在工程中的应用，不但可以提高设计质量，缩短工程周期，还可以节约大量建设投资。

各行各业的工程技术人员也逐步认识到 CAD/CAM/CAE 技术在现代工程中的重要性，掌握其中的一种或几种软件的使用方法和技巧，已成为他们在竞争日益激烈的市场经济形势下生存和发展的必备技能之一。然而，仅仅掌握简单的软件操作方法还是远远不够的，只有将计算机技术和工程实际结合起来，才能真正达到通过现代的技术手段提高工程效益的目的。

基于这一考虑，机械工业出版社特别推出了这套主要面向相关行业工程技术人员的"CAD/CAM/CAE 工程应用丛书"。本丛书涉及 AutoCAD、Pro/ENGINEER、UG、SolidWorks、Mastercam、ANSYS 等软件在机械设计、性能分析、制造技术方面的应用和AutoCAD、天正建筑 CAD 软件在建筑及室内配景图、建筑施工图、室内装潢图、水暖施工图、空调布线图、电路布线图以及建筑总图绘制等方面的应用。

本套丛书立足于基本概念和操作，配以大量具有代表性的实例，并融入了作者丰富的实践经验。本套丛书具有专业性强、操作性强、指导性强的特点，是一套真正具有实用价值的书籍。

机械工业出版社

前　　言

　　UG NX（SIEMENS NX）是新一代数字化产品开发系统，其系列软件广泛应用于机械设计与制造、模具、家电、玩具、电子、汽车、造船和工业造型等行业。

　　目前市面上关于 UG NX 系列的图书虽然很多，但学习者想挑选一本适合自己的实用性强的学习用书却不容易。有不少学习者有这样的困惑：学习 UG NX 很长时间后，却似乎感觉还没有入门，不能够将它有效地应用到实际的设计工作中。造成这种困惑的一个重要原因是：在学习 UG NX 时，过多地注重了软件功能的学习，而忽略了实战操作的锻炼和设计经验的积累等。事实上，一本好的 UG NX 教程，除了要介绍基本的软件功能之外，还要结合典型实例和设计经验来介绍应用知识与使用技巧等，并兼顾设计思路和实战性。鉴于此，笔者根据多年的一线设计经验，编写了这本结合软件功能和实际应用的 UG NX 完全自学手册。

　　本书是在读者喜爱的 NX 专业畅销书《UG NX 7.5 完全自学手册》和《UG NX 8.0 完全自学手册第 2 版》的基础上经过升级改版而成的，并针对新版本的功能特点做了部分内容调整，同时根据一些热心读者和院校老师的宝贵反馈意见进行改编，使得本书更实用且精品化。本书以 UG NX 10.0 中文版为操作蓝本，以软件应用为主线，结合软件功能，全面、深入、细致地通过实战范例来辅助介绍 UG NX 10.0 的功能和用法。

1．本书内容及知识结构

　　本书共分 9 章，每一章的主要内容说明如下。

　　第 1 章介绍的内容是 UG NX 10.0 入门及基本操作，具体包括 UG NX 产品简介、UG NX 10.0 操作界面、文件管理基本操作、系统基本参数设置、视图布局设置、工作图层设置和基本操作等。

　　第 2 章重点介绍的内容有草图工作平面、创建基准点和草图点、草图基本曲线绘制、草图编辑与操作、草图几何约束、草图尺寸约束、定向视图到草图、定向视图到模型、直接草图和草图综合范例。

　　第 3 章重点介绍空间曲线和基准特征的实用知识。

　　第 4 章首先介绍实体建模入门基础，接着介绍如何创建体素特征，如何创建扫掠特征和基本成形设计特征，最后介绍一个建模综合范例。

　　第 5 章重点介绍特征操作及编辑的基础与应用知识，具体包括细节特征、布尔运算、抽壳、关联复制、特征编辑。

　　第 6 章重点介绍曲面建模的知识，具体包括曲面片体基础、由点构面、由线构面、曲面的其他创建方法、编辑曲面、曲面加厚、曲面进阶知识等。在本章的最后，还专门介绍了一个关于曲面综合设计的应用范例。

　　第 7 章结合典型范例来介绍装配设计，主要内容包括装配设计基础、装配配对设计、使用装配导航器与约束导航器、组件应用、检查简单干涉与装配间隙、爆炸视图、装配顺序应用等，最后还将介绍两个装配综合应用范例。

　　第 8 章介绍的主要内容包括切换"制图"应用模块、设置制图标准与首选项、工程图的基本管理操作、插入视图、编辑视图、修改剖面线、图样标注/注释和零件工程图综合实战案例等。

第 9 章介绍 NX 中国工具箱和同步建模的应用基础知识。

2. 本书特点及阅读注意事项

本书结构严谨、实例丰富、重点突出、步骤详尽、应用性强，兼顾设计思路和设计技巧，是一本很好的 UG NX 10.0 完全自学手册。

为相关章节和知识点精选实战范例，能够快速地引导读者步入专业设计工程师的行业，帮助读者解决工程设计中的实际问题。

在阅读本书时，配合书中实例进行上机操作，学习效果更佳。

本书附赠 DVD 光盘一张，内含各章的一些参考模型文件和精选的操作视频文件（AVI视频格式），以辅助学习。另外，为配合教学需要，本光盘还附赠 PPT 电子教案。

3. 光盘简要使用说明

书中应用范例的参考模型文件均放在光盘根目录下的"配套范例文件\CH#"文件夹（#代表着各章号）里。PPT 电子教案放在光盘根目录下的"电子教案"文件夹里。

提供的操作视频文件位于光盘根目录下的"操作视频"文件夹里。操作视频文件采用AVI 格式，可以在大多数的播放器中播放，如可以在 Windows Media Player、暴风影音等较新版本的播放器中播放。在播放时，可以调整显示器的分辨率以获得较佳的效果。

本随书光盘仅供学习之用，请勿擅自将其用于其他商业活动。

4. 技术支持及答疑等

如果读者在阅读本书时遇到什么问题，可以通过 E-mail 方式与作者联系，作者的电子邮箱为 sunsheep79@163.com。欢迎读者提出技术咨询或批评建议。另外，也可以通过用于技术支持的 QQ（617126205）、微信（微信号为 bochuang_design）联系并进行技术答疑与交流。对于提出的问题，作者会尽快答复。

本书主要由钟日铭编写，参与编写的还有肖秋连、钟观龙、庞祖英、钟日梅、钟春雄、刘晓云、陈忠钰、周兴超、陈日仙、黄观秀、钟寿瑞、沈婷、钟周寿、曾婷婷、邹思文、肖钦、赵玉华、钟春桃、劳国红、肖宝玉、肖世鹏和肖秋引。

书中如有疏漏之处，请广大读者不吝赐教。

天道酬勤，熟能生巧，以此与读者共勉。

钟日铭

目　　录

第1章　UG NX 10.0 入门简介及基本操作

本章导读：

  SIEMENS NX（又称 UG NX）是新一代数字化产品开发系统。本章介绍的内容是 UG NX 10.0 入门简介及基本操作，具体包括 UG NX 产品简介、UG NX 10.0 操作界面、文件管理基本操作、系统基本参数设置、视图布局设置、工作图层设置和基本操作等。

1.1　UG NX 产品简介

  SIEMENS PLM Software 的旗舰数字化产品开发解决方案 NX 系列软件是值得推荐的，其性能优良、集成度高，功能涵盖了产品的整个开发和制造等过程。NX 建立在为客户提供优秀的解决方案的成功经验基础之上，这些解决方案可以全面地提高设计效率，削减成本，并缩短产品进入市场的时间。NX 的独特之处是知识管理基础，工程专业人员可以使用其来推动革新以创造出更大的利润，还可以管理生产和系统性能知识，并根据已知准则来确认每一设计决策。利用 NX 强大而灵活的建模功能，工业设计师能够迅速地建立和改进复杂的产品形状，并且使用先进的渲染和可视化工具来最大限度地满足设计概念的审美要求。

  UG NX 包括众多的设计应用模块，具有高性能的机械设计和制图功能，以满足客户设计任何复杂产品的需要；UG NX 还具有钣金模块、专业的管路和线路设计系统、专用塑料件设计模块和其他行业设计所需的专业应用程序；UG NX 提供了值得称赞的同步建模技术，提高了各类产品的开发速度，扩展了 NX 与第三方 CAD 应用数据有效协同工作的能力；UG NX 允许制造商以数字化的方式仿真、确认和优化产品及其开发过程，这样可以有效地改善产品质量，同时大大减低设计成本以及对变更周期的依赖。

  另外，UG NX 产品开发解决方案支持制造商所需的一些工具，可用于管理过程并与扩展的企业共享产品信息。UG NX 与 SIEMENS PLM 其他解决方案的完整套件无缝结合，实现了在可控环境下的协同设计、管理产品数据、转换数据等。

  UG NX 系列软件应用广泛，尤其在高端工程领域。大部分飞机发动机和汽车发动机都采用 UG NX 进行设计。其主要大客户包括通用汽车、通用电气、福特、波音麦道、洛克希德、劳斯莱斯、普惠发动机、日产和克莱斯勒等。在高端领域与 CATIA、Creo、SolidWorks 并驾齐驱。

  NX 10.0 是西门子公司于 2014 年 12 月正式发布的 NX 新版本，该版本在操作界面、

CAD 建模、验证、制图、仿真/CAE、工装设计、加工流程和流水线设计等方面新增或增强了很多实用功能，以进一步提高整个产品开发过程中的生产效率。此外，NX 10.0 终于可以全面地支持带有中文字符的路径和文件名称。

本书将结合软件功能、设计理论与典型范例来系统地介绍 UG NX 10.0 的相关实用知识。

1.2　UG NX 10.0 操作界面

以 Windows 7 操作系统为例，要启动 UG NX 10.0，则在计算机视窗左下角单击"开始"按钮 ，接着从打开的"开始"菜单中选择"所有程序"|"Siemens NX 10.0"|"NX 10.0"命令，系统弹出图 1-1 所示的 NX 10.0 启动界面。

图 1-1　NX 10.0 启动界面

该启动界面片刻后消失，系统打开 NX 10.0 的初始操作界面（也称初始运行界面），如图 1-2 所示。在初始操作界面的窗口中，可以查看一些基本概念、交互说明或开始使用信息等，这对初学者是很有帮助的。在初始操作界面中，将鼠标指针移至窗口中的左部要查看的选项处（这些选项包括"应用模块""显示模式""功能区""资源条""命令查找器""部件""模板""对话框""选择""视图操控""快捷方式"和"帮助"），则在窗口中的右部区域将显示所指选项的介绍信息。

若在功能区的"主页"选项卡中单击"新建"按钮 ，或者在"快速访问"工具栏中单击"新建"按钮 ，则打开"新建"对话框，从中指定所需的模块和新文件名等，单击"确定"按钮，从而进入主操作界面。图 1-3 所示为从事建模设计的一个主操作界面，该主操作界面主要由标题栏、功能区、上边框条（包含"菜单"按钮、选择条和"视图"工具栏等）、状态栏、资源板和绘图区域等部分组成。其中资源板包括一个竖向资源条和相应的显示列表框，竖向资源条上的选项工具包括"装配导航器" 、"约束导航器" 、"部件导航器" 、"重用库" 、"HD3D 工具" 、"Web 浏览器" 、"历史记录" 、"Process Studio" 、"加工向导" 、"角色"按钮 和"系统场景" 。在资源板的竖向资源条上单击相应的选项工具（图标命令），即可将相应的资源信息显示在资源板列表框中。另外，在资源板的历史记录中可以快速地找到近期打开过的文件模型。

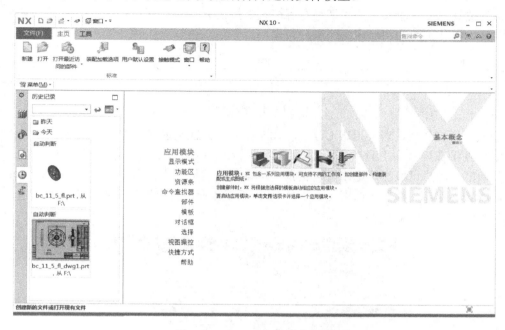

图1-2　NX 10.0 初始操作界面

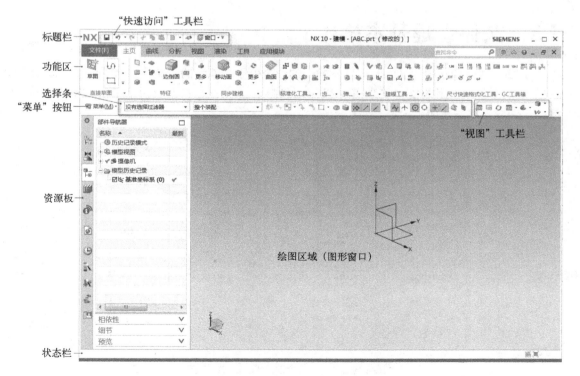

图1-3　NX 10.0 主操作界面

状态栏包括提示行和状态行，如图 1-4 所示。提示行用于显示当前操作的相关信息，如提示操作的具体步骤，并引导用户来进行选择操作；状态行用于显示操作的执行情况。在状态栏的右侧提供了一个实用的"切换全屏模式"按钮，单击此按钮可以切换到全屏模式下查看会话，以使可用的图形窗口区域最大化。

提示行   状态行   切换全屏模式

图 1-4 状态栏

修改一个文件后，若要退出 UG NX 10.0 系统，则在功能区中选择"文件"|"退出"命令，或者直接在屏幕右上角单击标题栏中的"关闭"按钮×，系统弹出图 1-5 所示的"退出"对话框，用户可以在"退出"对话框中单击相应的按钮来保存文件并退出 UG NX 10.0 系统，或者不保存文件直接退出 UG NX 10.0 系统。而单击"取消"按钮则将取消退出 UG NX 10.0 系统的命令操作。

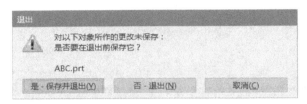

图 1-5 "退出"对话框

1.3 文件管理基本操作

在 UG NX 10.0 中，文件管理基本操作的命令位于功能区的"文件"选项卡中，如图 1-6 所示。下面介绍常用的文件管理基本操作，包括新建文件、打开文件、保存文件、关闭文件、文件导入与导出等。

图 1-6 NX 10.0 功能区的"文件"选项卡

1.3.1　新建文件

功能区"文件"选项卡中的"新建"命令用于新建一个指定类型的文件，其对应的工具按钮为"新建"按钮□，快捷键为〈Ctrl+N〉。下面以一个范例介绍新建文件的一般操作步骤。

❶ 在功能区中单击"文件"标签以打开"文件"选项卡，接着选择"新建"命令，系统弹出图 1-7 所示的"新建"对话框。该对话框具有 10 个选项卡，分别用于创建关于模型（部件）设计、图纸设计、仿真、加工、检测和机电概念设计等方面的文件。

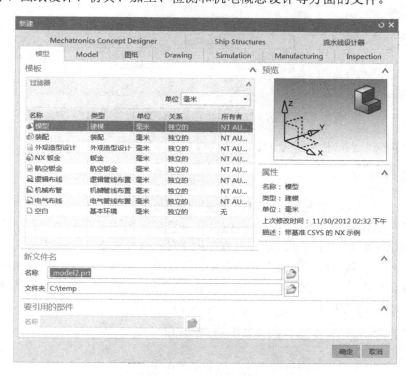

图 1-7　"新建"对话框

用户可以根据需要选择其中一个选项卡来设置新建文件，在这里以选用"模型"选项卡为例，说明如何创建一个模型部件文件。

❷ 在状态栏中出现"选择模板，并在必要时选择要引用的部件"的提示信息。确保切换到"模型"选项卡，在"模板"选项组中，从"过滤器"子选项组的"单位"下拉列表框中选择单位选项（可供选择的单位选项有"毫米""英寸"和"全部"），接着从"模板"列表中选择所需要的模板。

❸ 在"新文件名"选项组的"名称"文本框中输入新建文件的名称或接受默认名称。在"文件夹"框中指定文件的存放目录。如果单击位于"文件夹"框右侧的按钮，则打开图 1-8 所示的"选择目录"对话框，从中选择所需的目录，或者在指定目录的情况下单击"创建新文件夹"按钮来创建所需的目标目录，指定目标目录后单击"选择目录"对话框中的"确定"按钮。

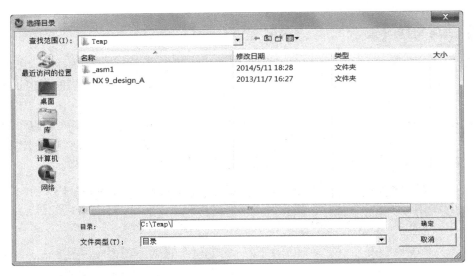

图 1-8 "选择目录"对话框

④ 在"新建"对话框中设置好相关的内容后，单击"确定"按钮。

1.3.2 打开文件

要打开一个已创建好的文件，可以在功能区的"文件"选项卡中选择"打开"命令，或在"快速访问"工具栏中单击"打开"按钮 ，系统弹出图 1-9 所示的"打开"对话框，利用该对话框设定所需的文件类型，选择要打开的文件，并可设置预览选定的文件以及设置是否加载设定内容等，若单击"打开"对话框中的"选项"按钮，则可利用弹出的图 1-10 所示的一个对话框设置装配加载选项。使用"打开"对话框从指定目录范围中选择要打开的文件后，单击"OK"按钮即可。

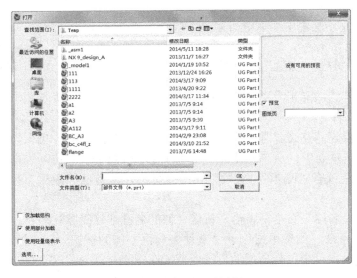

图 1-9 "打开"对话框

图 1-10 "装配加载选项"对话框

1.3.3　保存操作

在功能区"文件"选项卡的"保存"级联菜单中提供了多种保存操作命令，包括"保存""仅保存工作部件""另存为""全部保存""保存书签"和"保存选项"命令，这些命令的功能含义如表 1-1 所示。

表 1-1　保存操作命令的功能含义

序号	保存操作命令	功能含义
1	保存	保存工作部件和任何已经修改的组件
2	仅保存工作部件	仅将工作部件保存起来
3	另存为	使用其他名称保存此工作部件
4	全部保存	保存所有已修改的部件和所有的顶级装配部件
5	保存书签	在书签文件中保存装配关联，包括组件可见性、加载选项和组件组
6	保存选项	定义保存部件文件时要执行的操作

1.3.4　关闭文件

在功能区的"文件"选项卡中具有一个"关闭"级联菜单，如图 1-11 所示，其中提供了用于不同方式关闭文件的命令。用户可以根据实际情况选用一种关闭命令。例如从功能区的"文件"选项卡中选择"关闭"|"保存并关闭"命令，可保存并关闭工作部件。另外，单击位于功能区右侧的"关闭"按钮 ✕，亦可关闭当前活动工作部件。

图 1-11　功能区"文件"选项卡中的"关闭"级联菜单

1.3.5 文件导入与导出

UG NX 10.0 可交换的类数据型很多，这主要是通过功能区"文件"选项卡的"导入"级联菜单和"导出"级联菜单中的命令来完成的。通过 UG NX 10.0 数据交换接口，可以与其他一些设计软件共享数据，以便充分发挥各自设计软件的优势。在 UG NX 10.0 中，可以将其自身的模型数据转换为多种数据格式文件以被其他设计软件调用，也可以读取来自其他一些设计软件所生成的特定类型的数据文件。

如果要将现有 NX 10 版本的模型文档导出为 NX 或早期 UG 低版本的模型文档，以便可以在 NX 或早期 UG 低版本中打开并使用该模型数据，那么可以在功能区的"文件"选项卡中选择"导出"|"Parasolid"命令，打开"导出 Parasolid"对话框，在该对话框的"名称"文本框中输入新名称，并从"版本"下拉列表框中选择所需的一个版本，如图 1-12 所示，然后单击"确定"按钮即可。

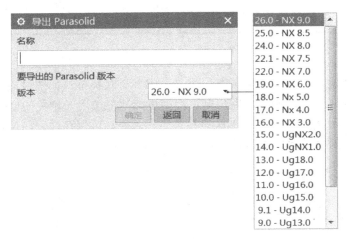

图 1-12 "导出 Parasolid"对话框

1.4 系统基本参数设置

用户可以根据自己的喜好和设计团队的需要来修改系统默认的一些基本参数设置，如对象参数、用户界面参数、图形窗口的背景特性、可视化参数、可视化性能参数、选择首选项等。下面有选择性地介绍一些改变系统参数设置的方法，而其他的系统参数首选项设置方法也类似。

1.4.1 对象首选项设置

要设置新对象的首选项（如图层、颜色和线型等），则在上边框条中单击"菜单"按钮 菜单(M)▼，接着从打开的菜单中选择"首选项"|"对象"命令，打开"对象首选项"对话框，该对话框具有"常规"选项卡、"分析"选项卡和"线宽"选项卡，如图 1-13 所示。

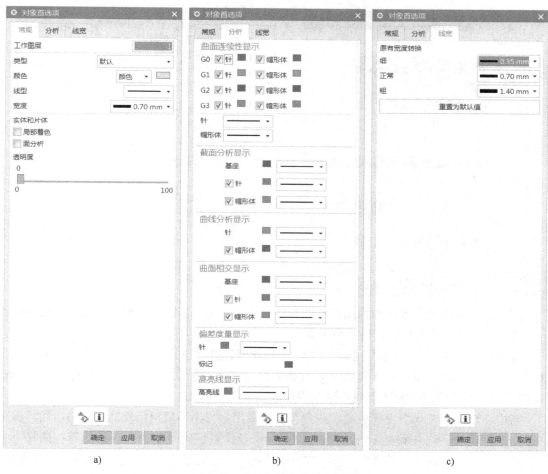

a)   b)   c)

图 1-13 "对象首选项"对话框

a) "常规"选项卡   b) "分析"选项卡   c) "线宽"选项卡

在"常规"选项卡中，用户可以设置工作图层、对象类型、对象颜色、线型和线宽，还可以设置是否对实体和片体进行局部着色、面分析，另外还可设置对象的特定透明度参数。

切换到"分析"选项卡，可以设置曲面连续性显示参数、截面分析显示参数、曲线分析显示参数、曲面相交显示参数、偏差度量显示参数和高亮线显示参数等。其中，单击相关的颜色按钮，系统将弹出图 1-14 所示的"颜色"对话框，利用该对话框选择所需要的一种颜色，然后单击"确定"按钮。

而"线宽"选项卡则用于定制原有宽度转换参数，包括细线宽参数、正常线宽参数和粗线宽参数。如果单击"重置为默认值"按钮，则将这些参数重新设置为系统默认值。

说明：在本小节中介绍到"菜单"按钮 菜单(M)▾，通过该按钮可以访问 NX 10.0 的菜单栏，如图 1-15 所示，该菜单栏提供了相当丰富的功能命令，便于用户从传统操作途径上查找和执行命令。

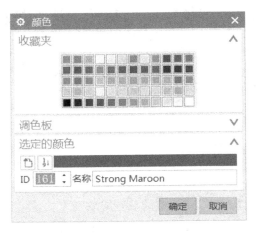

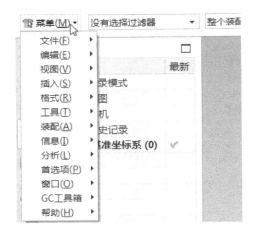

图1-14 "颜色"对话框　　　　　　　　　图1-15 打开菜单栏

1.4.2 用户界面首选项设置

用户界面首选项设置是指为用户界面布局、外观、角色和消息设置首选项，并提供操作记录录制工具、宏和其他特定的用户工具。

在上边框条中单击"菜单"按钮 菜单(M)▾，接着选择"首选项"|"用户界面"命令，打开图 1-16 所示的"用户界面首选项"对话框，该对话框提供了"布局""主题""资源条""接触""角色""选项"和"工具"这些用户界面类别设置页。

其中，选择"布局"设置页时，用户可以设置用户界面环境启用功能区还是启用经典工具条，定制功能区选项和提示行/状态行位置，以及设置退出时是否保存布局等；选择"主题"设置页时，可以从"类型"下拉列表框中选择一个选项定义 NX 主题（可供选择的主题选项有"轻量级（推荐）""浅灰色""经典""经典，使用系统字体"和"系统"），如图 1-17 所示，还可以设置是否为未锁定的 UI 组件启用透明度。

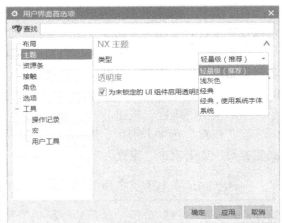

图1-16 "用户界面首选项"对话框　　　　　　图1-17 "主题"设置页

另外，利用"用户界面首选项"对话框的其他设置页，还可以设置资源条、接触、角色、对话框选项、用户反馈选项、操作记录工具、宏和用户工具等方面的首选项。

1.4.3　选择首选项设置

可以设置对象选择行为，如高亮显示、快速拾取延迟以及选择球大小。

在上边框条中单击"菜单"按钮 菜单(M)·，接着选择"首选项"|"选择"命令，打开图 1-18 所示的"选择首选项"对话框。利用该对话框，可以设置多选时的鼠标手势和选择规则，可以设置高亮显示选项，可以设置是否启动延迟时快速拾取及其延迟时间，还可以设置选择半径大小、成链公差和方法选项。

1.4.4　背景首选项设置

允许设置图形窗口背景特性，如颜色和渐变效果，其方法是在上边框条中单击"菜单"按钮 菜单(M)·，接着选择"首选项"|"背景"命令，打开图 1-19 所示的"编辑背景"对话框，接着在该对话框中进行相关设置即可。

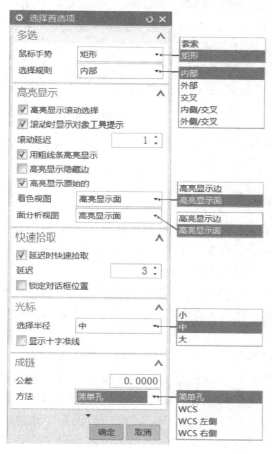

图 1-18　"选择首选项"对话框

图 1-19　"编辑背景"对话框

例如，假设要将渐变效果的绘图窗口背景更改为单一白色的背景，那么可以按照以下的步骤进行设置操作。

  ① 在上边框条中单击"菜单"按钮 菜单(M)·，选择"首选项"|"背景"命令，打开"编辑背景"对话框。

  ② 在"着色视图"选项组中选择"纯色"单选按钮，在"线框视图"选项组中也选择"纯色"单选按钮，如图 1-20 所示。

  ③ 在"编辑背景"对话框中单击"普通颜色"右侧的颜色框，系统弹出"颜色"对话框，从中选择白色（或设置相应的颜色参数），如图 1-21 所示，然后单击"确定"按钮。

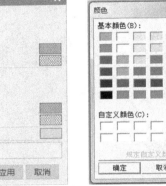

图 1-20　编辑背景操作　　　　　　　　　图 1-21　"颜色"对话框

  ④ 在"编辑背景"对话框中单击"确定"按钮或"应用"按钮，从而将绘图窗口的背景颜色设置为单一白色。

1.4.5　可视化首选项与可视化性能首选项设置

"首选项"菜单中的"可视化"命令用于设置图形窗口的可视化特性，如部件渲染样式、选择和取消着重颜色以及直线反锯齿等。在上边框条中单击"菜单"按钮 菜单(M)·，选择"首选项"|"可视化"命令，打开图 1-22 所示的"可视化首选项"对话框，该对话框具有"名称/边界""直线""特殊效果""视图/屏幕""手柄""着重""可视""小平面化"和"颜色/字体"这些选项卡标签，单击不同的标签便可以切换到不同的选项卡，然后设置相关的可视化参数即可。

可视化首选项设置与可视化性能首选项设置是不同的，这需要初学者认真了解。后者用于设置可以影响图形性能的显示行为。要进行可视化性能首选项设置，则在上边框条中单击"菜单"按钮 菜单(M)·，选择"首选项"|"可视化性能"命令，系统弹出图 1-23 所示的"可视化性能首选项"对话框，该对话框具有两个选项卡。"一般图形"选项卡用于为一般图形设置可视化性能参数，包括会话设置（具体包含指定视图动画速度，确定"禁用透明度""禁用平面透明度""忽略背面""禁用直线反锯齿""禁用全景反锯

齿""保留分析数据"这些复选框的状态，设置如何修复意外的显示问题，设定着色视图和艺术外观视图参数等）和部件显示设置；"大模型"选项卡则用于设置大模型的显示性能。

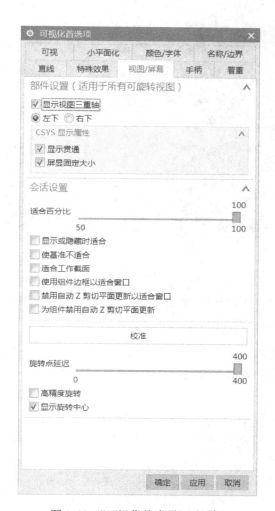

图 1-22　"可视化首选项"对话框

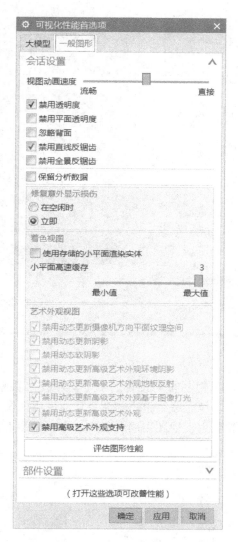

图 1-23　"可视化性能首选项"对话框

1.5　视图布局设置

在进行三维产品设计过程中，有时候可能为了多角度观察一个对象而需要同时用到一个对象的多个视图，如图 1-24 所示的示例。这便要应用到视图布局设置功能。用户创建视图布局后，可以在需要时再次打开视图布局，可以保存视图布局，可以修改视图布局，还可以删除视图布局等。

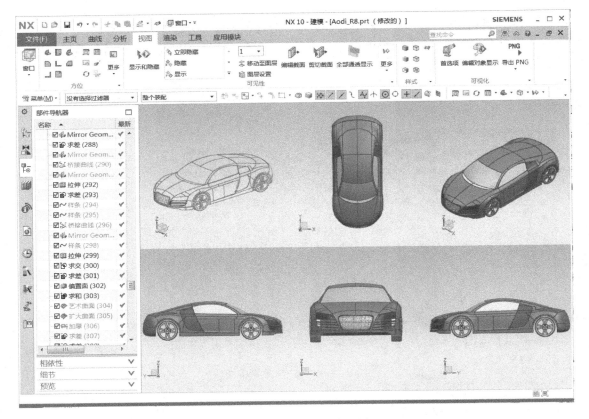

图 1-24　同时显示多个视图

　　视图布局设置的命令集中在"菜单"|"视图"|"布局"级联菜单中，如图 1-25a 所示。该级联菜单中的命令功能说明如表 1-2 所示。此外，在功能区的"视图"选项卡中亦可找到用于视图布局的工具命令，如图 1-25b 所示。

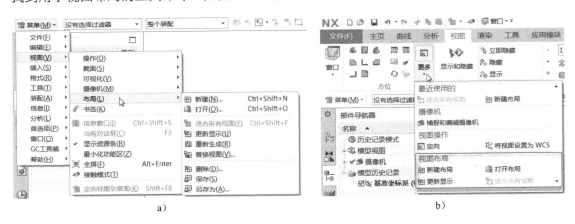

图 1-25　布局命令出处

a）"菜单"|"视图"|"布局"级联菜单　b）功能区的"视图"选项卡中的视图布局工具

表1-2　视图布局设置的相关命令

序号	"布局"级联菜单中的命令	功能简要说明
1	新建	以6种布局模式之一创建包含至多9个视图的布局
2	打开	调用5个默认布局中的任何一个或任何先前创建的布局
3	适合所有视图	调整所有视图的中心和比例以在每个视图的边界之内显示所有对象
4	更新显示	更新显示以反映旋转或比例更改
5	重新生成	重新生成布局中的每个视图，移除临时显示的对象并更新已修改的几何体的显示
6	替换视图	替换布局中的视图
7	删除	删除用户定义的任何不活动的布局
8	保存	保存当前布局布置
9	另存为	用其他名称保存当前布局

下面简要地介绍视图布局的3种常见操作。

1.5.1　新建视图布局

新建视图布局的操作方法和步骤如下。

❶　在上边框条中单击"菜单"按钮 菜单(M) 并选择"视图" | "布局" | "新建"命令，或者按〈Ctrl+Shift+N〉快捷键，系统弹出图 1-26 所示的"新建布局"对话框。此时系统提示选择新布局中的视图。

❷　指定视图布局名称。在"名称"文本框中输入新建视图布局的名称，或者接受系统默认的新视图布局名称。默认的新视图布局名称是以"LAY#"形式来命名的，#为从1开始的序号，后面的序号依次加1递增。

❸　选择系统提供的视图布局模式。在"布置"下拉列表框中可供选择的默认布局模式有6种，如图1-27所示。从"布置"下拉列表框中选择所需要的一种布局模式，例如选择L4视图布局模式 。

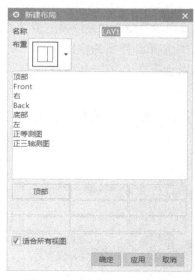

图1-26　"新建布局"对话框

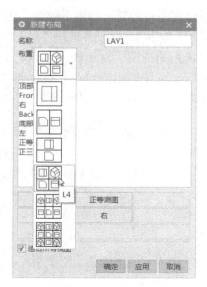

图1-27　选择视图布局模式

❹ 修改视图布局。当用户在"布置"下拉列表框中选择一个系统预定义的视图布置模式后，可以根据需要修改该视图布局。例如，选择 L4 视图布局模式⊞后，想把正等测图改为正三轴测图，可在"新建布局"对话框中单击"正等测图"小方格按钮，接着在视图列表框中选择"正三轴测图"，此时"正三轴测图"显示在视图列表框下面的小方格按钮中，如图 1-28 所示，表明已经将正等测视图改为正三轴测图了。

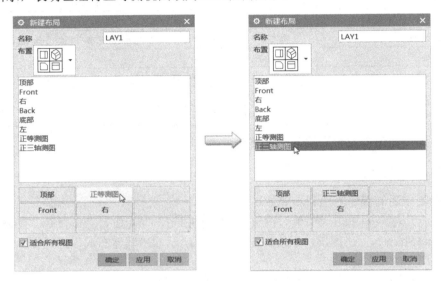

图 1-28　修改视图布局示例

❺ 在"新建布局"对话框中单击"确定"按钮或"应用"按钮，从而生成新建的视图布局。

1.5.2　替换布局中的视图

新建视图布局后，如果不满意，还可以替换布局中的视图。要替换布局中的视图，则单击"菜单"按钮 ⚡菜单(M)▾ 并选择"视图"|"布局"|"替换视图"命令，系统弹出图 1-29 所示的"要替换的视图"对话框，在该对话框的视图列表中选择要替换的视图名称，单击"确定"按钮，系统弹出图 1-30 所示的"视图替换为"对话框，从中选择要放在布局中的视图，单击"确定"按钮，即可替换布局中的选定视图。

图 1-29　"要替换的视图"对话框

图 1-30　"视图替换为"对话框

1.5.3 删除视图布局

创建好视图布局之后，如果用户不再使用它，那么可以将该视图布局删除，注意只能够删除用户定义的不活动的视图布局。

要删除用户定义的不活动的某一个视图布局，则在单击"菜单"按钮 后选择"视图"|"布局"|"删除"命令，打开图1-31所示的"删除布局"对话框，在该对话框的视图列表框中选择要删除的布局，然后单击"确定"按钮即可。如果要删除的视图布局正在使用，或者没有用户定义的视图布局可删除，那么选择"菜单"|"视图"|"布局"|"删除"命令时，系统将弹出一个"警告"对话框来警示用户，如图1-32所示。

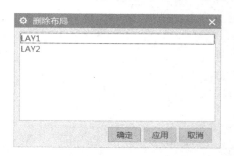

图1-31 "删除布局"对话框

图1-32 "警告"对话框

1.6 工作图层设置

在很多设计软件中都具有图层的概念，UG NX也不例外。图层好比一张透明的薄纸，用户可以使用设计工具在该薄纸上绘制任意数目的对象，这些透明的薄纸叠放在一起便构成完整的设计项目。系统默认为每个部件提供256个图层，但只能有一个是工作图层。用户可以根据设计情况来选择所需的图层设为工作图层，并可以设置哪些图层为可见层。

1.6.1 图层设置

在上边框条中单击"菜单"按钮 菜单(M)·，接着选择"格式"|"图层设置"命令，打开图1-33所示的"图层设置"对话框，从中可查找来自对象的图层，设置工作图层、可见和不可见图层，并可以定义图层的类别名称等。其中，在"工作图层"文本框中输入一个所需要的图层号，那么该图层就被指定为工作图层，注意图层号的范围为1～256。

一个图层的状态有4种，即"可选""工作图层""仅可见"和"不可见"。在"图层设置"对话框的"图层"选项组中，从"图层/状态"列表框中选择一个图层后，"图层控制"下的"设为可选"按钮、"设为工作图层"按钮、"设为仅可见"按钮和"设为不可见"按钮这4个按钮中的几个会被激活，此时用户可根据自己的需要单击相应的状态按钮，从而设置所选图层为可选的、工作状态的、仅可见的或不可见的。

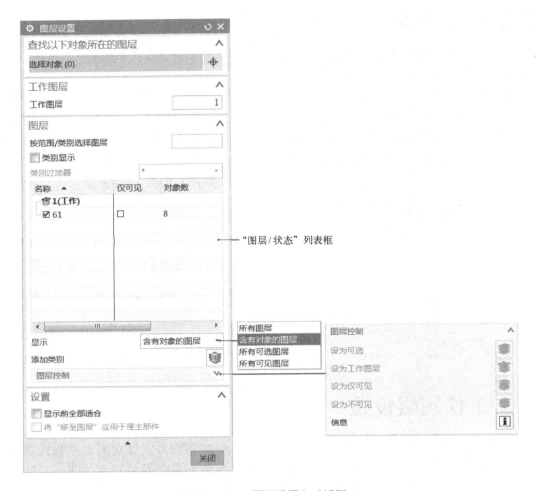

图 1-33 "图层设置"对话框

1.6.2 移动至图层

可以将对象从一个图层移动到另一个图层中去，这需要应用到"菜单"|"格式"菜单中的"移动至图层"命令（对应的"移动至图层"按钮 🐟 位于功能区"视图"选项卡的"可见性"面板中），其一般操作步骤如下。

❶ 在没有选择图形对象的情况下，在单击"菜单"按钮 🖥 菜单(M)·后选择"格式"|"移动至图层"命令，系统弹出图 1-34 所示的"类选择"对话框。

❷ 通过"类选择"对话框，在图形窗口或部件导航器（部件导航器位于图形窗口左侧的资源板中）中选择要移动的对象，注意在进行选择操作时可以巧妙地使用合适的过滤器来设定选择过滤参数，选择好图形对象后单击"确定"按钮，系统弹出图 1-35 所示的"图层移动"对话框，同时系统提示用户选择要放置已选对象的图层。

图 1-34 "类选择"对话框

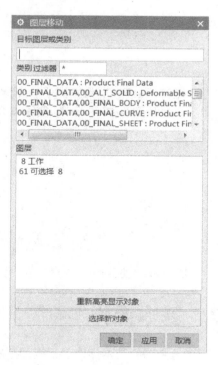

图 1-35 "图层移动"对话框

③ "目标图层或类别"文本框用于显示选定的目标图层或目标类别标识，而类别过滤器用于设置过滤图层。可以从位于类别过滤器下方的对象列表中选择一个对象来获取目标图层或类别，也可以从"图层"列表中选择所需的一个图层用作目标图层，还可以在"目标图层或类别"文本框中输入图层号。为了确认要移动的对象准确无误，可以在"图层移动"对话框中单击"重新高亮显示对象"按钮，这样选取的对象将在图形窗口中高亮显示。如果要另外选择移动的对象，那么可单击"选择新对象"按钮，接着利用打开的"类选择"对话框来选择要移动的新对象。

④ 确认要移动的对象和要移动到的目标图层后，在"图层移动"对话框中单击"确定"按钮或"应用"按钮。

另外，使用"菜单"|"格式"|"复制至图层"命令（对应的工具图标为"复制至图层"按钮 ），可以将某一个图层的选定对象复制到指定的图层中。具体操作方法和"移动至图层"类似，在这里不再赘述。

1.6.3 设置视图可见性

可以设置视图的可见和不可见图层，其方法是在单击"菜单"按钮 后选择"格式"|"视图中可见图层"命令，打开图 1-36 所示的"视图中可见图层"对话框，从中选择要更改图层可见性的视图，单击"确定"按钮，此时"视图中可见图层"对话框变为图 1-37 所示的形式，利用该对话框设置视图中的可见图层和不可见图层即可。

图 1-36 "视图中可见图层"对话框 1   图 1-37 "视图中可见图层"对话框 2

1.7 基本操作

在这里介绍的基本操作包括视图基本操作和选择对象操作。

1.7.1 视图基本操作

在上边框条中单击"菜单"按钮 ^{菜单(M)}，接着打开"视图"|"操作"级联菜单，可以看到图 1-38 所示的视图操作基本命令，它们的功能含义如表 1-3 所示。在功能区的"视图"选项卡中也可以访问常用的视图基本操作工具命令。

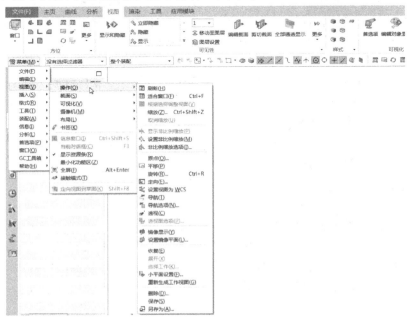

图 1-38 "视图"|"操作"级联菜单

表1-3　"视图"｜"操作"级联菜单中的命令及其功能含义

序号	命　令	功　能　含　义
1	刷新	重画图形窗口中的所有视图，例如为了擦除临时显示的对象
2	适合窗口	调整工作视图的中心和比例，以显示所有对象，其快捷键为〈Ctrl+F〉
3	根据选择调整视图	使工作视图适合当前选定的对象
4	缩放	放大或缩小工作视图，其快捷键为〈Ctrl+Shift+Z〉
5	取消缩放	取消上次缩放视图的操作
6	显示非比例缩放	通过朝一个方向拉长视图，在基本平坦的曲面上强调显示小波伏
7	设置非比例缩放	定义非比例缩放的宽高比
8	非比例缩放选项	重新定义非比例缩放的方法、锚点中心及灵敏度
9	原点	更改工作视图的中心
10	平移	执行此命令时，通过按住鼠标左键并拖动鼠标可平移视图
11	旋转	使用鼠标绕特定的轴旋转视图，或将其旋转至特定的视图方位
12	定向	将工作视图定向到指定的坐标系
13	设置视图为WCS	将工作视图定向到WCS的XC-YC平面
14	导航	将工作视图更改为透视投影并虚拟地在视图中将用户置为"观察者"，然后使用鼠标在模型的各种空间角度周围和之间移动观察者
15	导航选项	控制观察者位置的操控并可以选择定义一条路径，使观察者可以沿该路径在视图中移动
16	透视	将工作视图从平行投影更改为透视投影
17	透视图选项	主要控制透视图中从摄像机到目标的距离
18	镜像显示	通过用某个平面对对称模型的一半进行镜像操作来创建镜像图像
19	设置镜像平面	重新定义用于"镜像显示"选项的镜像平面
20	恢复	将工作视图恢复为上次视图操作之前的方位和比例
21	展开	展开工作视图以使用整个图形窗口
22	选择工作	在布局中将工作视图更改为另一个视图
23	小平面设置	调整用于生成小平面以显示在图形窗口中的公差
24	重新生成工作视图	重新生成工作视图以移除临时显示的对象并更新任何已修改的几何体的显示
25	删除	删除用户定义的视图
26	保存	保存工作视图的方位和参数
27	另存为	用不同的名称保存工作视图

此外，使用鼠标可以快捷地进行一些视图操控，如表1-4所示。

表1-4　使用鼠标进行的一些视图操控

序号	视图操控	具体操作说明	备　注
1	旋转模型视图	在图形窗口中，按住鼠标中键（MB2）的同时拖动鼠标，可以旋转模型视图	如果要围绕模型上某一位置旋转，那么可先在该位置按住鼠标中键（MB2）一会儿，然后开始拖动鼠标
2	平移模型视图	在图形窗口中，同时按住鼠标中键和右键（MB2+MB3）并拖动鼠标，可以平移模型视图	也可以按住〈Shift〉键和鼠标中键（MB2）的同时拖动鼠标来实现
3	缩放模型视图	在图形窗口中，按住鼠标左键和中键（MB1+MB2）的同时拖动鼠标，可以缩放模型视图	也可以使用鼠标滚轮，或者按住〈Ctrl〉键和鼠标中键（MB2）的同时移动鼠标

要恢复正交视图或其他默认视图，则可在图形窗口的空白区域中单击鼠标右键，接着从

弹出的快捷菜单中打开"定向视图"级联菜单，如图 1-39 所示，从中选择一个视图选项。也可以从位于上边框条中的"视图"工具栏中打开"定向视图"下拉菜单来选择所需的一个视图选项。

新部件的渲染样式是由用于创建该部件的模板决定的。要更改渲染样式，可右键单击图形窗口的空白区域，接着从弹出的快捷菜单中打开"渲染样式"级联菜单，如图 1-40 所示，从中选择一个渲染样式选项，如"带边着色""着色""带有淡化边的线框""带有隐藏边的线框""静态线框""艺术外观""面分析"或"局部着色"。

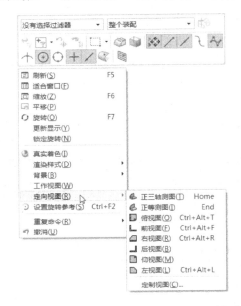

图 1-39　快捷菜单中的"定向视图"级联菜单

图 1-40　选择渲染样式选项

1.7.2　选择对象操作

在设计工作中，免不了要进行选择对象的操作。通常，要选择一个对象，则将鼠标移至该对象上单击鼠标左键即可，重复此操作可以继续选择其他对象。要选择多个对象，还可以使用上边框条中的矩形或套索动作工具。

当多个对象相距很近时，可以使用"快速拾取"对话框来选择所需的对象，其方法是将鼠标指针置于要选择的对象上保持不动，待在鼠标指针旁出现 3 个点时，单击鼠标左键便打开"快速拾取"对话框，如图 1-41 所示，在该对话框的列表中列出鼠标指针下的多个对象，从该列表中指向某个对象使其高亮显示，然后单击即可选择它。用户也可以通过在对象上按住鼠标左键，等到在鼠标指针旁出现 3 个点时，释放鼠标左键时，系统弹出"快速拾取"对话框，然后在"快速拾取"对话框的列表中选定对象。

可以设置在图形窗口中单击鼠标右键时使用迷你选择条，如图 1-42 所示，使用此迷你选择条可以快速访问选择过滤器设置。

图1-41　"快速拾取"对话框

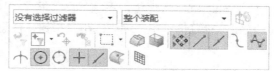

图1-42　迷你选择条

未打开任何对话框时，按〈Esc〉键可以清除当前选择，即取消当前选择集中的所有对象。要取消选择某个对象，则按住〈Shift〉键并单击该对象即可。

1.8　入门综合实战演练

下面以一个范例的形式来让读者加深理解本章所学的一些基础知识。

① 启动 UG NX 10.0 后，在"快速访问"工具栏中单击"打开"按钮，或者按〈Ctrl+O〉快捷键，系统弹出"打开"对话框。通过"打开"对话框选择本章配套的"BC_1_CL.PRT"文件，然后单击"打开"对话框中的"OK"按钮，打开的模型效果如图1-43所示（默认的渲染样式为"着色"）。

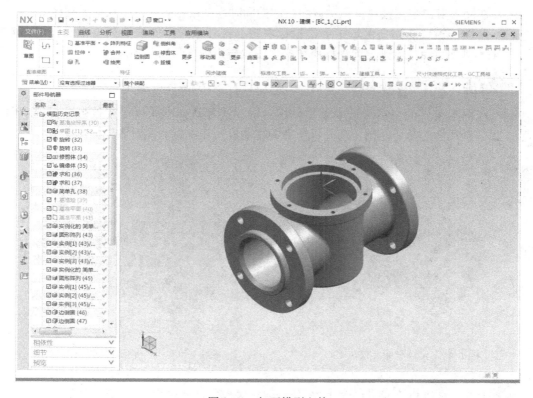

图1-43　打开模型文件

② 将鼠标指针置于绘图窗口中，按住鼠标中键的同时并移动鼠标，将模型视图翻转成图 1-44 所示的视图效果来显示。

③ 在上边框条中单击"菜单"按钮 菜单(M)·并选择"视图"|"操作"|"缩放"命令，或者按〈Ctrl+Shift+Z〉快捷键，系统弹出"缩放视图"对话框，如图 1-45 所示，单击"缩小 10%"按钮，接着再单击"缩小一半"按钮，注意观察视图缩放的效果，然后单击"确定"按钮。

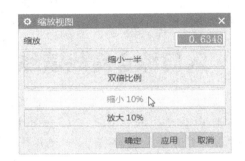

图 1-44　翻转模型视图显示　　　　　　　　　图 1-45　"缩放视图"对话框

④ 在图形窗口中，按住鼠标中键和右键的同时拖动鼠标，练习平移模型视图。

⑤ 在图形窗口的空白区域中单击鼠标右键，接着从弹出的快捷菜单中选择"定向视图"|"正等测图"命令，则定向光标所在的视图以与正等测视图对齐，如图 1-46 所示。

说明：也可以直接在键盘上按〈End〉键来快捷地切换回正等测图。

⑥ 在图形窗口的空白区域中单击鼠标右键，接着从弹出的快捷菜单中选择"定向视图"|"正三轴测图"命令，则定向光标所在的视图以与正三轴测图对齐，如图 1-47 所示。

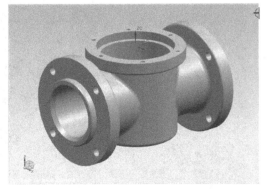

图 1-46　正等测图（TFR-ISO）　　　　　　　图 1-47　正三轴测图（TFR-TRI）

说明：也可以直接在键盘上按〈Home〉键来快捷地切换回正三轴测图。

⑦　在"视图"工具栏中单击默认渲染样式图标按钮右侧附带的下三角展开按钮▾，打开渲染样式下拉列表框，如图 1-48 所示，从中单击"带边着色"按钮 🗔，此时在图形窗口中显示的模型效果如图 1-49 所示。

图 1-48　改变模型的当前渲染样式

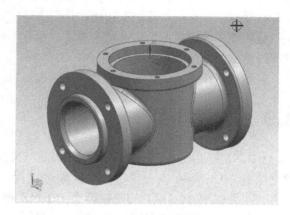

图 1-49　带边着色的显示效果

⑧　在上边框条中单击"菜单"按钮 🔲菜单(M)▾，选择"视图"|"布局"|"新建"命令，打开"新建布局"对话框。在"名称"文本框中输入"BC_LAY1"，选择布局模式选项为"L2" 🔳，如图 1-50 所示。然后在"新建布局"对话框中单击"确定"按钮，结果如图 1-51所示（可分别为布局各子窗口设置所需的模型渲染样式）。

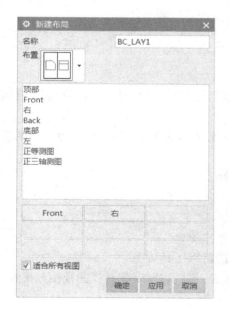

图 1-50　新建布局

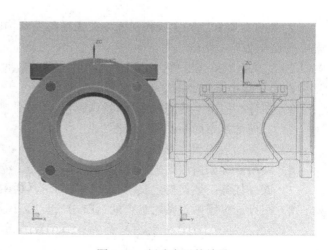

图 1-51　新建布局的结果

⑨　在"快速访问"工具栏中单击"撤销"按钮 ↺，或者按快捷键〈Ctrl+Z〉，从而撤销上次操作，在本例中就是撤销之前的新建布局操作。

⑩　在上边框条中单击"菜单"按钮 🔲菜单(M)▾，接着选择"首选项"|"背景"命令，打

开"编辑背景"对话框，在"着色视图"选项组中选择"纯色"单选按钮，在"线框视图"选项组中同样选择"纯色"单选按钮，在"普通颜色"文本右侧单击颜色按钮，弹出"颜色"对话框，从中选择白色，然后单击"颜色"对话框中的"确定"按钮，返回到"编辑背景"对话框，再单击"确定"按钮，从而将绘图窗口的背景颜色设置为白色。

⑪ 在"快速访问"工具栏中单击"保存"按钮█，或者按快捷键〈Ctrl+S〉，保存已经修改过的工作部件。

⑫ 单击位于功能区右侧的"关闭"按钮✕，关闭文件。

1.9 本章小结

UG NX 是由 SIEMENS PLM Software 开发的集 CAD/CAE/CAM 于一体的产品生命周期管理软件。UG NX 支持产品开发的整个过程，从概念（CAID）到设计（CAD）、到分析（CAE）、到制造（CAM）的完整流程。在 NX 10.0 中，终于可以在不用手动设置系统变量参数的情况下完全支持中文路径和中文文件名了。

本章主要介绍 UG NX 10.0 入门简介及基本操作，具体包括 UG NX 产品简介、NX 10.0 操作界面、文件管理基本操作、系统基本参数设置、视图布局设置、工作图层设置和基本操作（视图基本操作和选择对象操作）。本章介绍的知识是学习后续 UG NX 10.0 设计的基础。对于初次接触该软件的用户，可能对其中某些概念（如系统基本参数设置、视图布局和工作图层设置）的理解还比较抽象，不容易理解透彻，这是比较正常的，可以在初步了解的基础上继续学习后续内容，到时候再回过来理解这些概念便发现已经豁然开朗了。

1.10 思考练习

1）UG NX 10.0 的主操作界面主要由哪些要素构成？资源板中的部件导航器和装配导航器有什么用处？

2）在 UG NX 10.0 中，可以导入哪些类型的数据文件？可以将在 UG NX 10.0 设计的模型导出为哪些类型的数据文件？

3）在什么情况下使用视图布局？如何创建布局视图？

4）如何替换布局中的某个视图？

5）一个图层的状态有哪 4 种？

6）使用鼠标如何快捷地进行视图平移、旋转、缩放操作？

7）课外任务：如何自定义"快速访问"工具栏中的常用工具按钮？

8）在设计过程中，按键盘上的〈End〉键或〈Home〉键可以实现什么样的视图效果？

第2章　草　图

本章导读：

　　UG NX 10.0 为用户提供了功能强大且操作简便的草图功能。进入草图模式后，用户可以根据设计意图，大概勾画出二维图形，接着利用草图的尺寸约束和几何约束功能精确地确定草图对象的形状、相互位置等。草图是建立三维特征的一个重要基础。

　　本章重点介绍的内容有草图工作平面、创建基准点和草图点、草图基本曲线绘制、草图编辑与操作、草图几何约束、草图尺寸约束、直接草图、草图综合范例等。其中，认真学习草图综合范例有助于掌握综合绘制草图的一般思路和技巧。

2.1　草图工作平面

　　要绘制草图对象，首先需要指定草图平面（用于附着草图对象的平面），这就好比绘画需要准备好图纸一样。本节主要介绍定义草图工作平面的相关知识。

2.1.1　草图平面基础

　　用于绘制草图的平面通常被称为"草图平面"，它可以是坐标平面（如 XC-YC 平面、XC-ZC 平面、YC-ZC 平面），也可以是基准平面或实体上的某一个平面。

　　在实际设计工作中，用户可以在创建草图对象之前便按照设计要求来指定合适的草图平面。当然也可以在创建草图对象时使用默认的草图平面，然后再重新附着草图平面。

　　在 NX 10.0 的模型设计模块中，单击"菜单"按钮 菜单(M) 后可以从其中的"插入"菜单中发现有"草图"和"在任务环境中绘制草图"这两个命令，前者用于在当前应用模块中直接创建草图，可使用直接草图工具来添加曲线、尺寸、约束等；后者则用于创建草图并进入"草图"任务环境。下面先以"在任务环境中绘制草图"命令为例进行介绍。

　　在上边框条中单击"菜单"按钮 菜单(M) ，接着选择"插入"|"在任务环境中绘制草图"命令，打开图 2-1 所示的"创建草图"对话框。在该对话框中，需要定义草图类型、草图方向和草图原点等。其中，在"草图类型"下拉列表框中可选择草图类型选项，如图 2-2 所示。用户可以选择"在平面上"或"基于路径"来定义草图类型，而系统初始默认的草图类型选项为"在平面上"。

图 2-1 "创建草图"对话框   图 2-2 选择草图类型选项

如果在"草图类型"下拉列表框中选择"显示快捷方式"选项时，则在"创建草图"对话框的"草图类型"下拉列表框中将显示草图类型选项的快捷键按钮，它们分别是"在平面上"按钮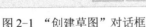和"基于路径"按钮，如图 2-3 所示。

图 2-3 设置显示草图类型选项的快捷键

2.1.2 在平面上

当选择"在平面上"作为新建草图的类型时，需要分别定义草图平面、草图方位和草图原点等。

1. 草图平面

在"草图平面"选项组的"平面方法"下拉列表框中，可以选择"自动判断""现有平面""创建平面"和"创建基准坐标系"这 4 个方法选项之一，其中初始默认的方法选项为"自动判断"，将由系统根据选择的有效对象来自动判断草图平面。下面介绍"现有平面""创建平面"和"创建基准坐标系"这 3 个方法选项的应用。

（1）当在"平面方法"下拉列表框中选择"现有平面"方法选项时，用户可以选择以下现有平面作为草图平面。

● 已经存在的基准平面。

● 实体平整表面。

● 坐标平面，如 XC-YC 平面、XC-ZC 平面、YC-ZC 平面。

（2）当在"平面方法"下拉列表框中选择"创建平面"选项时，用户可以在"指定平面"下拉列表框中选择所需要的一个按钮选项，如图 2-4 所示。例如，从"指定平面"下拉列表框中选择"XC-YC 平面"按钮选项，接着在出现的"距离"文本框中输入偏移距离，按〈Enter〉键确认，如图 2-5 所示，可接受默认的草图方向，单击"确定"按钮，从而将刚创建的平面作为草图平面。

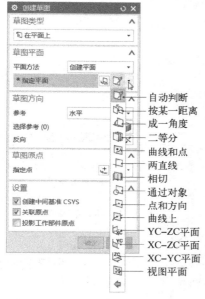

图 2-4　创建平面的相关选项

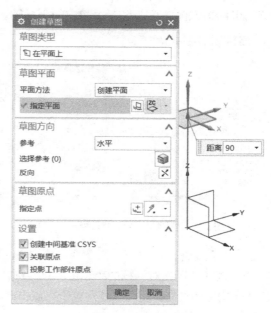

图 2-5　创建平面示例

在"草图平面"选项组中，系统还提供了一个实用的"平面构造器"按钮（也称"平面对话框"按钮）。单击此按钮，系统弹出图 2-6 所示的"平面"对话框，通过该"平面"对话框设置平面类型，并根据平面类型来选择参照对象，以及根据需要设置平面方位等即可完成创建一个平面作为草图平面。

图 2-6　"平面"对话框

（3）当在"平面方法"下拉列表框中选择"创建基准坐标系"选项时，可在"创建草图"对话框的"草图平面"选项组中单击出现的"创建基准坐标系"按钮，系统弹出图 2-7 所示的"基准 CSYS"对话框，在该对话框中选择类型选项并指定相应的参照等来创建一个基准 CSYS，然后单击"基准 CSYS"对话框中的"确定"按钮，返回到"创建草图"对话框，此时可选择平的面或平面来指定草图平面。

2．草图方向

在"创建草图"对话框中可根据设计情况来更改草图方向，如图 2-8 所示。如果要重定向草图坐标轴方向，那么可双击相应的坐标轴。

图 2-7　"基准 CSYS"对话框

图 2-8　定义草图方向

3．草图原点

在"创建草图"对话框的"草图原点"选项组中，可以定义草图原点。定义草图原点可以使用"点构造器"，也可以使用位于"点构造器"右侧的下拉列表框中的点方法选项。

2.1.3　基于路径

当选择"基于路径"作为新建草图的类型时，需要分别定义轨迹（路径）、平面位置、平面方位和草图方向，如图 2-9 所示。下面介绍选择"基于路径"时，其他选项组的功能用途。

图 2-9　指定草图类型为"基于路径"

1."路径"选项组

在"路径"选项组中激活"曲线"按钮 时,可以选择所需的轨迹(路径)。

2."平面位置"选项组

"平面位置"选项组的"位置"下拉列表框提供了 3 个选项,即"弧长百分比""弧长"和"通过点"。若选择"弧长百分比"选项,则需要输入圆弧长百分比数值,以将位置定义为曲线长度的百分比处;若选择"弧长"选项,则需要输入弧长数值以按沿曲线的距离定义位置;若选择"通过点"选项,则可以从图 2-10 所示的"指定点"下拉列表框中选择其中一个选项按钮,然后选择相应参照以定义平面通过指定点,有多种情况时可单击"备选解"按钮 来选择所需的解。用户也可以单击"点构造器"按钮 ,接着利用弹出的图 2-11 所示的"点"对话框来定义所需的点。

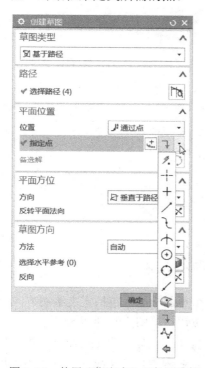

图 2-10　使用"指定点"下拉列表框

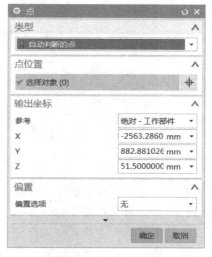

图 2-11　"点"对话框

3."平面方位"选项组

在"平面方位"选项组的"方向"下拉列表框中,可以根据设计情况选择"垂直于路径""垂直于矢量""平行于矢量"或"通过轴"选项,并可以反向平面法向。

4."草图方向"选项组

"草图方向"选项组用于定义草图方向,设置的内容包括:设置草图方向方法选项(可供选择的方法选项有"自动""相对于面"和"使用曲线参数"),选择水平参考以及反向草图方位。

2.1.4　重新附着草图

用户可以根据设计情况来修改草图的附着平面,也就是进行"重新附着草图"操作。通过该操作可以将草图附着到另一个平面、基准平面或路径，或者更改草图方位。下面详细地介绍在创建草图对象之后重新附着草图的方法。

① 创建草图对象之后，确保在草图绘制环境中，从功能区中单击"重新附着"按钮，或者在上边框条中单击"菜单"按钮 菜单(M)· 后选择"工具"｜"重新附着草图"命令，打开图 2-12 所示的"重新附着草图"对话框。

图 2-12　打开"重新附着草图"对话框

② 利用"重新附着草图"对话框，重新指定一个草图平面，包括定义草图方向。

③ 在"重新附着草图"对话框中单击"确定"按钮。草图附着到新的平面上。

图 2-13 所示为一个重新附着草图的例子。在该例子中，原来指定的草图平面为实体模型的上顶面，在该草图平面内绘制所需的草图对象，之后因为设计变更而需要将该草图对象重新附着到该实体模型的一个侧面。

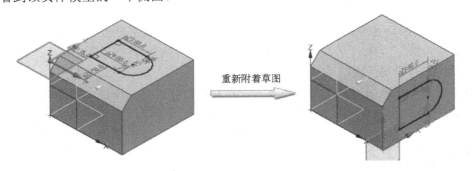

图 2-13　重新附着草图

2.2 创建基准点和草图点

要在当前应用模块中创建基准点，那么可以在功能区"主页"选项卡的"特征"组中单击"点"按钮十，或者在上边框条中单击"菜单"按钮 菜单(M)·后选择"插入"|"基准/点"|"点"命令，打开"点"对话框，如图 2-14 所示。利用该对话框来创建所需的基准点。其中点类型主要有"自动判断的点""光标位置""现有点""端点""控制点""交点""圆弧中心/椭圆中心/球心""圆弧/椭圆上的角度""象限点""点在曲线/边上""点在面上""两点之间""样条极点"和"按表达式"，而偏置选项有"无""矩形（直角坐标系）""圆柱""球""沿矢量"和"沿曲线"。

用户也可以进入草图任务环境中，在草图平面中绘制所需要的点（这类点被称为草图点）。其方法是在当前应用模块中单击"菜单"按钮 菜单(M)·，选择"插入"|"在任务环境中绘制草图"命令，系统弹出"创建草图"对话框，指定草图平面后进入草图任务环境，此时在功能区"主页"选项卡的"曲线"面板中单击"点"按钮十，系统弹出图 2-15 所示的"草图点"对话框，利用该对话框提供的工具指定草图点的位置即可。用于指定草图点的工具包括"自动判断的点" 、"光标位置" 、"端点" 、"现有点" 十、"控制点" 、"交点" 、"圆弧中心/椭圆中心/球心" ⊕、"象限点" ○、"点在曲线/边上" 和"样条极点" 。

图 2-14 用于在当前模块中创建基准点的"点"对话框　　　　图 2-15 "草图点"对话框

2.3 草图基本曲线绘制

草图基本曲线命令主要包括"轮廓""直线""圆弧""圆""矩形""圆角""倒斜角""多边形""艺术样条""拟合样条""椭圆"和"二次曲线"。下面介绍在草图绘制环境中如何绘制基本曲线。

2.3.1 绘制轮廓线

要绘制轮廓线，则进入草图绘制环境后，在功能区"主页"选项卡的"曲线"面板中单击"轮廓"按钮⌐，打开图 2-16 所示的"轮廓"对话框，该对话框提供了轮廓的对象类型（"直线"╱和"圆弧"⌒）和相应的输入模式（"坐标模式" XY 和"参数模式"凸）。利用"轮廓"功能，可以以线串模式创建一系列连接的直线和圆弧（包括直线和圆弧的组合），注意上一段曲线的终点变为下一段曲线的起点。在绘制轮廓线的直线段或圆弧段时，可以在"坐标模式" XY 和"参数模式"凸之间自由切换。

绘制轮廓线的示例如图 2-17 所示。

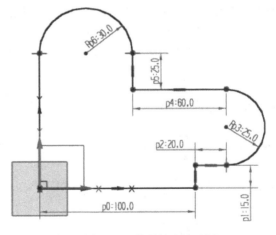

图 2-16 "轮廓"对话框   图 2-17 绘制轮廓线示例

2.3.2 绘制直线

要绘制直线，则在功能区"主页"选项卡的"曲线"面板中单击"直线"按钮╱，系统弹出图 2-18 所示的"直线"对话框，从中选择所需的输入模式。可供选择的输入模式有"坐标模式" XY 和"参数模式"凸。

请看绘制直线的一个简单例子：在"曲线"面板中单击"直线"按钮╱，默认接受"直线"对话框中的输入模式为"坐标模式" XY ，在指定平面的绘图区域输入 XC 值为100，YC 值为 80，此时系统自动切换到"参数模式"凸，分别输入长度值为 90 和角度值为35，如图 2-19 所示，确认输入后便完成该条直线的绘制。

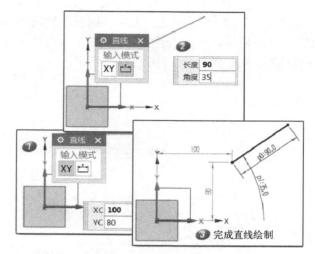

图 2-18 "直线"对话框

图 2-19 绘制直线示例

2.3.3 绘制圆

要绘制圆,则在"曲线"面板中单击"圆"按钮○,打开图 2-20 所示的"圆"对话框,该对话框提供了"圆方法"和"输入模式"两个选项组。其中,"圆方法"选项组中有以下两个方法按钮。

- "圆心和直径定圆"按钮⊙:通过指定圆心和直径来绘制圆,如图 2-21 所示。
- "三点定圆"按钮○:通过指定 3 个有效点绘制圆,如图 2-22 所示。

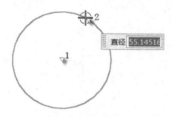

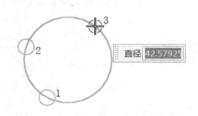

图 2-20 "圆"对话框　　　图 2-21 圆心和直径定圆　　　图 2-22 三点定圆

2.3.4 绘制圆弧

要绘制圆弧,则在"曲线"面板中单击"圆弧"按钮⌒,打开图 2-23 所示的"圆弧"对话框。该对话框提供了"圆弧方法"选项组和"输入模式"选项组。其中,可供选择的"圆弧方法"有"三点定圆弧"按钮⌒和"中心和端点定圆弧"按钮⌐。

图 2-23 "圆弧"对话框

当在"圆弧"对话框中单击"三点定圆弧"按钮 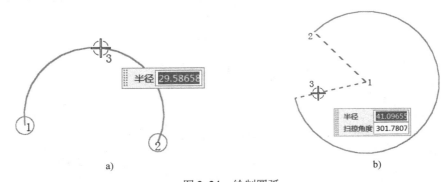 时，可通过指定 3 个有效点来绘制圆弧，如图 2-24a 所示。当在"圆弧"对话框中单击"中心和端点定圆弧"按钮 时，可通过指定中心和端点来绘制圆弧，如图 2-24b 所示。

图 2-24　绘制圆弧

a) 三点定圆弧　b) 中心和端点定圆弧

2.3.5　绘制矩形

在"曲线"面板中单击"矩形"按钮 ，系统弹出图 2-25 所示的"矩形"对话框，该对话框提供了 3 种矩形方法和两种输入模式。3 种矩形方法说明如下。

- "按 2 点" ：通过指定两点来绘制矩形，如图 2-26 所示。

图 2-25　"矩形"对话框

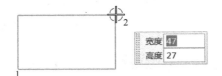

图 2-26　按两点绘制矩形

- "按 3 点" ：按三点绘制矩形，如图 2-27 所示。
- "从中心" ：从中心创建矩形，如图 2-28 所示，其中指定的第 1 点作为矩形的中心点，指定的第 2 点作为矩形一条边的中点。

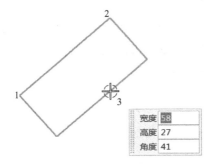

图 2-27　按三点绘制矩形

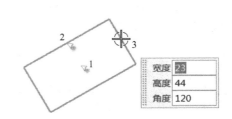

图 2-28　从中心绘制圆弧

2.3.6 绘制圆角

在草图设计中，有时需要在两条或三条曲线之间绘制圆角。在草图任务环境中绘制圆角的方法及步骤如下。

① 在"曲线"面板中单击"圆角"按钮 ，打开图2-29所示的"圆角"对话框。

② 在"圆角"对话框指定圆角方法，如"修剪" 或"取消修剪" ，接着根据设计要求来设置圆角选项。

③ 选择图元对象放置圆角，可以在出现的"半径"文本框中输入圆角半径值。示例如图2-30所示。

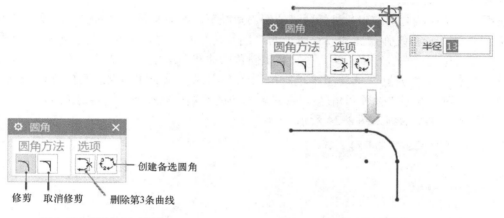

图2-29 "圆角"对话框　　　　　图2-30 示例：创建修剪方式的圆角

在两条平行直线之间同样可以创建圆角，例如，在创建圆角时设置圆角方法为"修剪" ，接着选择两条平行直线，如图2-31a所示，然后在所需的位置处单击以放置圆角，如图2-31b所示。

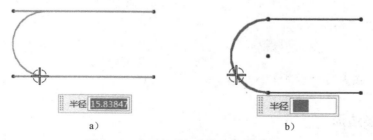

a)　　　　　　　　　　　　　b)

图2-31 在两条平行直线之间创建圆角

a)选择两条平行直线　b)放置圆角

如果在放置圆角之前，在"创建圆角"对话框的"选项"选项组中单击"创建备选圆角"按钮 ，则可获得另一种可能的圆角效果，如图2-32a所示，然后在所需位置处单击以放置圆角，如图2-32b所示。

图 2-32　在两条平行直线之间创建圆角

a)切换备选圆角　b)放置圆角

2.3.7　绘制倒斜角

可以对草图线之间的尖角进行适当的倒斜角处理，其方法是在"曲线"面板中单击"倒斜角"按钮🗕，系统弹出图 2-33 所示的"倒斜角"对话框，接着选择要倒斜角的两条曲线，或者选择交点来进行倒斜角，在"要倒斜角的曲线"选项组中设置"修剪输入曲线"复选框的状态，在"偏置"选项组中选择倒斜角的方式（或描述为倒斜角的标注形式），如"对称""非对称"或"偏置和角度"，并设置相应的参数，以及确定倒斜角位置。

倒斜角的典型示例如图 2-34 所示。

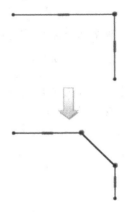

图 2-33　"倒斜角"对话框

图 2-34　示例：倒斜角

2.3.8　绘制多边形

在草图任务环境中，可以很方便地创建具有指定数量的边的多边形。其方法是在"曲线"面板中单击"多边形"按钮⊙，系统弹出图 2-35 所示的"多边形"对话框，接着依次指定多边形的中心点、边数和大小参数即可。其中多边形的大小方法选项有 3 种，即"内切圆半径""外接圆半径"和"边长"，另外可以设置正多边形的旋转角度。绘制好一个设定大小参数的多边形后，可以继续绘制以该大小参数为默认值的多边形，直到单击"多边形"对话框中的"关闭"按钮结束绘制多边形的命令操作。

图 2-36 所示绘制的是一个边数为 6 的正多边形（即正六边形），其大小方法选项为"外

接圆半径"，半径值为 100mm，旋转角度为 15deg。

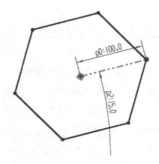

图 2-35 "多边形"对话框

图 2-36 示例：绘制正六边形

2.3.9 绘制椭圆

要在草图任务环境中创建椭圆，则在"曲线"面板中单击"椭圆"按钮 ⊙，打开"椭圆"对话框，如图 2-37 所示。利用"中心"选项组来指定椭圆中心，接着在相应的选项组中设置椭圆的大半径、小半径、限制条件和旋转角度即可。注意，要创建完整的椭圆，那么需要确保在"限制"选项组中勾选"封闭"复选框；如果要创建一部分椭圆弧段，那么在"限制"选项组中取消勾选"封闭"复选框，接着根据设计要求分别设置起始角和终止角，如图 2-38 所示。

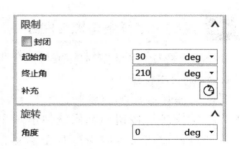

图 2-37 "椭圆"对话框

图 2-38 设置椭圆的限制条件

学习范例：在指定平面中绘制一个椭圆。

该范例椭圆的绘制步骤如下。

① 在草图任务环境下，在功能区"主页"选项卡的"曲线"面板中单击"椭圆"按钮 ⊙，打开"椭圆"对话框。

② 在"椭圆"对话框的"中心"选项组中单击"点构造器"按钮 ⬚，系统弹出"点"对话框。

③ 在"点"对话框的"输出坐标/坐标"选项组中，从"参考"下拉列表框中选择"绝对-工作部件"选项，分别设置"X"为"60"，"Y"为"60"，"Z"为"0"，如图 2-39 所示，然后单击"确定"按钮。

④ 返回到"椭圆"对话框，将大半径设置为"108"，小半径设置为"39"。

⑤ 在"限制"选项组中勾选"封闭"复选框，在"旋转"选项组的"角度"文本框中输入"30"（其单位默认为 deg）。

⑥ 在"椭圆"对话框中单击"确定"按钮，创建的椭圆如图 2-40 所示。

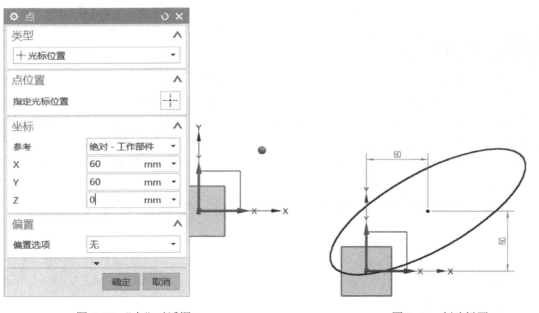

图 2-39 "点"对话框　　　　　　　　　　　图 2-40 创建椭圆

2.3.10 绘制艺术样条与拟合曲线

本小节介绍如何绘制艺术样条与拟合曲线的实用知识。

1. 绘制艺术样条

要在草图任务环境中绘制艺术样条，则在功能区"主页"选项卡的"曲线"面板中单击"艺术样条"按钮 ᜦ，系统弹出图 2-41 所示的"艺术样条"对话框。使用该对话框，可通过拖放定义点或极点并在定义点处指定斜率或曲率约束，动态创建和编辑样条曲线。

图2-41 "艺术样条"对话框

在"艺术样条"对话框"类型"选项组的下拉列表框中选择"通过点"选项，则通过依次指定一系列点绘制样条曲线，其典型示例如图2-42所示。

在"艺术样条"对话框"类型"选项组的下拉列表框中选择"根据极点"选项，则根据极点创建样条曲线，示例如图2-43所示。

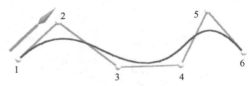

图2-42 通过点创建样条曲线　　　图2-43 根据极点创建样条曲线

如果在"艺术样条"对话框的"参数化"选项组中勾选"封闭"复选框，那么完成创建的样条是首尾闭合的，示例如图2-44所示。

在执行"艺术样条"命令的时候，可以在当前绘制的样条上添加中间控制点，其方法是将鼠标指针移动到样条的合适位置处单击，如图2-45所示。在创建艺术样条时，还可以使用鼠标拖动控制点的方式来调整样条曲线的形状。

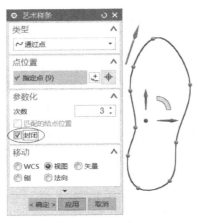

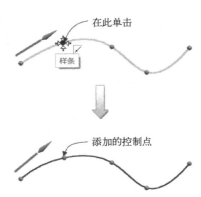

图 2-44　绘制首尾闭合的样条　　　　　　　图 2-45　在样条上添加控制点

2．绘制拟合曲线

可以通过与指定的数据点拟合来创建样条、线、圆或椭圆。要创建拟合曲线，则在"曲线"面板中单击"拟合曲线"按钮 ，打开图 2-46 所示的"拟合曲线"对话框，接着从"类型"选项组的"类型"下拉列表框中选择"拟合样条""拟合直线""拟合圆"或"拟合椭圆"，接着根据所选的拟合类型进行相应的操作，包括指定源目标等。

图 2-46　"拟合曲线"对话框

2.3.11　绘制二次曲线

可以通过指定点创建二次曲线。下面以范例的形式介绍绘制二次曲线的方法和步骤。

❶ 在草图任务环境中，从功能区"主页"选项卡的"曲线"组中单击"二次曲线"按

钮 ，弹出图 2-47 所示的"二次曲线"对话框。

2️⃣ 在"限制"选项组中单击位于"指定起点"右侧的"点构造器"按钮，弹出"点"对话框。接受默认的类型选项，在"输出坐标/坐标"选项组的"参考"下拉列表框中选择"WCS"选项，设置"XC"值为"10"、"YC"值为"10"、"ZC"值为"0"，如图 2-48所示，然后单击"点"对话框中的"确定"按钮。

图 2-47 "二次曲线"对话框

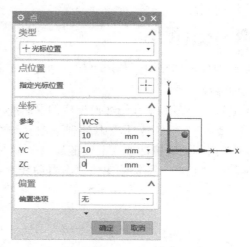

图 2-48 利用"点"对话框指定起点

3️⃣ 返回到"二次曲线"对话框，在"限制"选项组中单击位于"指定终点"右侧的"点构造器"按钮，弹出"点"对话框。设置终点参考坐标 WCS 参数为（XC=100，YC=10，ZC=0），单击"确定"按钮。

4️⃣ 返回到"二次曲线"对话框，在"控制点"选项组中单击"点构造器"按钮，弹出"点"对话框。设置控制点的参考坐标 WCS 参数为（XC=60，YC=120，ZC=0），单击"确定"按钮。

5️⃣ 在"二次曲线"对话框的"Rho"选项组中，设置"Rho"值为"0.68"，如图 2-49所示。

6️⃣ 在"二次曲线"对话框中单击"确定"按钮，创建的二次曲线如图 2-50 所示。

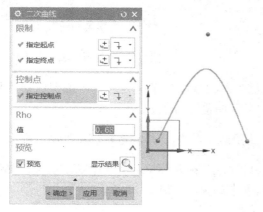

图 2-49 设置 Rho 值

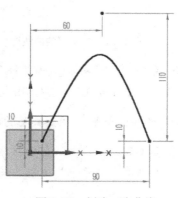

图 2-50 创建二次曲线

2.4　草图编辑与操作

草图编辑与操作的内容包括创建来自曲线集的曲线（如偏置曲线、阵列曲线、镜像曲线、交点和添加现有曲线等），还有就是草图的典型编辑（如快速修剪、快速延伸、制作拐角和编辑曲线）。

2.4.1　偏置曲线

在草图任务环境中，使用"偏置曲线"工具命令，可以按照设定的方式偏置位于草图平面上的曲线链。

下面以一个范例来介绍如何创建偏置曲线。

① 执行"在任务环境中绘制草图"命令，指定草图平面后进入草图任务环境，绘制图 2-51 所示的轮廓曲线（曲线链）。

② 在"曲线"面板中单击"偏置曲线"按钮◎，打开图 2-52 所示的"偏置曲线"对话框。

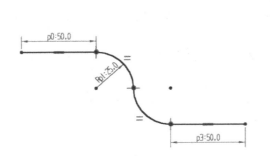

图 2-51　准备好的曲线链

图 2-52　"偏置曲线"对话框

③ 在位于上边框条上的选择条中，从"曲线规则"下拉列表框中确保选择"相连曲线"选项，接着在绘图窗口中单击曲线以定义要偏置的曲线链。

说明：如果在"要偏置的曲线"选项组中单击"添加新集"按钮➕，那么可以选择第二组要偏置的曲线，添加的新集显示在"列表"列表框中。对于不理想或不需要的曲线集，那么可以单击"移除"按钮✖将其从列表中删除，如图 2-53 所示。

添加新集 删除曲线集

图 2-53 添加新集与删除曲线集

④ 在"偏置"选项组中设置图 2-54 所示的偏置选项及参数。其中，勾选"对称偏置"复选框表示向两侧均创建偏置曲线，而"端盖选项"有"延伸端盖"和"圆弧帽形体"两种。

⑤ 展开"链连续性和终点约束"选项组，从中勾选"显示拐角"复选框和"显示终点"复选框，如图 2-55 所示。

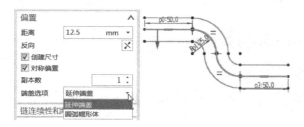 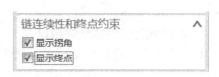

图 2-54 设置偏置选项与参数　　　图 2-55 设置链连续性和终点约束

⑥ 展开"设置"选项组，从中勾选"输入曲线转换为参考"复选框，并设置相应的阶次和公差，如图 2-56 所示。

⑦ 在"偏置曲线"对话框中单击"确定"按钮，结果如图 2-57 所示。

 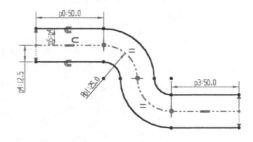

图 2-56 在"设置"选项组中设置　　　图 2-57 创建偏置曲线的结果

2.4.2 阵列曲线

在草图任务环境中，使用"阵列曲线"工具命令可以阵列位于草图平面上的曲线链，其中，阵列的布局类型主要分如下 3 种。

● "线性"▦：使用一个或两个线性方向定义布局，典型示例如图 2-58 所示。

● "圆形" ○：使用旋转轴和可选的径向间距参数定义布局，典型示例如图 2-59 所示。

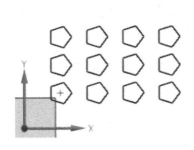

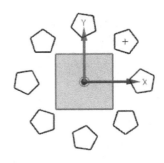

图 2-58　阵列曲线：线性阵列　　　　　图 2-59　阵列曲线：圆形阵列

● "常规" ：：使用按一个或多个目标点或者坐标系定义的位置来定义布局。

如果启用"创建自动判断约束"，即在功能区"主页"选项卡的"约束"面板中单击选中"创建自动判断约束"按钮 时，那么上述阵列曲线选项可以相关联并进行编辑。如果事先取消选中"创建自动判断约束"按钮 （即禁用创建自动判断约束）时，那么执行"阵列曲线"命令时将提供额外的布局选项，如"多边形" ○、"螺旋式" ○、"沿" 和"参考"。

下面以范例的形式介绍如何阵列曲线（线性阵列曲线、圆形阵列曲线和常规阵列曲线）。

1. 创建线性阵列曲线的范例

① 假设进入草图任务环境，先在草图平面中使用"多边形"命令绘制图 2-60 所示的等边三角形。

② 在"曲线"面板中单击"阵列曲线"按钮 ，系统弹出图 2-61 所示的"阵列曲线"对话框。

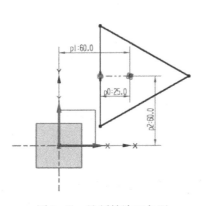

图 2-60　绘制等边三角形　　　　　图 2-61　"阵列曲线"对话框

③ 选择刚绘制的等边三角形作为要阵列的曲线链。

④ 在"阵列定义"选项组的"布局"下拉列表框中选择"线性"选项。

⑤ 单击"方向1"子选项组中的"方向"按钮 ➕，在图形窗口中单击 X 基准轴定义线性对象的方向 1，接着从"间距"下拉列表框中选择"数量和节距"选项，设置数量为 5，节距为100mm，如图 2-62 所示。

❓说明：如果要反向当前的阵列方向，那么在该方向子选项组中单击"反向"按钮 ✖。另外，可供选择的间距选项除了"数量和节距"之外，还有"数量和跨距"和"节距和跨距"。选择不同的间距选项，需要输入的参数也是不同的。

⑥ 在"方向 2"子选项组中勾选"使用方向 2"复选框，接着在图形窗口中单击 Y 基准轴定义线性对象的方向2，并设置图 2-63 所示的方向 2 的参数。

图 2-62　定义方向 1 的参数　　　　图 2-63　设置方向 2 的参数

⑦ 在"阵列曲线"对话框中单击"应用"按钮或"确定"按钮，完成的阵列结果如图 2-64 所示。如果是单击"应用"按钮，那么还需要手动关闭"阵列曲线"对话框。

2．创建圆形阵列曲线的范例

① 在"曲线"面板中单击"阵列曲线"按钮 ，系统弹出"阵列曲线"对话框。

② 选择第一个等边三角形作为要阵列的曲线链。

③ 在"阵列定义"选项组的"布局"下拉列表框中选择"圆形"选项。

④ 指定旋转中心点。在"旋转点"子选项组最右侧的下拉列表框中选择"自动判断的点"图标选项 ，确保处于"指定点"状态，在图形窗口中单击图 2-65 所示的坐标原点作为旋转中心点。

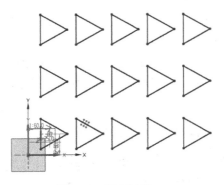

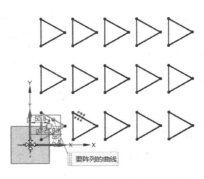

图 2-64　阵列结果　　　　　　　　　　图 2-65　选择旋转中心点

⑤　在"阵列定义"选项组的"角度方向"子选项组中分别设置间距选项及其参数，如图 2-66 所示。

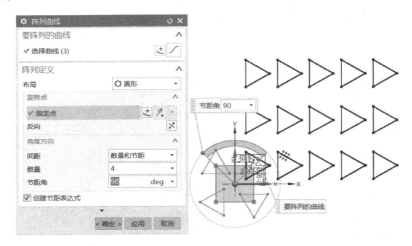

图 2-66　设置角度方向

⑥　在"阵列曲线"对话框中单击"确定"按钮，从而完成圆形阵列曲线的操作，其效果如图 2-67 所示。然后在功能区"主页"选项卡的"草图"组中单击"完成"按钮🏁。

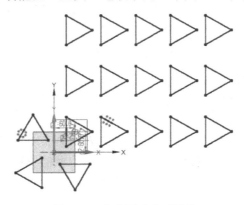

图 2-67　完成圆形阵列效果

3．创建常规阵列曲线的范例

① 在"快速访问"工具栏中单击"打开"按钮🖮，弹出"打开"对话框，选择本书配套素材"\CH2\BC_2_CGZL.prt"，单击"OK"按钮。在部件导航器中右击草图 1 "SKETCH_000"，接着在弹出的快捷菜单中选择"可回滚编辑"命令，进入草图任务环境中。

② 在功能区"主页"选项卡的"曲线"组中单击"阵列曲线"按钮🖦，系统弹出"阵列曲线"对话框。

③ 默认曲线规则为"相连曲线"，选择要阵列的对象，如图 2-68 所示。

④ 在"阵列曲线"对话框"阵列定义"选项组的"布局"下拉列表框中选择"常规"选项。在"出发点"子选项组的"位置"下拉列表框中选择"点"选项（"位置"下拉列表框中可供选择的选项有"点"和"坐标系"），默认选中"自动判断的点"图标选项🪄，单击相应的"指定点"标识以开始指定出发点对象，选择的出发点对象如图 2-69 所示。

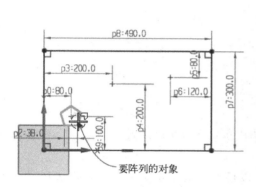

图 2-68　选择要阵列对象

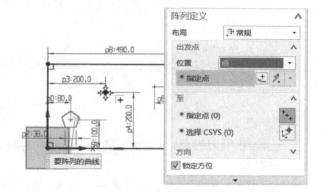

图 2-69　指定出发点

⑤ 在"至"子选项组中单击"指定点"按钮➕，在草图区域中单击图 2-70 所示的点对象。

⑥ 在"方位"选项组中勾选"锁定方位"复选框，以设置锁定旋转角度，使其跟随原始曲线方位。如果取消勾选此复选框，那么可以更改整个图样的旋转角度。

⑦ 在"阵列曲线"对话框中单击"确定"按钮，阵列结果如图 2-71 所示。

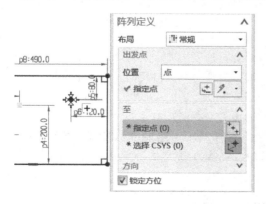

图 2-70　选择至点对象

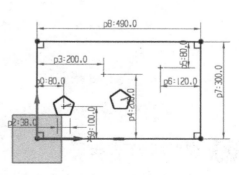

图 2-71　阵列结果

⑧ 在功能区"主页"选项卡的"草图"组中单击"完成"按钮🏁，完成草图。

2.4.3 镜像曲线

在草图任务环境中，使用"镜像曲线"工具命令可以创建位于草图平面上的曲线链的镜像图样。

下面以一个简单范例介绍如何在草图中创建镜像曲线。

① 在"曲线"面板中单击"镜像曲线"按钮🔂，系统弹出"镜像曲线"对话框，如图 2-72 所示。

② 系统提示选择要镜像的曲线。选择要镜像的曲线链，如图 2-73 所示（相连曲线）。也可以采用指定对角点的框选方式选择要镜像的多条曲线。

图 2-72 "镜像曲线"对话框

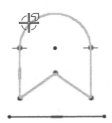

图 2-73 选择镜像链

③ 在"镜像曲线"对话框的"中心线"选项组中单击"选择中心线"按钮➕，接着选择水平直线作为镜像中心线。

④ 在"镜像"对话框中单击"更多"按钮▼以使对话框显示更多选项，接着在"设置"选项组中确保勾选"中心线转换为参考"复选框，如图 2-74 所示。

⑤ 在"镜像"对话框中单击"确定"按钮，得到的镜像结果如图 2-75 所示。

图 2-74 设置中心线转换为参考

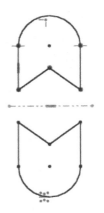

图 2-75 镜像曲线的结果

2.4.4 交点和现有曲线

本小节介绍草图任务环境中的以下两个实用工具命令。

- "交点"按钮 ：在曲线和草图平面之间创建一个交点。选择该命令时，系统弹出图 2-76 所示的"交点"对话框，接着选择曲线以与草图平面相交，即选择要与草图平面相交的曲线，必要时使用对话框中的"循环解"按钮 来创建所需的交点。
- "添加现有曲线"按钮 ：将现有的某些曲线（非草图曲线）和点添加到草图中，这些现有的曲线（包括椭圆、抛物线、双曲线等二次曲线）和点必须与草图共面。选择该命令时，系统弹出图 2-77 所示的"添加曲线"对话框，利用该对话框选择要加入草图的曲线或点来完成操作。

图 2-76 "交点"对话框

图 2-77 "添加曲线"对话框

2.4.5 快速修剪

使用系统提供的"快速修剪"功能，可以以任意一个方向将曲线修剪至最近的交点或选定的边界。"快速修剪"是常用的编辑工具命令，使用它可以很方便地将草图曲线中的不需要的部分删除掉。

在草图任务环境中，对草图曲线进行快速修剪的一般方法和步骤如下。

① 在"曲线"面板中单击"快速修剪"按钮 ，系统弹出图 2-78 所示的"快速修剪"对话框。

② 系统提示选择要修剪的曲线（"要修剪的曲线"收集器处于被激活的状态）。在该提示下选择要修剪的曲线部分，也可以按住鼠标左键并拖动鼠标来擦除曲线分段。倘若在指定要修剪的曲线之前需要定义边界曲线，那么在"快速修剪"对话框的"边界曲线"选项组中单击"边界曲线"按钮 ，如图 2-79 所示，接着选择所需的边界曲线。另外，在"设置"选项组中决定"修剪至延伸线"复选框的状态。

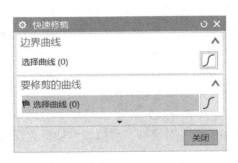

图 2-78 "快速修剪"对话框

图 2-79 拟指定边界曲线

③ 修剪好曲线后，单击"快速修剪"对话框中的"关闭"按钮。

快速修剪的典型示例如图 2-80 所示。

图 2-80 示例：快速修剪

2.4.6 快速延伸

使用系统提供的"快速延伸"功能，可以将曲线延伸到另一临近曲线或选定的边界。

在草图任务环境下，进行"快速延伸"操作的一般方法和步骤如下。

① 在"曲线"面板中单击"快速延伸"按钮，打开图 2-81 所示的"快速延伸"对话框。

② 默认时，系统提示选择要延伸的曲线。在该提示下选择要延伸的曲线。如果需要指定边界曲线，则要在"快速延伸"对话框中单击"边界曲线"按钮，以激活"边界曲线"收集器，然后选择所需的曲线作为边界曲线。

③ 完成曲线快速延伸后，在"快速延伸"对话框中单击"关闭"按钮。

快速延伸的示例如图 2-82 所示。

图 2-81 "快速延伸"对话框

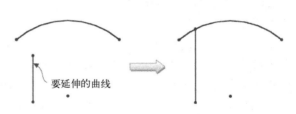

图 2-82 示例：快速延伸

2.4.7 制作拐角

使用系统提供的"制作拐角"功能，可以延伸或修剪两条曲线来制作拐角。在草图任务环境下，制作拐角的一般方法及步骤如下。

① 在"曲线"面板中单击"制作拐角"按钮 ✦，系统弹出图 2-83 所示的"制作拐角"对话框。

② 选择区域上要保留的曲线以制作拐角。完成制作拐角后，在"制作拐角"对话框中单击"关闭"按钮。

制作拐角的示例如图 2-84 所示。

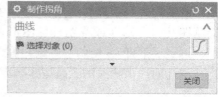

图 2-83 "制作拐角"对话框

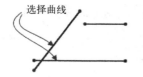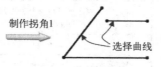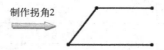

图 2-84 示例：制作拐角

2.4.8 编辑曲线参数

在草图任务环境下，在上边框条中单击"菜单"按钮 🔻菜单(M)▾，接着选择"编辑"|"曲线"|"参数"命令，打开图 2-85 所示的"编辑曲线参数"对话框，利用该对话框选择要编辑的曲线，接着利用根据所选曲线类型而弹出相应的对话框来编辑该曲线的指定参数。假设选择的曲线是艺术样条，那么系统将会弹出图 2-86 所示的"艺术样条"对话框，该对话框提供了用于编辑样条的相应选项。在草图任务环境下使用"菜单"|"编辑"|"曲线"|"参数"命令，可以编辑大多数曲线类型的参数。

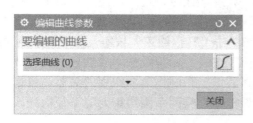

图 2-85 用于编辑样条曲线参数的对话框

图 2-86 "艺术样条"对话框

2.5 草图几何约束

草图约束包括几何约束和尺寸约束。本节先介绍草图几何约束，这些几何约束指定并维持草图几何图形（或草图几何图形之间）的条件，如平行、竖直、重合、同心、共线、水平、正交（垂直）、相切、中点、等长、等半径和点在曲线上等。

与几何约束相关的工具按钮如表 2-1 所示，这些工具按钮位于"约束"面板中。

表 2-1　与几何约束相关的工具按钮

序号	按钮	名　　称	功　　能
1		几何约束	将几何约束添加到草图几何图形中，这些约束指定并保持用于草图几何图形或草图几何图形之间的条件
2		自动约束	设置自动应用到草图的几何约束类型
3		显示草图约束	设置是否显示活动草图的几何约束
4		显示/移除约束	显示与选定的草图几何图形关联的几何约束，并移除所有这些约束或列出信息
5		转换至/自参考对象	将草图曲线或草图尺寸从活动转化为引用，或者反过来；下游命令（如拉伸）不使用参考曲线，并且参考尺寸不控制草图几何图形
6		备选解	提供备选尺寸或几何约束解算方案
7		自动判断约束和尺寸	控制哪些约束或尺寸在曲线构造过程中被自动判断
8		创建自动判断约束	在曲线构造过程中启用自动判断约束
9		设为对称	将两个点或曲线约束为相对于草图上的对称线对称

下面介绍几何约束的几个常用操作。

2.5.1　手动添加几何约束

在草图任务环境功能区"主页"选项卡的"约束"面板中单击"几何约束"按钮，弹出"几何约束"对话框，如图 2-87 所示。在"约束"选项组中单击所需的几何约束按钮，然后选择要约束的几何体，需要时单击"要约束到的对象"按钮（位于"选择要约束到的对象"标识右侧）并从图形窗口中选择要约束到的对象，然后单击"关闭"按钮。如果在选择要约束的几何体之前勾选"自动选择递进"复选框，那么在选择要约束的对象后，系统自动切换至"选择要约束到的对象"状态，此时可直接在图形窗口中选择要约束到的对象，操作效率提高。

例如要为两个圆应用等半径约束，那么在单击"几何约束"按钮打开"几何约束"对话框后，从"约束"选项组中单击"等半径"按钮，以及在"要约束的几何体"选项组中勾选"自动选择递进"复选框，接着选择其中一个圆作为要约束的对象，再选择另一个圆作为要约束到的对象，然后单击"关闭"按钮。将两个圆约束为等半径的操作示例，如图 2-88 所示。

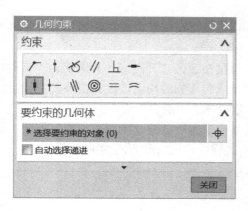

图 2-87 "几何约束"对话框

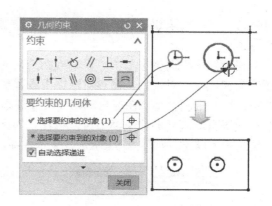

图 2-88 为两个圆应用等半径约束

2.5.2 自动约束

自动约束即自动施加几何约束，是指用户先设置一些要应用的几何约束后，系统根据所选草图对象自动施加其中合适的几何约束。在功能区"主页"选项卡的"约束"面板中单击"自动约束"按钮 ，打开图 2-89 所示的"自动约束"对话框，在"要施加的约束"选项组中选择可能要应用的几何约束，如勾选"水平""竖直""相切""平行""垂直""等半径"复选框等，并在"设置"选项组中设置距离公差和角度公差等，在选择要约束的曲线后，单击"应用"按钮或"确定"按钮，系统将分析活动草图中选定的曲线，自动在草图对象的适当位置应用施加约束。

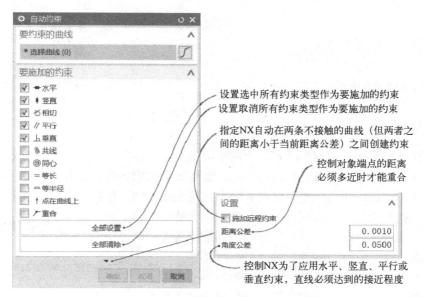

图 2-89 "自动约束"对话框

2.5.3 自动判断约束/尺寸

可以设置自动判断约束和尺寸以控制哪些约束或尺寸在曲线构建过程中被自动判断，即设置自动判断约束和尺寸的一些默认选项，这些默认选项将在创建自动判断约束和尺寸时起作用。

在"约束"面板中单击"自动判断约束和尺寸"按钮 ，打开图 2-90 所示的"自动判断约束和尺寸"对话框，在该对话框中设置要自动判断和施加的约束，设置由捕捉点识别的约束，以及定制绘制草图时自动判断尺寸规则等，然后单击"确定"按钮。

设置自动判断的约束类型后，可在"约束"面板中设置"创建自动判断约束"按钮 处于被选中的状态，如图 2-91 所示，表示在曲线构造过程中启用自动判断约束功能。

图 2-90 "自动判断约束和尺寸"对话框

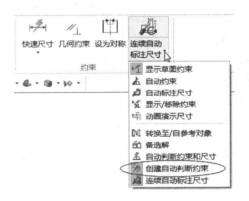

图 2-91 默认启用自动判断约束

2.5.4 备选解

在草图设计过程中，有时当指定一个约束类型后，可能存在着满足当前约束条件的多种解。例如，绘制一个圆和一条竖直直线相切，圆与该直线相切就存在着两种情况，即圆既可以在直线的左边与直线相切，也可以在直线右边与直线相切。创建约束时，系统会自动选择其中一种解，把约束显示在绘图窗口中。如果默认的约束解不是所需要的解，那么可以使用系统提供的"备选解"命令功能，将约束解切换成所需的其他约束解。

要使用"备选解"命令功能，则在"约束"面板中单击"备选解"按钮 ，系统弹出图 2-92 所示的"备选解"对话框，接着在提示下指定对象 1（需要时可指定对象 2）来切换约束解，

图 2-93 所示为备选解的操作示例。首先绘制没有相切约束的一条直线和圆，如图 2-93a 所示；接着单击

图 2-92 "备选解"对话框

"几何约束"按钮，打开"几何约束"对话框，从中单击"相切"按钮，以自动选择递进的方式分别选择直线和圆，从而获得图 2-93b 所示的默认相切效果；在功能区的"约束"面板中单击"备选解"按钮，打开"备选解"对话框，选择其中一个对象（如直线）即可切换约束解，如图 2-93c 所示。

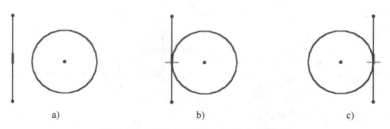

a) b) c)

图 2-93 备选解示例：直线与圆相切

a) 要进行相切约束的直线和圆 b) 默认的相切约束解 c) 切换后的相切约束解

2.6 草图尺寸约束

尺寸约束用于确定草图曲线的形状大小和放置位置，包括水平尺寸、竖直尺寸、平行尺寸、垂直尺寸、角度尺寸、直径尺寸、半径尺寸和周长尺寸。

用于进行草图尺寸约束的菜单命令和相应工具按钮如图 2-94 所示。

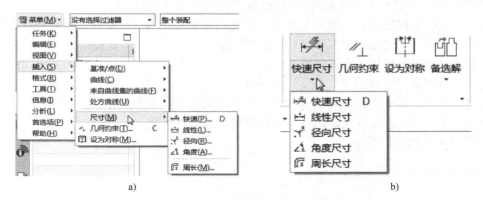

a) b)

图 2-94 草图尺寸约束的命令及其工具按钮

a) 尺寸的菜单命令 b) "约束"面板中的尺寸约束工具

2.6.1 自动标注尺寸

自动标注尺寸是指根据设置的规则在曲线上自动创建尺寸。

在草图任务环境下，从功能区"主页"选项卡的"约束"组中单击"自动标注尺寸"按钮，打开图 2-95 所示的"自动标注尺寸"对话框，选择要标注尺寸的曲线，并在"自动标准尺寸规则"选项组中设置自顶向下的相关自动标注尺寸规则优先顺序，然后单击"应用"按钮或"确定"按钮，从而在所选曲线中按照所设的规则创建自动标注的尺寸。图 2-96 所示中的两个尺寸可以通过"自动标注尺寸"功能来创建。

图 2-95 "自动标注尺寸"对话框

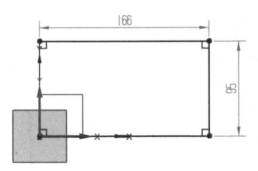

图 2-96 示例：自动标注尺寸

2.6.2 快速尺寸

使用"快速尺寸"按钮，可以通过基于选定的对象和光标的位置自动判断尺寸类型来创建尺寸约束。在创建快速尺寸的操作过程中，允许用户根据设计要求来自行设定尺寸类型。这是最为常用的尺寸约束工具。

在"约束"面板中单击"快速尺寸"按钮，弹出图 2-97 所示的"快速尺寸"对话框，从"测量"选项组的"方法"下拉列表框中选择所需的一种测量方法（如"自动判断""水平""竖直""点到点""垂直""圆柱坐标系""斜角""径向"和"直径"），通常将快速尺寸的测量方法设定为"自动判断"。当测量方法为"自动判断"时，用户选择要标注的参考对象时，NX 会根据选定对象和光标的位置自动判断尺寸类型，接着指定尺寸原点放置位置（亦可在"原点"选项组中勾选"自动放置"复选框以实现自动放置尺寸），NX 将弹出一个尺寸表达式列表框以供用户即时修改当前尺寸值，如图 2-98 所示，图中 3 个尺寸均可以采用自动判断测量方法来创建。需要注意的是：选择对象创建尺寸之前在"驱动"选项组中可以通过"参考"复选框设置要创建的尺寸为驱动尺寸还是参考尺寸，而"设置"选项组则可以设置快速尺寸的相关样式，以及是否启用尺寸场景对话框。

图 2-97 "快速尺寸"对话框

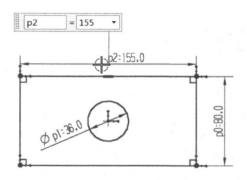

图 2-98 标注快速尺寸示例

说明：在添加尺寸约束时，出现的尺寸表达式列表框（显示有尺寸代号和尺寸值）用来显示尺寸约束的表达式。在右文本框中可修改尺寸值，若单击按钮图标 ▼，则打开一个下拉菜单，如图 2-99 所示，利用该菜单可将当前尺寸设置为测量距离值，为该尺寸设置公式、函数等。

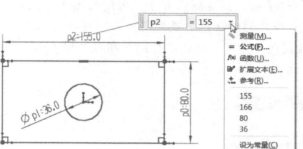

图 2-99　使用尺寸表达式列表框

2.6.3　线性尺寸

"线性尺寸"按钮 用于在两个对象或点位置之间创建线性距离约束。

在"约束"面板的尺寸下拉菜单中单击"线性尺寸"按钮 ，将弹出图 2-100 所示的"线性尺寸"对话框，接着指定测量方法，设置相关的选项，以及选择参考对象和指定尺寸原点放置位置即可。在图 2-101 所示的草图中，标注的水平尺寸、竖直尺寸、点到点尺寸、垂直尺寸和圆柱坐标系尺寸均属于线性尺寸，其中圆柱坐标系尺寸带有表示直径的前缀符号 ϕ。

图 2-100　"线性尺寸"对话框

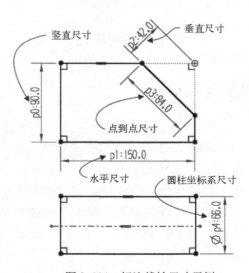

图 2-101　标注线性尺寸示例

2.6.4 径向尺寸

"径向尺寸"按钮 ✗ 用于创建圆形对象的半径或直径尺寸约束。

在"约束"面板的尺寸下拉菜单中单击"径向尺寸"按钮 ✗，系统弹出图 2-102
所示的"半径尺寸"对话框，指定测量方法（可用的测量方法有"自动判断""径向"
和"直径"）和设置其他所需的选项，接着选择要标注半径或直径尺寸的对象，然后手
动放置尺寸或自动放置尺寸即可。创建半径尺寸和直径尺寸约束的典型示例如图 2-103
所示。

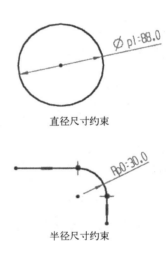

图 2-102 "径向尺寸"对话框　　　　　图 2-103 标注半径和直径尺寸约束的示例

2.6.5 角度尺寸

"角度尺寸"按钮 ⊿ 用于在两条不平行的直线之间创建角度尺寸约束，典型示例如
图 2-104 所示。该示例的创建步骤是：在"约束"面板的尺寸下拉菜单中单击"角度尺
寸"按钮 ⊿，系统弹出图 2-105 所示的"角度尺寸"对话框，在"原点"选项组中取
消勾选"自动放置"复选框，在"驱动"选项组中确保取消勾选"参考"复选框，接着
分别选择第一个直线对象和第二个直线对象，然后指定角度尺寸的原点放置位置即可。
在某些设计场合，可能需要单击"测量"选项组的"内错角"按钮 ◐ 来切换所需的角
度方位。

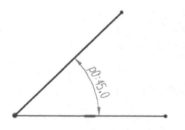

图 2-104　标注角度尺寸约束的示例　　　　　图 2-105　"角度尺寸"对话框

2.6.6　周长尺寸

"周长尺寸"按钮 用于创建周长约束以控制选定直线和圆弧的集体长度。注意周长尺寸将创建表达式，但是默认时不在图形窗口中显示。

在"约束"面板的尺寸下拉菜单中单击"周长尺寸"按钮 ，弹出"周长尺寸"对话框，接着选择要测量它们集体长度的所有草图曲线，在"尺寸"选项组的"距离"文本框会显示它们的集体长度，如图 2-106 所示，此时可以在"距离"文本框中输入新的集体长度，然后单击"应用"按钮或"确定"按钮即可创建周长尺寸约束。

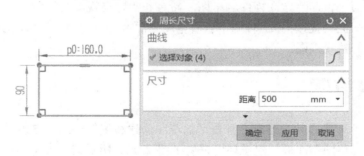

图 2-106　应用周长尺寸的示例

2.6.7　连续自动标注尺寸

可以在曲线构造过程中启用连续自动标注尺寸。在初始默认时，系统启用连续自动标注尺寸。如果要在"草图"任务环境中关闭连续自动标注尺寸功能，那么可以在"草图"任务环境中单击"菜单"按钮 ，选择"任务"|"草图设置"命令，打开图 2-107 所示的"草图设置"对话框，注意到"连续自动标注尺寸"复选框默认时处于被勾选的状态，此时清除此复选框则可关闭连续自动标注尺寸功能。另外，在功能区中的"约束"面板中也提供

了"连续自动标注尺寸"按钮 ![icon]，如图 2-108 所示，使用此工具同样可以设置在曲线构造过程中启用或关闭连续自动标注尺寸功能。

说明：利用"草图设置"对话框，还可以设置草图中的文本高度和是否启用创建自动判断约束等。

图 2-107 "草图设置"对话框

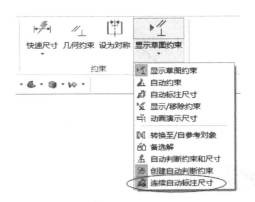

图 2-108 使用连续自动标注尺寸工具

2.7 定向视图到草图和定向视图到模型

进入草图任务环境，单击"菜单"按钮 ![菜单(M)]，在菜单栏的"视图"菜单中具有两个定向视图的实用命令，即"定向视图到草图"命令和"定向视图到模型"命令。前者用于将视图定向至草图平面（直接沿 Z 轴向下查看草图平面），而后者则将视图定向至进入草图任务环境之前显示的建模视图。

2.8 直接草图

除了草图任务环境之外，还有一种典型的草图创建和编辑模式，这就是在当前建模应用模块中使用"直接草图"面板。建模环境提供了图 2-109 所示的"直接草图"面板，使用此面板中的命令工具可直接在平面上创建草图，而无须进入草图任务环境。直接草图的显著优点是直接绘制草图所需的鼠标单击次数更少，使得创建和编辑草图变得更快并且更容易。

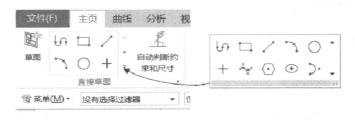

图 2-109 "直接草图"面板

在建模应用模块的"直接草图"面板中单击"草图"按钮，弹出图 2-110 所示的"创建草图"对话框，指定草图类型及草图平面后单击"确定"按钮，此时"直接草图"面板提供的工具如图 2-111 所示，再执行直接草图工具不用再定义草图平面，此时的直接草图工具的操作和在草图任务环境中相应命令工具的操作是一样或类似的。

图 2-110 "创建草图"对话框   图 2-111 指定草图平面后的"直接草图"面板

使用"直接草图"面板中的命令工具创建点或曲线时，系统会创建一个草图并使其处于活动状态。新草图将列于部件导航器中的模型历史记录中。直接草图指定的第一个点定义草图平面、方位和原点，可以在这些位置定义第一个点：屏幕位置、点、曲线、面、平面、边、指定平面、指定基准 CSYS。

通常在执行以下操作时可以使用"直接草图"面板。

● 在建模、外观造型设计或钣金应用模块中创建或编辑草图。
● 查看草图更改对模型产生的实时效果。

要执行以下操作时可以使用草图任务环境。

● 编辑内部草图。
● 尝试对草图进行更改，但保留该选项以放弃所有更改。
● 在其他应用模块中创建草图。

在实际设计工作中，使用"直接草图"面板还是使用草图任务环境来创建草图，这需要用户结合设计情况和自己操作习惯灵活操作，草图效率和结果质量才是最为关键的。

2.9 草图综合实战演练

下面将介绍一个草图绘制综合范例，目的是使读者通过范例学习，深刻理解草图曲线、草图约束（几何约束和尺寸约束）和草图操作的各常用按钮或命令的含义，并掌握其应用方法及技巧，熟悉设计一个零件的草图绘制思路与绘制方法。

在此范例中，要绘制的零件草图如图 2-112 所示。

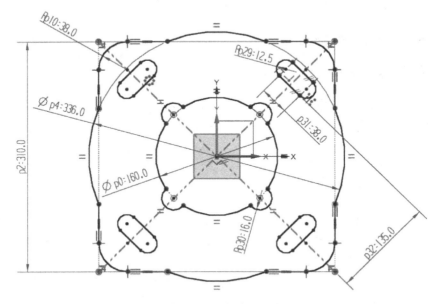

图 2-112　绘制的草图

本草图综合实战演练范例具体的绘制过程如下。

1. 新建模型文件

① 在"快速访问"工具栏中单击"新建"按钮 ⬚，或者按〈Ctrl+N〉快捷键，系统弹出"新建"对话框。

② 在"模型"选项卡的"模板"列表中选择名称为"模型"的模板（单位为 mm），在"新文件名"选项组的"名称"文本框中输入"bc_nx_2_1"，并自行指定要保存到的文件夹。

③ 单击"新建"对话框中的"确定"按钮。

2. 指定草图平面

① 在上边框条中单击"菜单"按钮 ☲ 菜单(M)·，接着选择"插入"|"在任务环境中绘制草图"命令，弹出"创建草图"对话框。

② 默认的草图类型为"在平面上"，"平面方法"选项为"自动判断"，默认以 XC-YC 坐标面作为草图平面，如图 2-113 所示。

③ 在"创建草图"对话框中单击"确定"按钮。此时，自动定向视图到草图平面。

3. 设置自动判断约束和尺寸

① 在功能区"主页"选项卡的"约束"面板中单击"自动判断约束和尺寸"按钮 ⬚，弹出"自动判断约束和尺寸"对话框。

② 在"自动判断约束和尺寸"对话框中设置图 2-114 所示的选项内容，以控制哪些约束或尺寸在曲线构建过程中将被自动判断。

③ 在"自动判断约束和尺寸"对话框中单击"确定"按钮。

④ 在"约束"面板中单击"连续自动标注尺寸"按钮，以取消选中它，从而在曲线构造过程中取消连续自动标注尺寸，但确保选中"创建自动判断约束"按钮　和"显示草图约束"按钮　。

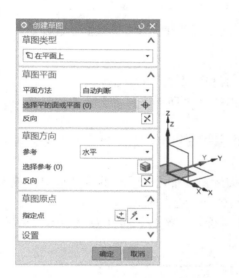

图 2-113 "创建草图"对话框

图 2-114 "自动判断约束和尺寸"对话框

4．绘制一个圆

① 在"曲线"面板中单击"圆"按钮○，弹出"圆"对话框。

② 在"圆方法"选项组中单击"圆心和直径定圆"按钮⊙，在"输入模式"选项组中默认选中"坐标模式"按钮 XY，选择坐标系原点（XC=0，YC=0）作为圆心。

③ 在"输入模式"选项组中单击"参数模式" 凸，输入直径为 160，完成绘制一个圆。

④ 单击鼠标中键结束圆命令。

5．绘制一个矩形

① 在"曲线 "面板中单击"矩形"按钮□，弹出"矩形"对话框。

② 在"矩形"对话框中单击"从中心"按钮。

③ 选择圆心或坐标原点（XC=0，YC=0）作为矩形的中心。

④ 默认切换到"参数模式" 凸，在"宽度"文本框中输入"310"，如图 2-115 所示，按〈Enter〉键确认。

⑤ 输入"高度"为"310"，"角度"为"0"。注意输入高度值和角度值时，可按

〈Enter〉键确定。

6 在“矩形”对话框中单击“关闭”按钮✕，绘制的矩形如图 2-116 所示。

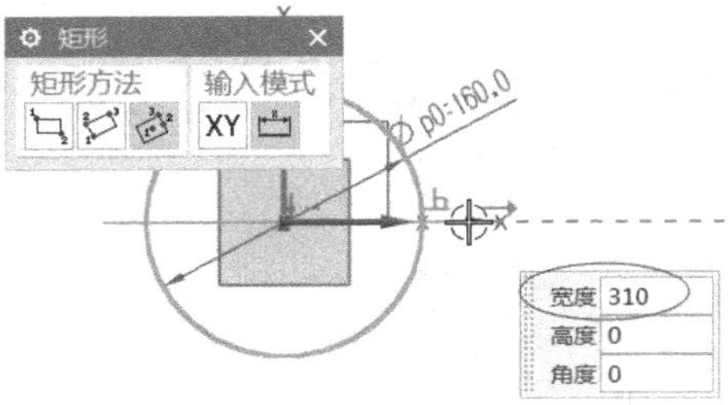

图 2-115　以参数模式指定矩形宽度

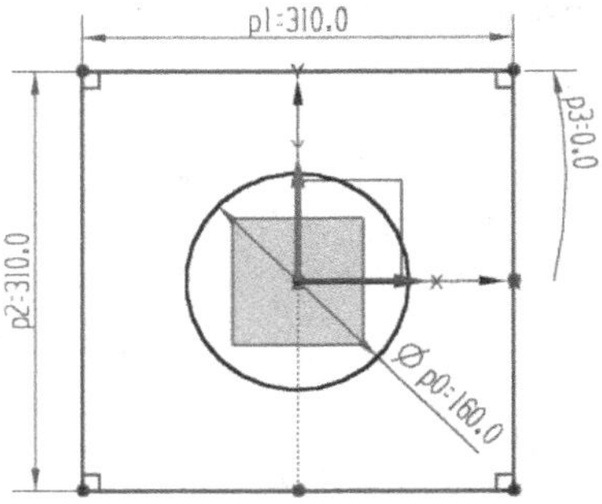

图 2-116　完成绘制矩形

6. 绘制两条倾斜的直线

1 在“曲线”面板中单击“直线”按钮╱，弹出“直线”对话框。

2 分别选择相应的两点来绘制两条直线，如图 2-117 所示（图中删除了一个尺寸）。

7. 将两条直线转换为参考曲线

1 在“约束”面板中单击“转换至/自参考对象”按钮，系统弹出“转换至/自参考对象”对话框。

2 系统提示选择要转换的曲线或尺寸。在图形窗口中选择倾斜的两条直线，并确保“转换为”选项组中的“参考曲线或尺寸”单选按钮处于被选中的状态。

3 在“转换至/至参考对象”对话框中单击“确定”按钮。转换结果如图 2-118 所示。

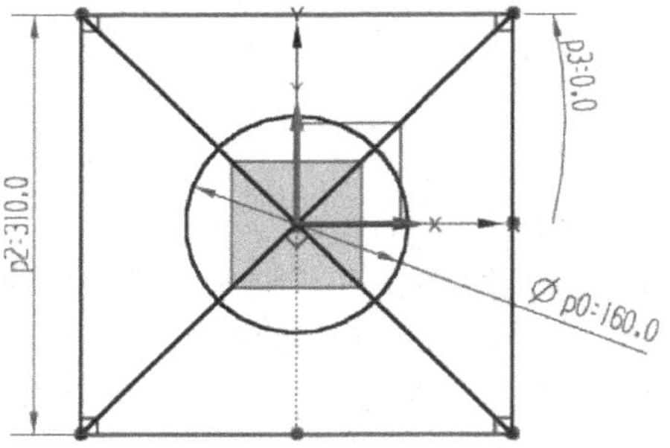

图 2-117　绘制两条直线

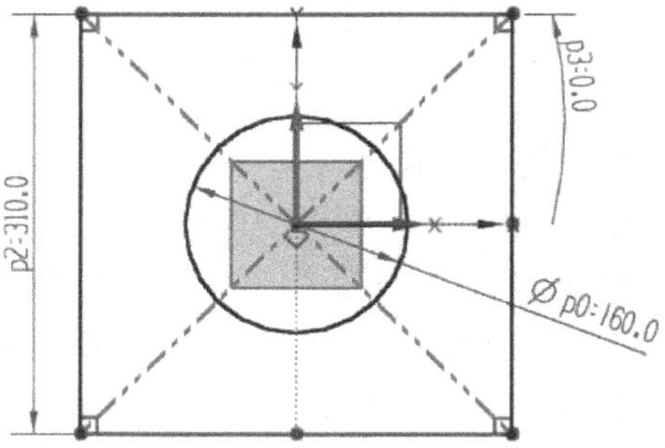

图 2-118　转换结果

8. 绘制若干个圆

1 在“曲线”面板中单击“圆”按钮○，打开“圆”对话框。

2 在“圆方法”选项组中单击“圆心和直径定圆”按钮⊙，在“输入模式”选项组中单击“坐标模式”按钮XY，选择已有圆的圆心或两条参考线的交点作为该新圆的圆心。

3 将输入模式切换为“参数模式”，输入该圆的直径为“336”。完成该圆绘制，效果如图 2-119 所示。

4 在绘图区显示的“直径”框中输入新圆的直径为“32”，按〈Enter〉键确定，

⑤ 分别捕捉到相应的交点来继续绘制圆，一共绘制 4 个同样直径的小圆，如图 2-120 所示。

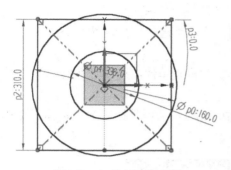

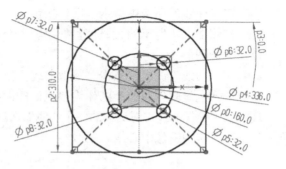

图 2-119　绘制第一个圆　　　　　　　　　　图 2-120　以相应的交点为圆心来绘制圆

说明：为了便于选择所需的交点，用户可以使用图 2-121 所示的选择条，例如在该选择条上增加选中"交点"图标↑。

图 2-121　在选择条上设置选择过滤条件

⑥ 关闭"圆"对话框。

9．绘制圆角

① 在"曲线"面板中单击"圆角"按钮，接着在打开的"圆角"对话框中单击"修剪"按钮。

② 分别选择所需的直线段来创建圆角，一共创建 4 个圆角，且将这些圆角的半径均设置为"38"，绘制这些圆角后的图形效果如图 2-122 所示。

10．修剪图形

① 在"曲线"面板中单击"快速修剪"按钮，系统弹出"快速修剪"对话框。

② 选择要修剪的曲线。将图形修剪成图 2-123 所示的效果。

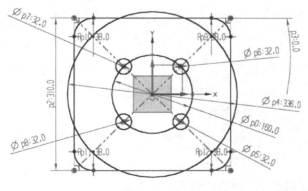

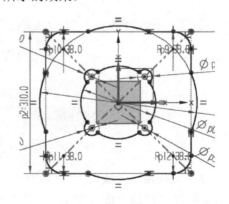

图 2-122　创建 4 个圆角　　　　　　　　　　图 2-123　修剪图形

③ 在"快速修剪"对话框中单击"关闭"按钮。

11．绘制一个圆

① 在"曲线"面板中单击"圆"按钮◯，打开"圆"对话框。

② 在图 2-124 所示的大概位置处绘制一个小圆，将该小圆的直径设置为 25mm。

12．镜像图形

① 在"曲线"面板中单击"镜像曲线"按钮，弹出"镜像曲线"对话框。

② 选择上步骤创建的小圆作为要镜像的曲线。

③ 在"镜像曲线"对话框的"中心线"选项组中单击"中心线"按钮✛，选择图 2-125 所示的参考线作为镜像中心线。

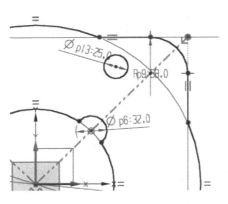

图 2-124　绘制一个圆

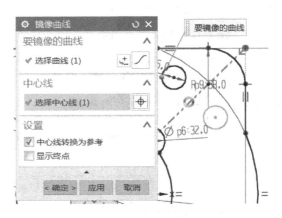

图 2-125　指定镜像中心线

④ 在"镜像曲线"对话框的"设置"选项组中，取消勾选"中心线转换为参考"复选框，如图 2-126 所示。

⑤ 在"镜像曲线"对话框中单击"确定"按钮，镜像结果如图 2-127 所示。

图 2-126　"镜像曲线"对话框

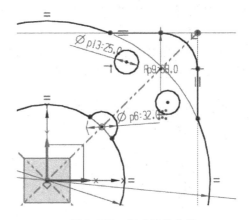

图 2-127　完成镜像曲线

13．绘制相切直线

① 在"曲线"面板中单击"直线"按钮，弹出"直线"对话框。

② 将鼠标指针移至图 2-128a 所示的位置处，待出现一个图符 ╱ 时单击，接着将鼠标移到另一个小圆处捕捉并单击一点作为另一个相切点，如图 2-128b 所示。

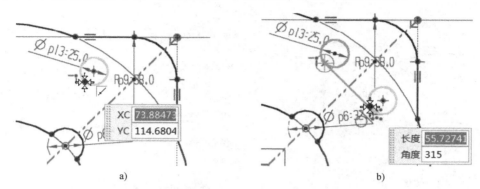

图 2-128　绘制一条相切直线

a) 指定第一个相切点　b) 指定第二个相切点

③ 使用同样的方法绘制另一条相切直线，结果如图 2-129 所示。

④ 在"直线"对话框中单击"关闭"按钮⊠。

14. 修剪图形

① 在"曲线"面板中单击"快速修剪"按钮 ╲, 打开"快速修剪"对话框。

② 单击要修剪的曲线，注意单击位置，快速修剪的结果如图 2-130 所示。

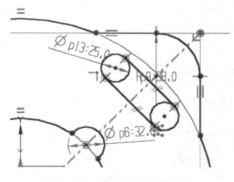 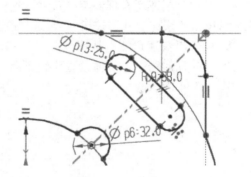

图 2-129　完成相切直线绘制　　　　图 2-130　快速修剪的结果

③ 在"快速修剪"对话框中单击"关闭"按钮。

15. 圆形阵列图形

① 在"曲线"面板中单击"阵列曲线"按钮 ╔, 弹出"阵列曲线"对话框。

② 选择要阵列的曲线链，如图 2-131 所示。

③ 在"阵列定义"选项组的"布局"下拉列表框中选择"圆形"选项，在"旋转点"子选项组中单击"指定点"标识选项，选择位于大圆圆心（位于坐标原点）定义旋转点，接着在"角度方向"子选项组的"间距"下拉列表框中选择"数量和节距"选项，设置"数量"为"4","节距角"为"90"（deg），如图 2-132 所示。

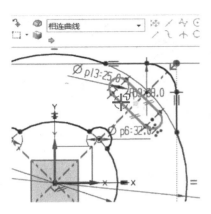

图 2-131 选择要阵列的曲线链   图 2-132 阵列曲线操作及设置

④ 在"阵列曲线"对话框中单击"确定"按钮，阵列曲线的结果如图 2-133 所示。

16. 简化并添加合理的尺寸和几何约束

① 可以将一些相同半径的多余尺寸约束删除，并单击"几何约束"按钮，打开"几何约束"对话框，从"约束"列表框中单击"等半径"约束图标，接着以选择递进的方式分别选择所需的圆弧，以使它们的半径相等。

② 有部分圆弧适合标注半径尺寸，这样便需要将先前的直径尺寸删除，并在应用等半径约束后单击"快速尺寸"按钮，选择圆弧来创建半径尺寸约束。

③ 单击"快速尺寸"按钮，标注其他相关尺寸。必要时单击"几何约束"按钮来补充所需的几何约束。具体过程比较灵活，在这里不进行赘述，只给出最后完成的图形效果，如图 2-134 所示。

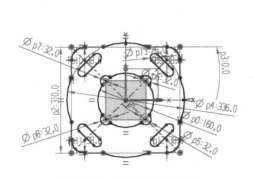

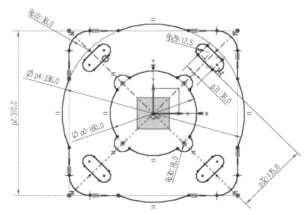

图 2-133 镜像曲线的结果   图 2-134 添加几何约束和尺寸约束

17. 完成草图并保存

① 检查图形后，在功能区"主页"选项卡的"草图"面板中单击"完成"按钮，

此时按〈End〉键，可以看到完成的草图，如图 2-135 所示。

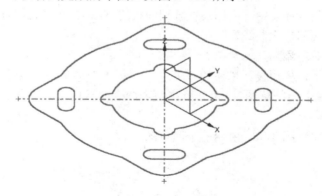

图 2-135 完成的草图

② 在"快速访问"工具栏中单击"保存"按钮 🖫 来保存文件。

2.10 本章小结

UG NX 10.0 为用户提供了强大而实用的草图绘制功能，在草图绘制过程中，可以对草图曲线进行几何约束和尺寸约束，从而精确地确定草图的形状和相互位置，满足用户的设计要求。草图曲线对象必须要在某一个指定的平面上进行绘制。

本章首先介绍了草图工作平面，如草图平面基础、在平面上、基于路径和重新附着草图，接着介绍的知识包括：绘制基准点和草图点，草图基本曲线绘制（绘制轮廓线、直线、圆、圆弧、矩形、圆角、倒斜角、多边形、椭圆、艺术样条与拟合曲线、二次曲线），草图编辑与操作（偏置直线、阵列曲线、镜像曲线、交点和现有曲线、快速修剪、快速延伸、制作拐角和编辑曲线参数），草图几何约束，草图尺寸约束，定向视图到草图，定向视图到模型和直接草图。在本章的最后，还介绍了一个草图综合实战范例，目的是使读者通过范例学习，深刻理解草图曲线、草图约束（几何约束和尺寸约束）和草图操作的各常用按钮或命令的含义，并掌握其应用方法及技巧，从而熟悉设计一个零件的草图绘制思路与绘制方法。

建立草图的典型步骤为先选择草图平面或路径，设置约束识别和创建选项，接着创建草图几何图形，可根据设置使草图自动创建若干约束，然后添加、修改或删除约束，并根据设计意图修改尺寸参数，从而完成草图。

需要用户注意的是，在 NX 10.0 中，允许在不进入草图任务环境的情况下创建草图曲线，即允许在当前应用模块中创建草图曲线，这要求用户掌握直接草图工具。直接草图工具集中在功能区的"直接草图"面板中。直接草图工具/命令的使用方法基本上与本章介绍的相应草图工具/命令的使用方法相仿。

2.11 思考练习

1) 如何为草图重新指定附着平面？

2) 使用"轮廓线"命令可以绘制哪些图形？

3）绘制矩形的方式有哪几种，分别举例进行说明。

4）如何在草图任务环境中阵列曲线？阵列曲线的方法类型包括哪两种主要类型？

5）如何偏置曲线和镜像曲线？

6）如何为草图对象添加几何约束？

7）在 NX 10.0 中，模型设计模块的"菜单"|"插入"菜单中提供了这样两个命令："草图"和"在任务环境中绘制草图"，请分析这两个命令的异同之处，并总结它们适宜用在什么情况下。

8）上机操作：绘制图 2-136 所示的平面草图。

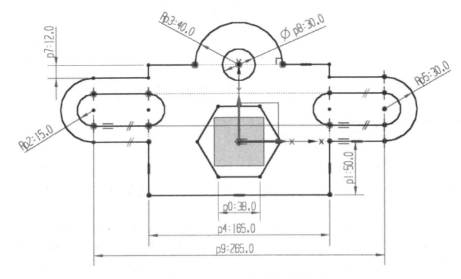

图 2-136　绘制的平面草图

9）扩展练习：在 NX 10.0 中，系统提供了实用的"直接草图"面板，请熟悉该工具栏中的相关工具按钮，并使用其中一些工具按钮进行直接草图练习操作。

10）扩展学习：在草图任务环境的"曲线"面板中提供了"派生曲线"按钮，该按钮的用途是在两条平行直线中间创建一条与另一条直线平行的直线，或者在两条不平行直线之间创建一条平分线。请自学"派生曲线"按钮的操作方法。

第3章　空间曲线与基准特征

本章导读：

　　空间曲线（即常称的 3D 曲线）是曲面设计和实体设计的一个重要基础，而特征的创建有时需要应用到相关的基准特征，如基准平面、基准轴等。本章将重点介绍空间曲线和基准特征的实用知识。

3.1　基本曲线特征的绘制

　　在一个打开的模型文档中，从功能区"曲线"选项卡的"曲线"面板中可以找到用于在模型空间绘制基本曲线特征的工具命令，包括"直线""圆弧/圆""艺术样条""螺旋线"和"曲面上的曲线"等，如图 3-1 所示。

图 3-1　用于绘制基本曲线特征的命令出处

3.1.1　绘制直线

　　除了可以在平面草图中创建直线之外，还可以直接在 NX 设计环境空间中创建一个直线特征。下面简要地介绍在 NX 设计环境空间中创建一个空间直线特征的方法步骤。

　　① 在 NX 设计环境空间中，在功能区"曲线"选项卡的"曲线"面板中单击"直线"按钮，系统弹出图 3-2 所示的"直线"对话框。

　　② 系统提示指定起点、定义第一约束，或选择成一角度的直线。在"起点"选项组中选择起点选项（可供选择的起点选项包括"自动判断""点"和"相切"，接着选择相应的参照来定义起点。

　　说明：也可以在"起点"选项组中单击"点构造器"按钮，系统弹出图 3-3 所示的"点"对话框，通过"点"对话框来指定直线的起点。

图 3-2 "直线"对话框　　　　　　　　图 3-3 "点"对话框

③ 此时，在状态栏中出现"指定终点、定义第二约束或选择成一角度的直线"的提示信息。在"终点或方向"选项组中指定终点选项（可供选择的终点选项有"自动判断""点"和"相切"等）并选择相应参照对象来定义终点。注意用户同样可以使用点构造器来指定直线的终点。

④ 如图 3-4 所示，在"支持平面"选项组中设定"平面选项"，例如选择"自动平面""锁定平面"或"选择平面"；在"限制"选项组中设置起始限制和终止限制条件等；在"设置"选项组中设置"关联"复选框的状态，并根据设计情况决定是否单击"延伸至视图边界"按钮。

⑤ 单击"直线"对话框中的"应用"按钮或"确定"按钮，从而完成在空间中创建一条直线（即创建一个直线特征）的操作。

在 NX 设计环境空间中绘制一条直线的典型示例如图 3-5 所示。

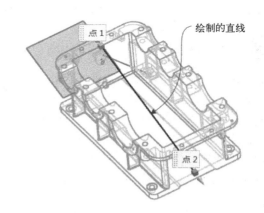

图 3-4　设置其他选项　　　　　　　图 3-5　在空间中指定两点来绘制直线

3.1.2　绘制圆弧/圆

功能区"曲线"选项卡的"曲线"面板中的"圆弧/圆"按钮用于在 NX 设计环境空

间中创建圆弧特征/圆特征。

在功能区"曲线"选项卡的"曲线"面板中单击"圆弧/圆"按钮，系统弹出"圆弧/圆"对话框。在"类型"选项组中可以选择"三点画圆弧"类型或"从中心开始的圆弧/圆"类型。

当选择"三点画圆弧"类型时，需要分别指定起点和端点，还需要指定中点（或半径）、限制条件等，如图 3-6 所示；当选择"从中心开始的圆弧/圆"类型时，需要先指定中心点，接着指定通过点、半径大小并设定限制条件等，如图 3-7 所示。

图 3-6　"圆弧/圆"对话框（1）

图 3-7　"圆弧/圆"对话框（2）

3.1.3　点与点集

在功能区"曲线"选项卡的"曲线"面板中单击"点"按钮＋，可利用弹出的图 3-8 所示的"点"对话框来创建点特征（基准点），具体操作方法与步骤在第 2 章中已有详细介绍，这里不再赘述。

本小节重点介绍使用现有几何体创建点集。在功能区"曲线"选项卡的"曲线"面板中单击"点"下拉菜单中的"点集"按钮，弹出图 3-9 所示的"点集"对话框。从"类型"选项组的"类型"下拉列表框中选择"曲线点""样条点""面的点"或"交点"，然后根据所选的类型选项进行相应的参数和选项设置，以及选择相应的现有几何体参照来创建满足设计要求的点集合。例如，当选择"曲线点"类型时，需要在"子类型"选项组中指定曲线点产生方法（如"等弧长""等参数""几何级数""弦公差""增量弧长""投影点"或"曲线百分比"），并选择曲线或边作为基本几何体，以及根据所设曲线点产生方法设置相应的参数定义。

图 3-8 "点"对话框

图 3-9 "点集"对话框

3.1.4 绘制螺旋线

在实际设计工作中，有时需要使用螺旋线。螺旋线具有圈数、螺距、弧度、旋转方向和方位等参数。螺旋线示例如图 3-10 所示。

绘制螺旋线的一般方法和步骤如下。

① 在功能区"曲线"选项卡的"曲线"面板中单击"螺旋线"按钮，打开"螺旋线"对话框，如图 3-11 所示。

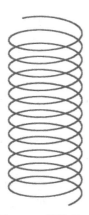

图 3-10 螺旋线

图 3-11 "螺旋线"对话框（1）

② 在"螺旋线"对话框的"类型"选项组的下拉列表框中选择"沿脊线"选项或"沿矢量"选项。当选择"沿脊线"选项时，需要选择曲线定义脊线，设定方向、大小、螺距和长度等参数。当选择"沿矢量"选项，需要指定矢量方向，设定螺旋线的直径或半径，定义螺距和长度等，如图 3-12 所示。

③ 单击"螺旋线"对话框中的"应用"按钮或"确定"按钮，从而按照设定参数来创建螺旋线。

绘制一个"塔状"的具有可变螺距的螺旋线的典型示例，如图 3-13 所示，在该示例中，螺旋线类型为"沿矢量"，默认方向矢量，大小方式为"直径"，其规律类型为"线性"，起始直径值为"80"，终止直径值为"40"，螺距的"规律类型"为"线性"，"起始螺距"为"15"，"终止螺距"为"8"，在"长度"选项组的"方向"下拉列表框中选择"圈数"，"圈数"值为"10"。

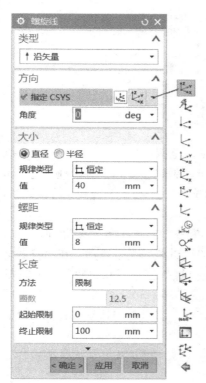

图 3-12 "螺旋线"对话框（2）

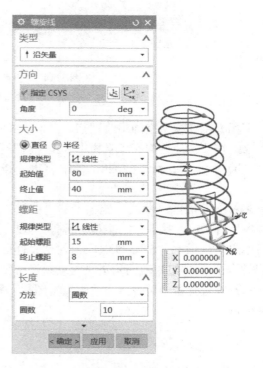

图 3-13 创建可变螺距的"塔状"螺旋线

3.1.5 绘制艺术样条

在 NX 设计环境中，从功能区"曲线"选项卡的"曲线"面板中单击"艺术样条"按钮 ，打开"艺术样条"对话框，如图 3-14 所示，该对话框的"类型"选项组的下拉列表框提供了两种类型选项，即"通过点"和"根据极点"。也就是说，通过此对话框可以通过拖放定义点或极点并在定义点指派斜率或曲率约束来动态创建和编辑样条。

a)   b)

图 3-14 "艺术样条"对话框

a) 选择"通过点"类型时   b) 选择"根据极点"类型时

下面介绍在模型空间中绘制艺术样条曲线的一个学习范例。

① 在"快速访问"工具栏中单击"打开"按钮，弹出"打开"对话框，选择本书配套的"bc_ysyt_qxtz.prt"文件，单击"OK"按钮。该文件中已经的曲线和点 A 如图 3-15 所示。

② 在功能区"曲线"选项卡的"曲线"面板中单击"艺术样条"按钮，弹出"艺术样条"对话框，接着从"类型"下拉列表框中选择"通过点"类型选项。在"参数化"选项组中设定次数为"5"，确保取消勾选"匹配的结点位置"复选框和"封闭"复选框，在"制图平面"选项组中取消勾选"约束到平面"复选框。

③ 在选择条中确保选中"端点"图标和"现有点"图标，依次选择图 3-16 所示的 7 个点。

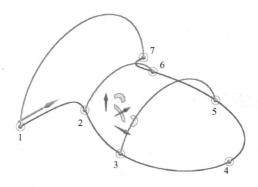

图 3-15 原始曲线和点   图 3-16 依次选择点来创建艺术样条

④ 如果在"艺术样条"对话框中单击"更多"按钮 ▼，则可以参看对话框的所有选项，例如，在"点位置"选项组中会显示更多的选项，如图 3-17a 所示，以及对话框会提供图 3-17b 所示的"延伸"选项组、"设置"选项组和"微定位"选项组以供用户设置相关额外的选项和参数。

a)

b)

图 3-17 "艺术样条"对话框显示更多选项

a) "点位置"选项组 b) 其他选项组

⑤ 在"艺术样条"对话框中单击"确定"按钮，完成该空间艺术样条曲线的创建，如图 3-18 所示。

3.1.6 曲面上的曲线

使用"曲面上的曲线"功能可以在面上直接创建曲面样条特征。在功能区"曲线"选项卡的"曲线"面板中单击"曲面上的曲线"按钮 ⦿，弹出图 3-19 所示的"曲面上的曲线"对话框，接着选择要在其上创建样条的面（可以设置保持选定），然后在"样条约束"选项组中单击"指定点"按钮 ⊞，再依次在曲面上指定样条的定义点，以及根据设计需要决定是否勾选"封闭的"复选框，最后单击"应用"按钮或"确定"按钮。

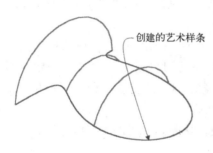

图 3-18 完成创建艺术样条特征

图 3-19 "曲面上的曲线"对话框

3.2　派生曲线

在"建模"应用模块中，派生曲线的命令主要包括"桥接曲线""偏置曲线""投影曲线""相交曲线""截面曲线""镜像曲线""等参数曲线""在面上偏置曲线""复合曲线""偏置 3D 曲线""组合投影"和"缠绕/展开曲线"等。本节介绍其中常用的工具命令。

3.2.1　桥接曲线

功能区"曲线"选项卡的"派生曲线"面板中的"桥接曲线"按钮 用于创建两条曲线之间的相切圆角曲线（该曲线被称为桥接曲线），以将两条曲线桥接起来，如图 3-20 所示。

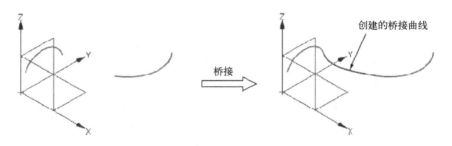

图 3-20　创建桥接曲线

在这里简单地介绍创建桥接曲线的一般步骤。

① 在功能区"曲线"选项卡的"派生曲线"面板中单击"桥接曲线"按钮 ，弹出图 3-21 所示的"桥接曲线"对话框。

② 在"起始对象"选项组中选择"截面"单选按钮或"对象"单选按钮。当选择"截面"单选按钮时，选择曲线或边作为起始对象，可根据设计情况单击"反向"按钮 来使起始对象的方向反向；当选择"对象"单选按钮时，选择点或面作为起始对象。

③ 在"终止对象"选项组中选择"截面""对象""基准"或"矢量"单选按钮，并根据所选的单选按钮来选择相应的参照来定义终止对象。

④ 依照设计要求，进行形状控制参数设置，如图 3-22 所示。形状控制的方法有"相切幅值""深度和歪斜度"和"模板曲线"。必要时还可以单击"更多"按钮 使对话框显示更多的选项，包括"连续性""约束面""半径约束""设置"和"微定位"等方面的选项。

⑤ 在"桥接曲线"对话框中单击"确定"按钮，从而创建所需的桥接曲线。

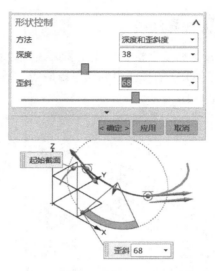

图 3-21 "桥接曲线"对话框 　　　　 图 3-22 设置桥接曲线的形状控制参数

3.2.2 连结

"连结"命令用于将曲线链连接在一起以创建单个样条曲线,其操作步骤简述如下。

❶ 在上边框条中单击"菜单"按钮 ☰ 菜单(M)▾,接着选择"插入"|"派生曲线"|"连结"命令,系统弹出"连结曲线"对话框,可以设置使该对话框显示更多选项,如图 3-23 所示。

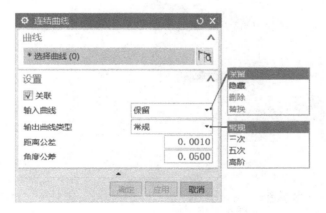

图 3-23 "连结曲线"对话框

❷ 选择要连结的曲线。在选择曲线时注意巧用选择条中的曲线规则选项。

❸ 在"设置"选项组中设定是否启用"关联"功能,并分别设置输入曲线处理选项(可供选择的输入曲线处理选项有"保留""隐藏""删除""替换")、输出曲线类型(如"常规""三次""五次"或"高阶")、距离公差和角度公差等。

❹ 在"连结曲线"对话框中单击"确定"按钮。

3.2.3 投影曲线

"投影曲线"按钮 用于将曲线、边或点投影到面或平面。下面以图 3-24 所示的示例介绍如何在指定的平面内创建投影曲线,所使用的配套源文件为"bc_3_tyqx.prt"。该示例的操作步骤如下。

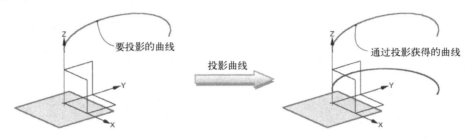

图 3-24　创建投影曲线

① 打开配套源文件"bc_3_tyqx.prt",接着在功能区"曲线"选项卡的"派生曲线"面板中单击"投影曲线"按钮 ,系统弹出图 3-25 所示的"投影曲线"对话框。

② 系统提示选择要投影的曲线或点。在这里选择已有的圆弧曲线特征,如图 3-26 所示。

图 3-25　"投影曲线"对话框

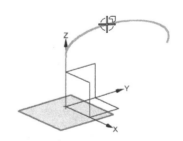

图 3-26　选择要投影的圆弧曲线

③ 在"要投影的对象"选项组中单击"指定平面"收集器标识,将其激活,此时系统提示选择对象以定义平面。将平面选项设置为"自动判断"图标选项 。

④ 在图形窗口中选择已有的一个基准平面作为要投影的平面,平面距离为"0"。

⑤ 在"投影方向"选项组的"方向"下拉列表框中选择"沿面的法向"选项。

⑥ 单击"更多"按钮 以使对话框显示所有选项。在"设置"选项组中确保勾选"关联"复选框,从"输入曲线"下拉列表框中选择"保留"选项,勾选"高级曲线拟合"复选框,接着从"方法"下拉列表框中选择"次数和公差"选项,在"次数"文本框中输入阶次为"3",在"连结曲线"下拉列表框中选择"常规"选项,公差采用默认值,如图 3-27 所示。

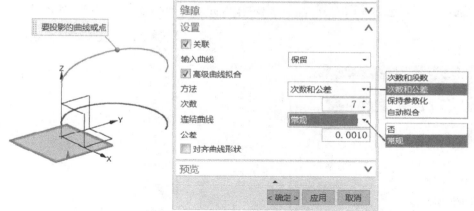

图 3-27　在"设置"选项组中进行相关设置

⑦　单击"投影曲线"对话框中的"确定"按钮或"应用"按钮，从而完成该投影曲线的创建。

3.2.4　组合投影

"组合投影"按钮 用于组合两个现有曲线链的投影交集以新建曲线，典型示例如图 3-28 所示（配套的练习范例文件为"bc_3_zhty.prt.prt"，读者可以参照以下所述的操作步骤来进行练习）。使用"组合投影"创建新曲线的操作步骤如下。

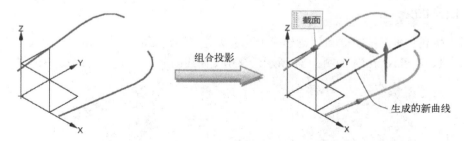

图 3-28　组合投影的典型示例

①　在功能区"曲线"选项卡的"派生曲线"面板中单击"组合投影"按钮 ，打开"组合投影"对话框，如图 3-29 所示。

②　在"曲线 1"选项组中单击选中"曲线"按钮 ，选择要投影的第一个曲线链。可设置该曲线链的起始方向。

③　在"曲线 2"选项组中单击选中"曲线"按钮 ，选择要投影的第二个曲线链，注意设置该曲线链的起点方向符合设计要求。

④　在"投影方向 1"选项组和"投影方向 2"选项组中指定各自的投影方向。投影方向通常有两种，一种是"垂直于曲线平面"，另一种则是"沿矢量"，前者用于设置投影方向沿着曲线所在平面的法向，后者则使用"矢量"对话框或可用的矢量构造器选项来定义所需的方向。

⑤　必要时，可以单击"更多"按钮 使对话框显示全部选项，这样便可以在展开的

"设置"选项组中勾选"关联"复选框，设定输入曲线和曲线拟合的选项，如图 3-30 所示。

图 3-29 "组合投影"对话框

图 3-30 设置其他选项

⑥ 在"组合投影"对话框中单击"确定"按钮。

3.2.5 相交曲线

使用"相交曲线"按钮 可以创建两个对象集之间的相交曲线。创建相交曲线的典型示例（源文件为"bc_3_xjqx.prt"）如图 3-31 所示，该相交曲线由曲面 1 和曲面 2 求交来产生。

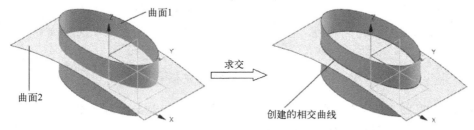

图 3-31 创建相交曲线

下面介绍创建相交曲线的操作步骤。

① 在功能区"曲线"选项卡的"派生曲线"面板中单击"相交曲线"按钮 ，弹出图 3-32 所示的"相交曲线"对话框。

② 选择要相交的第一组面，或者指定所需的平面。

③ 在"第二组"选项组中单击"面"按钮 ，接着选择要相交的第二组面。或者在"第二组"选项组中激活"指定平面"并利用相关的平面工具来指定所需的平面。

④ 必要时，可以单击"更多"按钮 使对话框显示全部选项，接着打开"设置"选项组，确定"关联"复选框的状态，以及设置是否启用高级曲线拟合（注意当启用高级曲线拟

合时，还需要设置相应的一些参数，以获得高级曲线拟合效果），在"距离公差"文本框中设置公差值，如图3-33所示。另外，可以在"预览"选项组中设置是否预览。

图3-32 "相交曲线"对话框   图3-33 设置曲线拟合选项等

⑤ 在"相交曲线"对话框中单击"确定"按钮或"应用"按钮。

3.2.6 截面曲线

可以通过将平面与体、面或曲线相交来创建曲线或点。创建截面曲线的思路就是如此。要创建截面曲线（也称剖切曲线），则按照如下的操作步骤进行。

① 在功能区"曲线"选项卡的"派生曲线"面板中单击"截面曲线"按钮，系统弹出图3-34所示的"截面曲线"对话框。

图3-34 "截面曲线"对话框

② 选择要剖切的对象。

③ 从"类型"下拉列表框中选择所需的类型，如选择"选定的平面""平行平面""径向平面"或"垂直于曲线的平面"，并指定所选类型所需的参照及参数。

④ 必要时，可以单击"更多"按钮▲使对话框显示全部选项，接着展开"设置"选项组，确定"关联"复选框的状态，设置是否启用高级曲线拟合（注意当启用高级曲线拟合时，还需要设置相应的一些参数，以获得高级曲线拟合效果），以及设置连结曲线选项为"否""三次""常规"或"五次"等。

⑤ 单击"确定"按钮，从而创建截面曲线。

创建截面曲线的典型示例如图 3-35 所示。

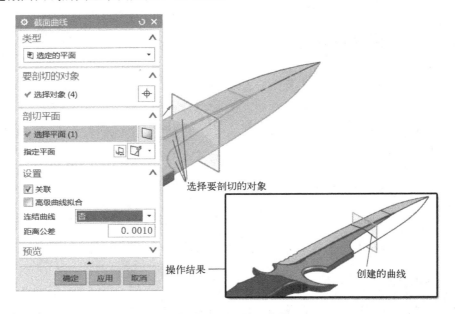

图 3-35　创建截面曲线

3.2.7　抽取虚拟曲线

使用"抽取虚拟曲线"命令，可以从面旋转轴、倒圆中心线和虚拟交线创建曲线，创建的曲线被形象地称为"虚拟曲线"。此操作方法比较简单，即在上边框条中单击"菜单"按钮 菜单(M)▼，接着选择"插入"|"派生曲线"|"抽取虚拟曲线"命令，打开图 3-36 所示的"抽取虚拟曲线"对话框，从"类型"下拉列表框中选择"旋转轴""倒圆中心线"或"虚拟交线"选项，接着根据所选的类型选项来选择相应的所需的参照对象，并在"设置"选项组中设置是否关联，然后单击"确定"按钮或"应用"按钮。

图 3-36　"抽取虚拟曲线"对话框

例如，当选择的类型为"旋转轴"，那么需要选择圆柱面、圆锥面或旋转面，示例如

图 3-37a 所示；当选择"倒圆中心线"或"虚拟相交"类型时，则需选择要从中抽取虚拟曲线的圆角面，典型示例如图 3-37b 所示（图中抽取虚拟曲线的类型不同，一个是"倒圆中心线"，一个是"虚拟相交"，两者均选择相同的倒圆面，而最终生成的虚拟曲线则不相同，这需要用户注意）。

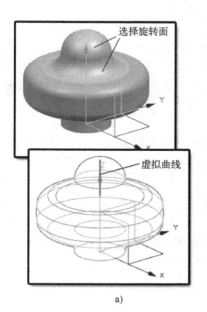 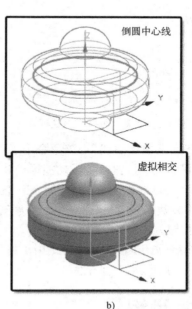

图 3-37 抽取虚拟曲线

a) 以"旋转轴"方式抽取虚拟曲线 b) 倒圆中心线与虚拟相交

3.2.8 其他常见派生曲线的创建命令

其他常见派生曲线的创建命令有"复合曲线""镜像曲线""偏置曲线""在面上偏置曲线""偏置 3D 曲线""等参数曲线"和"缠绕/展开曲线"等，它们的功能含义如下。

- "复合曲线"：对应的工具按钮为 ，用于创建其他曲线或边的关联复制。其操作方法很简单，即单击"复合曲线"按钮 ，打开图 3-38 所示的"复合曲线"对话框，接着选择要复制的曲线，并可以指定其起点方向，以及根据需要在"设置"选项组中分别设置"关联""隐藏原先的""允许自相交"和"使用父部件的显示属性"复选框的状态等，最后单击"确定"按钮或"应用"按钮。
- "镜像曲线"：该命令用于从穿过基准平面或平的曲面创建镜像曲线。该命令对应的"镜像曲线"按钮 位于功能区"曲线"选项卡的"派生曲线"面板中。其操作步骤很简单，即单击"镜像曲线"按钮后，利用弹出的图 3-39 所示的"镜像曲线"对话框去选择要镜像的曲线、边、曲线特征或草图，以及指定镜像平面等，然后单击"确定"按钮或"应用"按钮即可。
- "偏置曲线"：该命令用于偏置曲线链。该命令对应的"偏置曲线"按钮 位于功能区"曲线"选项卡的"派生曲线"面板中。

图 3-38 "复合曲线"对话框   图 3-39 "镜像曲线"对话框

- "在面上偏置曲线"：该命令用于沿曲线所在的面偏置曲线。该命令对应的"在面上偏置曲线"按钮 位于功能区"曲线"选项卡的"派生曲线"面板中。
- "偏置 3D 曲线"：该命令用于在垂直于参考方向偏置 3D 曲线，其对应的工具按钮为 。
- "等参数曲线"：该命令用于沿着某个面的恒定 U 或 V 参数线创建曲线，其对应的工具按钮为 。
- "缠绕/展开曲线"：该命令用于将平面上的曲线缠绕到可展开的面上，或者将可展开面上的曲线展开到平面上。其对应的工具按钮为 。

3.3 曲线编辑

曲线编辑的主要工具位于功能区"曲线"选项卡的"编辑曲线"面板中，包括"修剪曲线"按钮 、"曲线长度"按钮 、"X 型"按钮 、"光顺曲线串"按钮 、"光顺样条"按钮 和"模板成型"按钮 ，而在"菜单"|"编辑"|"曲线"级联菜单中还提供有诸如"参数""修剪拐角""分割""圆角"和"拉长"这些曲线编辑命令。上述曲线编辑工具命令的功能含义如表 3-1 所示。它们用于编辑本章介绍的曲线特征。

表 3-1 曲线编辑的相关命令

序号	命令	图标	功能含义
1	修剪曲线	⌐	修剪或延伸曲线到选定的边界对象
2	曲线长度	⌐	在曲线的每个端点处延伸或缩短一段长度，或使其达到一个总曲线长
3	X 型	⌐	编辑样条和曲面的极点和点
4	光顺曲线串	⌐	从各种曲线创建连续截面
5	光顺样条	⌐	通过最小化曲率大小或曲率变化来移除样条中的小缺陷
6	模板成型	⌐	变换样条的当前形状以匹配模板样条的形状特性
7	参数	⌐	编辑大多数类型的曲线和点的参数
8	修剪拐角	⌐	修剪两个曲线至它们的公共交点，形成拐角
9	分割	⌐	将曲线分割成多段
10	圆角	⌐	编辑圆角曲线
11	拉长	⌐	在拉长或收缩选定直线的同时移动几何对象

下面以介绍一个应用有曲线编辑命令的范例，注意相关编辑曲线的命令操作方法。

① 新建一个模型文件，在上边框条中单击"菜单"按钮 雪 菜单(M)▾，选择"插入"|"曲线"|"直线和圆弧"|"圆弧（点-点-点）"命令，打开"圆弧（点-点-点）"对话框。分别指定图 3-40 所示的第 1 点、第 2 点和第 3 点，然后关闭"圆弧（点-点-点）"对话框。

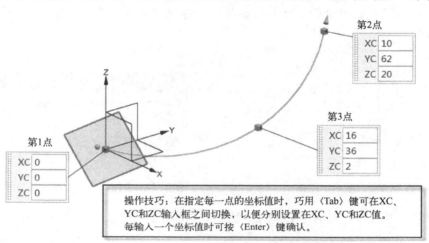

图 3-40 绘制一个圆弧特征

② 在功能区中切换至"曲线"选项卡，从"编辑曲线"面板中单击"曲线长度"按钮 ♪♪，打开图 3-41 所示的"曲线长度"对话框。

③ 选择之前创建的圆弧曲线作为要更改长度的曲线，接着在"曲线长度"对话框中设置图 3-42 所示的参数与选项。

图 3-41 "曲线长度"对话框

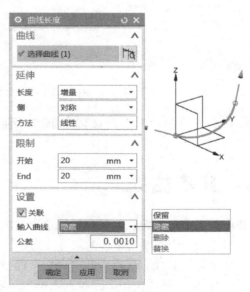

图 3-42 编辑曲线长度

④ 在"曲线长度"对话框中单击"确定"按钮，编辑曲线长度后得到的新圆弧特征效

果如图 3-43 所示。

⑤ 在上边框条中单击"菜单"按钮 菜单(M)·，选择"编辑"|"曲线"|"分割"命令，系统弹出"分割曲线"对话框。

⑥ 在绘图窗口中单击圆弧曲线以选择它作为要分割的曲线，系统弹出另外一个"分割曲线"对话框来提示创建参数将从曲线被移除，并询问是否继续，如图 3-44 所示，单击"是"按钮。

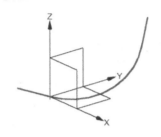

图 3-43　编辑曲线长度后的圆弧　　　　图 3-44　系统弹出一个对话框提示是否继续

⑦ 在"分割曲线"对话框中分别设置曲线类型和分段参数，如图 3-45 所示。

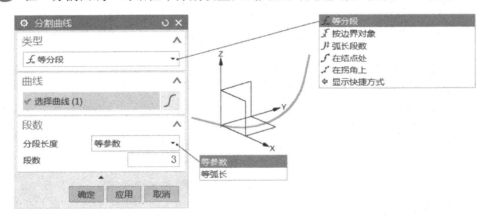

图 3-45　设置分割曲线参数与选项

⑧ 在"分割曲线"对话框中单击"确定"按钮，则所选的圆弧曲线最终被等分成 3 段。

3.4　文本曲线

使用"文本"按钮 A，可以通过读取文本字符串（以指定的字体）并产生作为字符轮廓的线条和样条，来创建文本作为设计元素。

在功能区"曲线"选项卡的"曲线"面板中单击"文本"按钮 A，弹出图 3-46 所示的"文本"对话框，从"类型"下拉列表框中可以看出文本曲线类型主要分为 3 种，即"平面的""曲线上"和"面上"。

图 3-46　"文本"对话框

1. "平面的"文本

当"类型"下拉列表框中选择"平面的"选项时，可创建位于某一平面内的文本曲线。"平面副"文本需要分别定义文本属性、文本框锚点位置和尺寸，以及设置是否关联和连结曲线。创建"平面副"文本的示例如图 3-47 所示，注意锚点位置的定义和文本尺寸的设置。

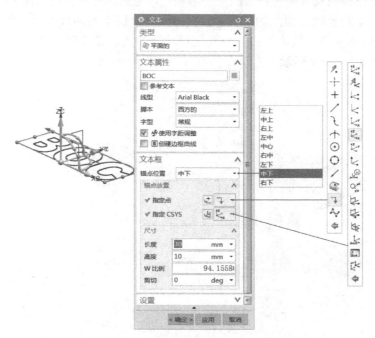

图 3-47　示例：创建"平面的"文本

2. "曲线上"文本

当"类型"下拉列表框中选择"曲线上"选项时，可创建沿曲线放置的文本（曲线上的文本），如图 3-48 所示，需要选择文本放置曲线，设置竖直方向，定义文本属性，指定文本框参数（锚点位置、锚点位置参数百分比、尺寸、字符方向）等。

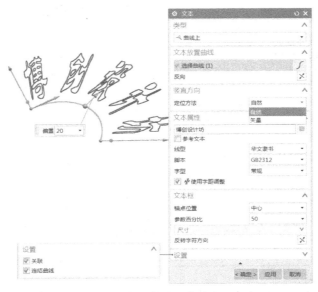

图 3-48　示例：创建"曲线上"文本

3. "面上"文本

当"类型"下拉列表框中选择"面上"选项时，可创建位于指定曲面上的文本曲线，这需要分别定义文本放置面、面上的位置（放置方法有"面上的曲线"和"剖切平面"，注意方向的设置）、文本属性、文本框锚点位置与尺寸等参数、设置选项等方面。创建"面上"文本的典型示例如图 3-49 所示。

图 3-49　示例：创建"面上"文本

3.5 创建基准特征

基准特征主要包括基准平面、基准轴和基准 CSYS 等。

3.5.1 基准平面

在实际设计中，可以根据设计要求来创建所需的基准平面，基准平面通常用于辅助构造其他特征。

要创建基准平面，则在功能区"主页"选项卡的"特征"面板中单击"基准平面"按钮 🔲，打开图 3-50 所示的"基准平面"对话框，接着从"类型"下拉列表框中选择所需的类型选项，并根据所选类型选项来选择相应的参照对象以及设置相应的参数，另外要注意设置平面方位，然后单击"基准平面"对话框中的"确定"按钮即可。

3.5.2 基准轴

基准轴的主要用途也是为了构造其他特征。

要创建基准轴，则在功能区"主页"选项卡的"特征"面板中单击"基准轴"按钮 ↑，系统弹出图 3-51 所示的"基准轴"对话框，接着从"类型"下拉列表框中选择所需的类型（如"自动判断""交点""曲线/面轴""曲线上矢量""XC 轴""YC 轴""ZC 轴""点和方向"或"两点"），并根据所选的类型指定相应的参照对象及其参数，然后定义轴方位和设置是否关联，最后单击"确定"按钮或"应用"按钮。

图 3-50 "基准平面"对话框

图 3-51 "基准轴"对话框

创建基准轴的一个示例如图 3-52 所示，采用了"曲线/面轴"选项，选择一个圆柱曲面作为参照，轴方位默认。

图 3-52 示例：创建基准轴

3.5.3 基准 CSYS

创建基准 CSYS（即基准坐标系）的方法步骤和创建基准平面、基准轴的方法步骤相类似。

要创建基准 CSYS，则在功能区"主页"选项卡的"特征"面板中单击"基准 CSYS"按钮，系统弹出图 3-53 所示的"基准 CSYS"对话框，接着从"类型"下拉列表框中选择一个类型选项，如"动态""自动判断""原点，X 点，Y 点""X 轴，Y 轴，原点""Z 轴，X 轴，原点""Z 轴，Y 轴，原点""三平面""平面，X 轴，点""绝对 CSYS""当前视图的 CSYS"或"偏置 CSYS"，紧接着选择相应的参照及设置相应的参数等，然后单击"基准 CSYS"对话框中的"确定"按钮。

图 3-53 "基准 CSYS"对话框

3.6 空间曲线综合实战演练

下面将介绍绘制空间曲线的综合范例，该范例将很好地引导读者理解 NX 10.0 空间曲线的基本设计方法、整体思路及操作技巧等，为后面学习曲面设计打下坚实的基础。在本范例中还介绍了如何创建所需的基准平面，另外涉及的一些命令将在后面的章节中详细介绍。

在此范例中，要完成绘制的曲线效果如图 3-54 所示。

本综合实战演练范例具体的绘制过程如下。

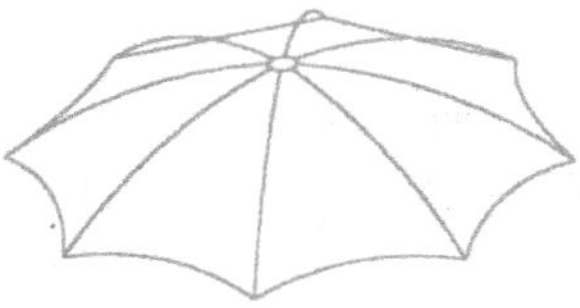

1．新建模型文件

① 在"快速访问"工具栏中单击"新建"按钮，系统弹出"新建"对话框。

② 在"模型"选项卡的"模板"列表中选择名称为"模型"的模板，单位为 mm，在"新文件名"选项组的"名称"文本框中输入"bc_nx3_r1"，并指定要保存到的文件夹。

③ 单击"新建"对话框中的"确定"按钮。

图 3-54 空间曲线综合实战范例的完成效果

2. 绘制正八边形

① 在功能区"主页"选项卡的"直接草图"面板中单击"草图"按钮 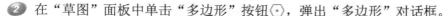，弹出"创建草图"对话框。从"草图类型"下拉列表框中选择"在平面上"选项，从"平面方法"下拉列表框中选择"自动判断"，接受其他的默认设置，在"创建草图"对话框中单击"确定"按钮，系统默认 XC-YC 为草图平面。

② 在"草图"面板中单击"多边形"按钮 ⊙，弹出"多边形"对话框。

③ 在"中心点"选项组中单击"点构造器"按钮 ，弹出"点"对话框，指定坐标系原点（0,0,0）作为多边形的中心点，如图 3-55 所示，单击"确定"按钮，返回到"多边形"对话框。接着在"边"选项组的"边数"文本框中设置"边数"为"8"，在"大小"选项组的"大小"下拉列表框中选择"外接圆半径"选项，在"半径"文本框中输入"980"并按〈Enter〉键确认外接圆"半径"为"980"，在"旋转"文本框中输入"0"并按〈Enter〉键确认旋转角度为"0"，如图 3-56 所示。

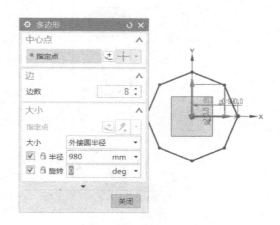

图 3-55　指定多边形的中心点　　　　图 3-56　绘制多边形

④ 在"多边形"对话框中单击"关闭"按钮。

⑤ 在"直接草图"面板中单击"完成草图"按钮 。

3. 创建一个新基准平面

① 确保在图形窗口中显示基准坐标系（0），按〈End〉键以正等测图显示模型对象。

② 在功能区"主页"选项卡的"特征"面板中单击"基准平面"按钮 ，弹出"基准平面"对话框。

③ 在"类型"下拉列表框中选择"成一角度"选项，在图形窗口中选择 XC-YC 坐标面（XY 基准平面）作为平面参考，选择正八边形的一条边作为要通过的轴，在"角度"选项组的"角度选项"下拉列表框中选择"值"选项，在"角度"文本框中设置角度为"150"（其单位为 deg），如图 3-57 所示。

④ 在"基准平面"对话框中单击"确定"按钮，创建的新基准平面如图 3-58 所示。

4. 创建一段圆弧曲线特征

① 在功能区中切换至"曲线"选项卡，接着从"曲线"面板中单击"圆弧/圆"按钮 ，弹出图 3-59 所示的"圆弧/圆"对话框。

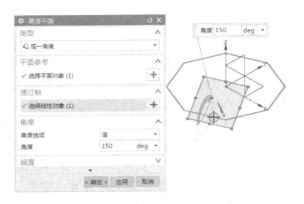

图 3-57　创建基准平面

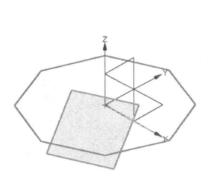

图 3-58　完成创建一个基准平面

图 3-59　"圆弧/圆"对话框

② 将类型设置为"三点画圆弧"，起点选项默认为"自动判断"，在正八边形上选择图 3-60 所示的起点，端点选项也默认为"自动判断"，在正八边形上选择图 3-61 所示的端点。

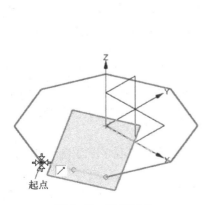

图 3-60　选择起点

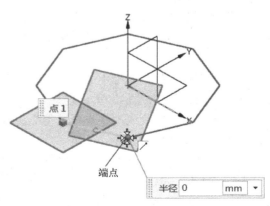

图 3-61　选择端点

③ 输入半径值为"980",接着单击"更多"按钮 ▼ 以使对话框显示所有选项。在"支持平面"选项组的"平面选项"下拉列表框中选择"选择平面"选项,在图形窗口中单击之前创建的新基准平面,如图3-62所示。

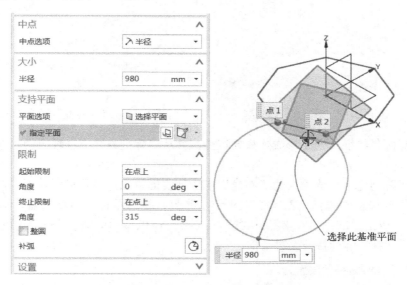

图3-62 输入半径值及指定平面

④ 在"限制"选项组中单击"补弧"按钮 ⊙ ,以切换另一小部分的圆弧,如图 3-63 所示。

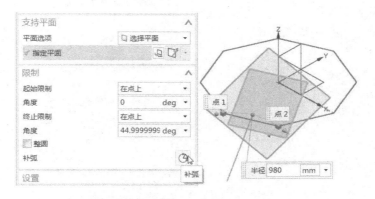

图3-63 切换补弧

说明:"圆弧/圆"对话框"限制"选项组中的"整圆"复选框用于设置是否建立完整的圆,而"补弧"按钮 ⊙ 则用于切换至生成另一部分的圆弧。另外,展开"设置"选项组还可以为圆弧设置关联性和使用备选解,如图3-64所示。

⑤ 在"圆弧/圆"对话框中单击"确定"按钮,完成创建的圆弧特征如图3-65所示。

5. 以阵列的方式获得所需的圆弧曲线

① 在功能区中切换至"主页"选项卡,从"特征"面板中单击"阵列"按钮 ⬥ ,弹出

图 3-66 所示的"阵列特征"对话框。

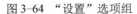

图 3-64 "设置"选项组

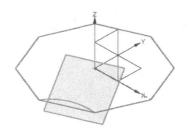

图 3-65 完成创建圆弧特征

②选择圆弧特征作为要形成阵列的特征，并从"阵列方法"选项组的"方法"下拉列表框中选择"简单"选项。

③在"阵列定义"选项组的"布局"下拉列表框中选择"圆形"选项，在"旋转轴"子选项组中指定矢量时选择"ZC 轴"图标选项 ᶻᶜ↑，接着单击"点构造器"按钮 ⊞，弹出"点"对话框，以工作部件绝对坐标方式输入 X=0、Y=0、Z=0，如图 3-67 所示，单击"确定"按钮，返回到"阵列特征"对话框。

图 3-66 "阵列特征"对话框

图 3-67 指定点坐标

④在"角度方向"子选项组的"间距"下拉列表框中选择"数量和节距"选项，设置"数量"为"8"，"节距角"为"45"（deg），如图 3-68 所示。

⑤在"阵列特征"对话框中单击"确定"按钮，完成实例几何体操作的效果如图 3-69 所示。

❓说明：作为练习，用户也可以使用"曲线"面板中的"圆弧/圆"按钮 ↰ 逐个地创建这些圆弧特征。

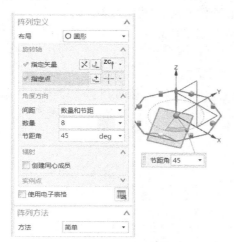

图 3-68　设置相关参数和选项

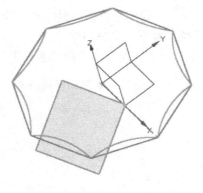

图 3-69　阵列效果

　　此时，将之前创建的基准平面隐藏起来。其方法是在部件导航器中右击要隐藏的"基准平面（2）"，接着从弹出的快捷菜单中选择"隐藏"命令。

6. 新建一个平行于 XC-YC 坐标平面的基准平面

　　① 在功能区"主页"选项卡的"特征"面板中单击"基准平面"按钮 ⬚，弹出"基准平面"对话框。

　　② 在"类型"下拉列表框中选择"按某一距离"选项，在图形窗口中选择 XC-YC 坐标平面（XY 面）作为平面参考对象，输入"距离"为"380"，生成方向和位置如图 3-70 所示。注意在"设置"选项组中确保勾选"关联"复选框。

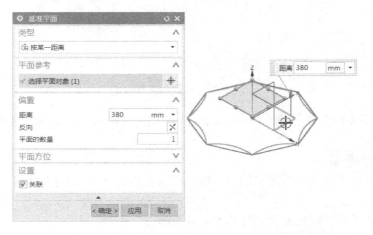

图 3-70　按照设定的距离来生成新基准平面

　　③ 在"基准平面"对话框中单击"确定"按钮。

7. 在新基准平面上创建一个圆

　　① 在功能区中打开"曲线"选项卡，接着从"曲线"面板中单击"圆弧/圆"按钮

，弹出"圆弧/圆"对话框。

② 在"类型"下拉列表框中选择"从中心开始的圆弧/圆"选项。

③ 在"中心点"选项组中单击"点构造器"按钮⊡，弹出"点"对话框，从"参考"下拉列表框中选择"绝对-工作部件"，输入"X"为"0"、"Y"为"0"、"Z"为"380"，确认输入后单击"确定"按钮，返回到"圆弧/圆"对话框。

④ 在"大小"选项组的"半径"文本框中输入"50"，接着在"支持平面"选项组的"平面选项"下拉列表框中选择"选择平面"选项，选择如图 3-71 所示的基准平面。

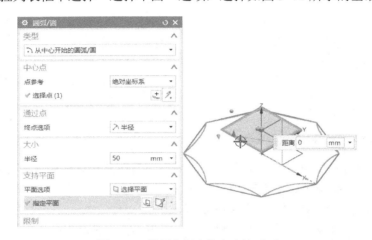

图 3-71 设置半径和指定支持平面

⑤ 展开"限制"选项组，从中勾选"整圆"复选框，如图 3-72 所示。

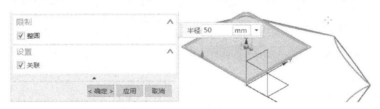

图 3-72 设置创建整圆

⑥ 在"圆弧/圆"对话框中单击"确定"按钮。此时可以将辅助绘制圆特征的基准平面隐藏起来。

8. 创建一条圆弧

① 在功能区"曲线"选项卡的"曲线"面板中单击"圆弧/圆"按钮，弹出"圆弧/圆"对话框。

② 在"类型"下拉列表框中选择"三点画圆弧"选项。

③ 在"选择条"（即"选择"工具栏）中确保增加选中"象限点"按钮◯（以方便选择圆的象限点），在圆特征中选择图 3-73 所示的一个象限点作为新圆弧特征的起点；选择图 3-74 所示的端点作为新圆弧特征的终点，

④ 在"限制"选项组中取消勾选"整圆"复选框，接着在"中点"选项组中单击"点构造器"按钮⊡，选择"绝对-工作部件"选项，设置点坐标为（500,0,280），单击"确定"

按钮，返回到"圆弧/圆"对话框。此时，圆弧预览效果如图3-75所示。

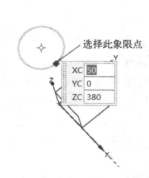

图3-73　选定圆的一个象限点

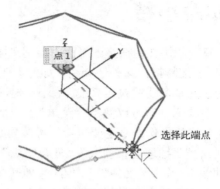

图3-74　指定一个端点

⑤ 在"圆弧/圆"对话框中单击"确定"按钮。

9．生成其他圆弧

① 在功能区中切换至"主页"选项卡，接着从"特征"面板中单击"阵列"按钮，弹出"阵列特征"对话框。

② 选择上步骤所创建的圆弧特征作为要形成阵列的特征。

③ 在"阵列定义"选项组的"布局"下拉列表框中选择"圆形"选项，在"旋转轴"子选项组的"指定矢量"下拉列表框中"ZC轴"图标选项，接着单击"点构造器"按钮，弹出"点"对话框，设置点坐标为（0,0,0），单击"确定"按钮。

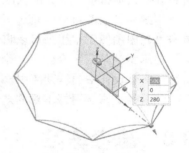

图3-75　圆弧预览效果

④ 在"角度方向"子选项组中，从"间距"下拉列表框中选择"数量和节距"选项，设置"数量"为"8"，"节距角"为"45"（deg）。

⑤ 在"阵列特征"对话框中单击"确定"按钮，完成阵列操作的效果如图3-76所示。

此时，可以在部件导航器中设置将草图（1）特征隐藏起来，在图形窗口中的曲线显示结果如图3-77所示。另外，可以将坐标系隐藏起来。

图3-76　完成其他圆弧

图3-77　完成效果

10．保存部件文件

在"快速访问"工具栏中单击"保存"按钮。

3.7　本章小结

前面一章介绍了如何在草图平面中绘制平面曲线，而在这一章中则介绍了如何在 NX 空间中创建 3D 曲线特征，此外还介绍了如何创建一些常见的基准特征。

本章所述的基本曲线包括直线、圆弧、圆、螺旋线、艺术样条、曲面上的曲线、点与点集等。有兴趣的读者还可以熟悉"菜单"|"插入"|"曲线"|"直线和圆弧"命令集的相关命令。派生曲线的操作命令主要包括"桥接曲线""连结""投影曲线""组合投影""相交曲线""截面曲线""抽取虚拟曲线""复合曲线""镜像曲线""偏置曲线""在面上偏置曲线""偏置 3D 曲线""等参数曲线"和"缠绕/展开曲线"等。

在本章中还专门介绍了创建基准特征的实用知识。基准特征的主要用途是辅助创建、编辑和分析其他特征。常见的基准特征有基准平面、基准轴和基准 CSYS 等，另外也可以将点和点集归纳到基准特征的范畴里，而导入到模型中的光栅图像其实也属于一类特殊的基准。单击"光栅图像"按钮 可以将光栅图像导入到模型中。

在本章的最后还介绍了一个综合实战演练，让读者深刻体会空间曲线的创建思路和基准特征在实际设计中的辅助应用。

读者要认真学习好本章的知识，以便为后面学习实体设计和曲面设计打下扎实基础。

3.8　思考练习

1）如何在空间中建立直线特征？

2）常见的派生曲线包括哪些？请总结分别如何创建这些常见的派生曲线。

3）如何创建螺旋线？可以举例进行说明。

4）如何创建艺术样条？

5）投影曲线和组合投影曲线有什么不同？可以举例进行说明。

6）用于编辑曲线特征的命令有哪些？

7）简述创建文本曲线的一般方法和步骤，可以举例说明。

8）常见的基准特征包括哪些？

9）上机操作：要求在 YC-ZC 面和 XC-YC 面上各创建一个圆弧特征，如图 3-78 所示，接着在这两条圆弧曲线之间创建桥接曲线，再创建连结曲线且隐藏原来的曲线，效果如图 3-79 所示，最后将连结曲线分割成 3 等分，并可进行延伸曲线长度练习。

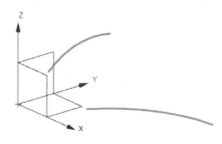

图 3-78　创建两个圆弧特征

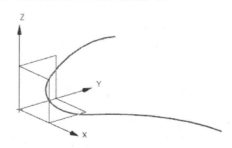

图 3-79　创建连结曲线

第**4**章 创建实体特征

本章导读：

在 NX 10.0 中，系统提供了强大的实体建模功能。所谓的实体建模是基于特征和约束建模技术的一种复合建模技术，它具有参数化设计和编辑复杂实体模型的能力。

本章首先介绍实体建模入门，接着介绍如何创建体素特征，如何创建扫掠特征和基本成形设计特征，最后介绍一个建模综合范例。

4.1 实体建模入门

NX 10.0 为用户提供了颇为强大的特征建模和编辑功能，使用这些功能可以高效地构建复杂的产品模型。例如，利用拉伸、旋转、扫掠等工具可以将二维截面的轮廓曲线通过相应的方式来产生实体特征，这些实体特征具有参数化设计的特点，当修改草图中的二维轮廓曲线，那么相应的实体特征也会自动进行更新；对于一些具有标准设计数据库的特征，如体素特征（体素特征是一个基本解析形状的实体对象，它本质上是可分析的，属于设计特征中的一类实体特征），其创建更为方便，执行命令后只需要输入相关参数即可生成实体特征，建模速度很快；可以对实体模型进行各种操作和编辑，如圆角、抽壳、螺纹、缩放、分割等，以获得更细致的模型结构。可以对实体模型进行渲染和修饰，从实体特征中提取几何特性和物理特性，进行几何计算和物理特性分析。

需要用户注意的是，有些细节特征需要在已有实体或曲面特征的基础上才能创建，如拔模、倒斜角、边倒圆、面倒圆、样式圆角、样式拐角和美学面倒圆等。

NX 中的同步建模技术是第一个能够借助新的决策推理引擎来同时进行几何图形与规则同步设计建模的解决方案。同步建模技术实时检查产品模型当前的几何条件，并且将它们与设计人员添加的参数和几何约束合并在一起，以便评估、构建新的几何模型并且编辑模型，无须重复全部历史记录。同步建模技术加快了 4 个关键领域的创新步伐：快速捕捉设计意图；快速进行设计变更；提高多 CAD 环境下的数据重用率；简化 CAD，使三维变得与二维一样易用。同步建模的知识将在后面的章节中介绍。

下面让初学者大概了解实体特征建模相关工具命令的出处。在建模应用模块中，实体特征建模的工具大多集中在功能区"主页"选项卡的"特征"面板中，如图 4-1 所示。

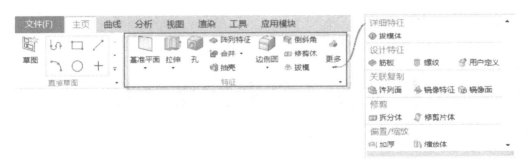

图4-1 功能区"主页"选项卡的"特征"面板

　　读者在学习过程中如果发现自己 NX 软件界面中没有书中介绍的某个建模工具命令，那么可以通过"定制"命令（快捷键为〈Ctrl+1〉）来向功能区选项卡、面板、边框条等添加该命令。执行"定制"命令（快捷键为〈Ctrl+1〉）时，系统弹出"定制"对话框，如图 4-2a 所示，在"命令"选项卡的"类别"列表框中选择一个类别或子类别，接着在"项"列表框中选择所需命令将其拖至界面上所需的位置处即可。此外，NX 10.0 根据用户的经验水平、行业或公司标准提供了"角色"界面控制方式，不同的角色界面可以保留不同任务所需的命令，角色的应用简化了 NX 的当前用户界面。在用户第一次启用 NX 时，系统可能默认使用的角色是"基本功能"角色，该角色的界面仅提供了一些常用的命令工具，比较适合新手用户或临时用户使用。从现在开始，建议用户选用"高级"角色，以提供一组更广泛的工具命令，不但支持简单的设计任务，还支持高级的设计任务，其方法是在资源条中单击"角色"标签，打开"角色"导航器，选择"高级角色"图标来加载"高级"角色，如图 4-2 所示。

a)　　　　　　　　　　　　　　　　　b)

图4-2 定制界面与角色配置

a)"定制"对话框　b)使用角色配置界面

4.2 创建设计特征中的体素特征

本书将长方体、圆柱体、圆锥和球体等这一类设计特征统称为体素特征，这类特征是一个基本解析形式的实体对象。通常在设计初期创建一个体素特征作为模型毛坯。创建体素特征时，必须要先确定它的类型、尺寸、空间方向与位置等参数。

4.2.1 创建长方体

长方体特征是基本体素中较为常见的一个，如图 4-3 所示。要创建长方体模型，则在"特征"面板的"更多库"列表中单击"块（长方体）"按钮 🔲，系统弹出图 4-4 所示的"块"对话框（也称"长方体"对话框）。在"类型"下拉列表框中提供了长方体特征的创建类型，包括"原点和边长""两点和高度"和"两个对角点"。在"布尔"选项组中可根据设计要求设置布尔选项，如"无""求和""求差"和"求交"；在"设置"选项组中可设置是否关联原点，或是否关联原点和偏置。

图 4-3　长方体

图 4-4　"块"对话框

1. 原点和边长

"原点和边长"为初始默认的创建类型。选择此创建类型时，需要指定原点位置（放置基准），并在"尺寸"选项组中分别输入长度、宽度和高度参数值。

2. 两点和高度

选择"两点和高度"创建类型选项时，需要指定两个点定义长方体的底面，接着在"尺寸"选项组中设置长方体的高度参数值，如图 4-5 所示。

3. 两个对角点

选择"两个对角点"创建类型选项时，需要分别指定两个对角点，即原点和从原点出发的点（XC,YC,ZC），如图 4-6 所示。

图 4-5　选择"两点和高度"创建类型时　　　　图 4-6　选择"两个对角点"创建类型时

4.2.2　创建圆柱体

要创建圆柱体，则在"特征"面板的"更多库"列表中单击"圆柱"按钮 ，打开"圆柱"对话框。在"类型"下拉列表框中可以选择两种创建类型选项之一，即选择"轴、直径和高度"或"圆弧和高度"。

1．轴、直径和高度

选择"轴、直径和高度"创建类型选项时，将通过指定轴（包括指定轴矢量方向和确定原点位置）、直径尺寸和高度尺寸来创建圆柱体，如图 4-7 所示。另外，在"设置"选项组中设置是否关联轴。

2．圆弧和高度

选择"圆弧和高度"创建类型选项时，将通过选择圆弧、圆（定义圆柱体直径）以及设置高度尺寸参数的方式来创建圆柱体，如图 4-8 所示。

图 4-7　选择"轴、直径和高度"　　　　图 4-8　选择"圆弧和高度"

4.2.3 创建圆锥体/圆台

要创建圆锥体/圆台，则在"特征"面板的"更多库"列表中单击"圆锥"按钮 ⬛，系统弹出"圆锥"对话框，如图 4-9 所示。"圆锥"对话框的"类型"下拉列表框提供了 5 种类型，包括"直径和高度""直径和半角""底部直径，高度和半角""顶部直径，高度和半角""两个共轴的圆弧"，从中选择一种类型，接着选择相应的参照以及设置相应的参数，然后单击"确定"按钮，即可创建一个圆锥体/圆台。通常，圆锥体的顶部收缩为一个点，圆台顶部则为一个圆。

下面介绍创建圆台（相当于特殊的圆锥）的一个简单范例。

① 在"特征"面板的"更多库"列表中单击"圆锥"按钮 ⬛，系统弹出"圆锥"对话框。

② 在"类型"下拉列表框中选择"直径和高度"类型选项。

③ 在"轴"选项组中选择"ZC 轴"图标选项 ^{ZC}定义矢量，接着在"轴"选项组中单击位于"指定点"右侧的"点构造器"按钮 ⬛，弹出"点"对话框，设置图 4-10 所示的点坐标，单击"确定"按钮。

图 4-9 "圆锥"对话框　　　　　　　图 4-10 指定点

④ 返回"圆锥"对话框，在"尺寸"选项组中，将"底部直径"设置为"100"，将"顶部直径"设置为"36.8"，将"高度"设置为"60"，如图 4-11 所示。

⑤ 在"圆锥"对话框中展开"预览"选项组，单击"显示结果"按钮 🔍，创建的圆台预览效果如图 4-12 所示，满意后单击"确定"按钮。

4.2.4 创建球体

要创建球体，则在"特征"面板中单击"更多"|"球体"按钮 ⬛，系统弹出"球体"对话框。在"球体"对话框的"类型"下拉列表框中可以选择"中心点和直径"类型或"圆弧"类型。

1．中心点和直径

当选择"中心点和直径"类型时，将通过指定球体中心点和直径尺寸来创建球体，如

图 4-13 所示。

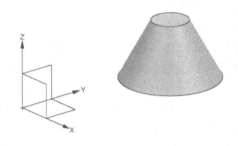

图 4-11 "圆锥"对话框　　　　　　　图 4-12 创建圆台

2. 圆弧

当选择"圆弧"类型时，将通过选择圆弧来创建球体，如图 4-14 所示。

图 4-13 选择"中心点和直径"类型　　　　图 4-14 选择"球"类型

4.3 创建扫掠特征

在功能区"主页"选项卡的"特征"面板中，"更多库"列表的"扫掠"组中提供了 4 个扫掠类型的工具命令，即"扫掠"按钮 🐾、"沿引导线扫掠"按钮 🐾、"变化扫掠"按钮 🐾 和"管道"按钮 🐾。下面介绍这 4 种扫掠特征。

4.3.1 扫掠

使用"扫掠"按钮 🐾，可以通过沿着一个或多个引导线扫掠截面来创建特征，在创建过程中可使用各种方法控制沿着引导线的形状。创建简单扫描特征的示例如图 4-15 所示。

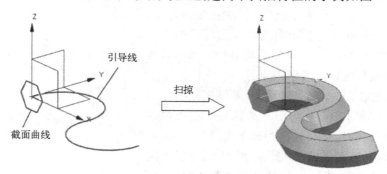

引导线

截面曲线

扫掠

图 4-15 示例：创建扫描特征

　　要创建扫描特征，可在功能区"主页"选项卡的"特征"面板中单击"更多"|"扫掠"按钮，系统弹出图 4-16 所示的"扫掠"对话框。创建此类扫描特征需要选择曲线定义截面，指定引导线（最多 3 条），设置截面选项（包括截面位置选项或插值选项、对齐方法选项、定位方法选项和缩放方法选项）等。倘若根据设计要求，那么还可以选择合适的曲线定义脊线。另外，要注意"截面选项"选项组中的"截面位置"下拉列表框，在该框中可以选择"沿引导线任何位置"或"引导线末端"来定义截面位置。

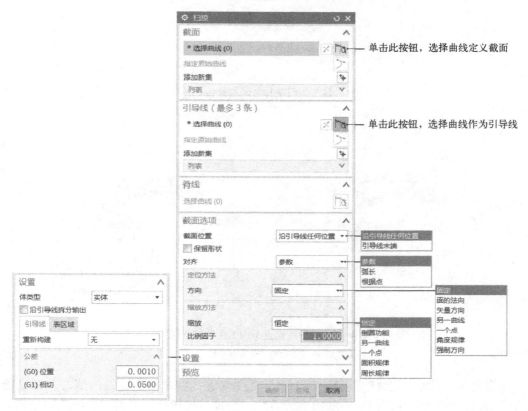

图 4-16 "扫掠"对话框

在绘图区域中如果选择了不满足要求的截面曲线或引导线时，那么可以在对话框中展开相应的列表，确保在列表中选择不再需要的曲线集，然后单击"移除"按钮 ✕，如图 4-17 所示，然后再重新选择所需的曲线。"添加新集"按钮，可以指定另一曲线集。

值得用户注意的是，在选择具有多段相接的曲线作为截面或引导线时，需要巧用"选择条"的曲线规则选项，如图 4-18 所示，包括"单条曲线""相连曲线""相切曲线""特征曲线""面的边""片体边""区域边界曲线""组中的曲线"和"自动判断曲线"。其中，"单条曲线"用于只选中单条的曲线段，"相连曲

图 4-17　移除不需要的曲线集

线"用于选中与之相连的所有有效曲线（包括单击的曲线段在内），"相切曲线"用于选中与之相切的所有连续曲线（包括单击的曲线段在内），"特征曲线"用于只选中特征曲线。图 4-19 给出了引导线选择设置的两种情况。

图 4-18　巧用选择条的曲线规则选项

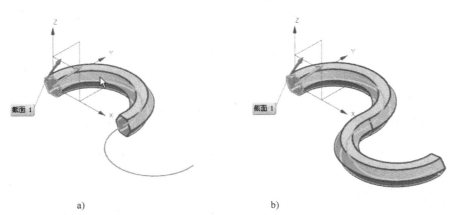

a)　　　　　　　　　　　　　　　　　　b)

图 4-19　引导线设置不同的两种扫描结果

a) 单条曲线　b) 相切曲线

练习案例：读者可以打开"bc_4_sl.prt"文件来进行创建扫掠特征的练习。在功能区"主页"选项卡的"特征"面板中单击"更多"|"扫掠"按钮 ✎，打开"扫掠"对话框，在"截面"选项组中单击"曲线"按钮 ▣，选择截面曲线，接着在"引导线（最多 3 条）"选项

组中单击"曲线"按钮 ，选择一条相切曲线作为引导线，以及进行截面选项等其他设置。

4.3.2 沿引导线扫掠

使用"沿引导线扫掠"按钮 ，可以通过沿着引导线扫掠截面来创建实体或曲面片体。

指定引导线是创建此类扫掠特征的关键，它可以是多段光滑连接的曲线，也可以是具有尖角的曲线，但如果引导线具有过小尖角（如某些锐角），可能会导致扫掠失败。如果引导线是开放的，即具有开口的，那么最好将截面线圈绘制在引导线的开口端，以防止可能出现预料不到的扫掠结果。

下面以图 4-20 所示的典型示例介绍沿引导线扫掠来创建实体的操作方法及步骤。

图 4-20　示例：沿引导线扫掠创建实体

① 在功能区的"文件"选项卡中选择"打开"命令，利用弹出的"打开"对话框查找并选择到配套的"bc_4_yydxsl.prt"文件，单击"OK"按钮，该文件中已经绘制好所需的曲线。

② 在功能区"主页"选项卡的"特征"面板中单击"更多"|"沿引导线扫掠"按钮 ，打开图 4-21 所示的"沿引导线扫掠"对话框。

③ 系统提示为截面选择曲线链。在"选择条"工具栏的曲线规则类型下拉列表框（也称"曲线规则"下拉列表框）中选择"相连曲线"，接着在绘图窗口中单击将作为扫描截面的曲线，如图 4-22 所示。

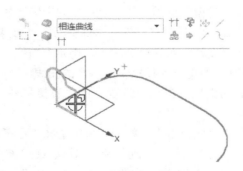

图 4-21　"沿引导线扫掠"对话框　　　　图 4-22　为截面选择曲线链

④ 在"沿引导线扫掠"对话框的"引导线"选项组中，单击"曲线"按钮 🔲，接着在绘图窗口中单击另一条相连曲线作为引导线的曲线链。

⑤ 在"偏置"选项组中，将"第一偏置"值设置为"0"，将"第二偏置"值设置为"2"；在"设置"选项组的"体类型"下拉列表框中选择"实体"选项，接受默认的尺寸链公差和距离公差，如图 4-23 所示，可以预览效果。

⑥ 在"沿引导线扫掠"对话框中单击"确定"按钮，创建的扫掠特征如图 4-24 所示。

图 4-23　设置偏置参数等

图 4-24　创建扫掠特征

4.3.3　变化扫掠

使用"变化扫掠"按钮 🖇，可通过沿路径扫掠横截面来创建特征体，此时横截面形状沿路径改变。如图 4-25 所示的实体模型就可以通过"变化扫掠"命令来创建。

下面通过一个典型操作实例来介绍如何创建"变化扫掠"特征。

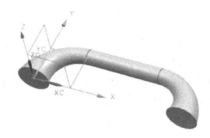

图 4-25　示例：变化的扫掠

1．新建所需的文件

① 按〈Ctrl+N〉快捷键，系统弹出"新建"对话框。

② 在"模型"选项卡的"模板"列表中选择名称为"模型"的模板（单位为毫米），在"新文件名"选项组的"名称"文本框中输入"bc_4x_bhdsl"，并指定要保存到的文件夹。

③ 在"新建"对话框中单击"确定"按钮。

2．绘制一条将作为扫掠轨迹路径的曲线

① 在功能区"主页"选项卡的"直接草图"面板中单击"草图"按钮 🔲，弹出"草图"对话框。

② 在"草图类型"下拉列表框中选择"在平面上"，在"草图平面"选项组的"平面方法"下拉列表框中选择"自动判断"，默认 XC-YC 平面为草图平面，单击"确定"按钮。

③ 绘制图 4-26 所示的曲线，注意该曲线各邻段相切，注意相关的约束关系。

④　绘制和编辑好曲线之后，单击"完成草图"按钮 ，完成绘制草图曲线如图 4-27 所示（按〈Home〉键调整视角）。

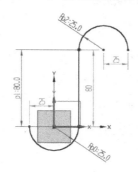

图 4-26　绘制草图

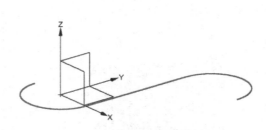

图 4-27　完成绘制的草图

3．创建"变化的扫掠"特征

①　在功能区"主页"选项卡的"特征"面板中单击"更多"|"变化扫掠"按钮 ，系统弹出图 4-28 所示的"变化扫掠"对话框。

②　在"截面"选项组中单击"绘制截面"按钮 ，弹出"创建草图"对话框，选择刚绘制的曲线链（特征曲线），此时系统弹出"创建草图"对话框，在左侧部位选择先前绘制的相切曲线作为路径，接着在"平面位置"选项组的"位置"下拉列表框中选择"弧长百分比"选项，在"弧长百分比"文本框中输入 0，平面方位的"方向"选项为"垂直于路径"，草图方向选项采用默认的自动设置，如图 4-29 所示。

图 4-28　"变化扫掠"对话框

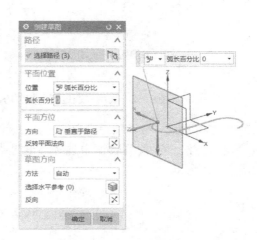

图 4-29　"创建草图"对话框

③　在"创建草图"对话框中单击"确定"按钮。

④　绘制图 4-30 所示的一个圆，该圆的直径为 10，并标注其直径尺寸。在"草图"面板中单击"完成"按钮 。

⑤　此时，"变化扫掠"对话框和特征预览如图 4-31 所示，注意在"设置"选项组中勾

选"显示草图尺寸"复选框,体类型为"实体"。

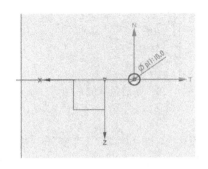

图 4-30　绘制一个圆

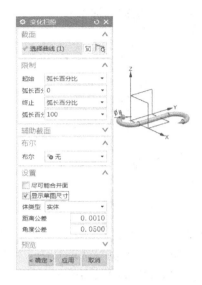

图 4-31　"变化扫掠"对话框和特征预览

⑥　在"变化扫掠"对话框中展开"辅助截面"选项组,单击"添加新集"按钮,从而添加一个辅助截面集,接着从"定位方法"下拉列表框中选择"通过点"选项,在曲线链中选择一个中间点,如图 4-32 所示。

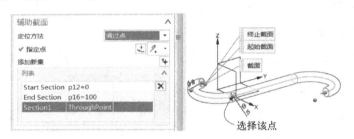

图 4-32　采用"通过点"定位方法来指定一个辅助截面位置

⑦　在"辅助截面"选项组中单击"添加新集"按钮来添加另一个新的辅助截面集,同样从"定位方法"下拉列表框中选择"通过点"选项,接着在曲线链中选择另一个中间点,如图 4-33 所示。

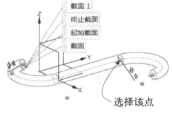

图 4-33　指定另一个截面放置点

⑧ 在绘图区域中单击其中一个中间截面的标签"截面 1"（标签形式为"截面#"），或者在"辅助截面"选项组的截面列表中选择"Section1"，此时在图形窗口中显示该截面的草图尺寸，接着单击该截面要修改的尺寸，如图 4-34 所示。

在屏显尺寸框右部单击"启动公式编辑器"按钮 =，接着从打开的菜单中选择"设为常量"命令，接着将该尺寸修改为 20，如图 4-35 所示。

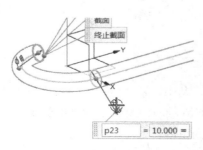

图 4-34　选定要修改的截面尺寸

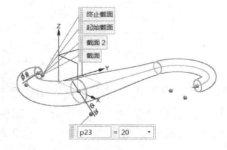

图 4-35　修改该截面尺寸 1

⑨ 使用同样的方法，单击截面 2 标签或从截面列表中选择"Section2"，以显示该截面的尺寸，接着单击该截面要修改的尺寸，单击尺寸框附带的"启动公式编辑器"按钮 =，并从出现的菜单中选择"设为常量"命令，将该直径尺寸也修改为 20，此时预览效果如图 4-36 所示。

⑩ 在"变化扫掠"对话框中单击"确定"按钮，确认后得到的实体完成效果如图 4-37 所示。

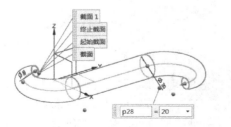

图 4-36　预览效果

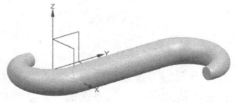

图 4-37　完成的实体效果

4.3.4 管道

使用"管道"按钮，将通过沿曲线扫掠圆形横截面来创建实体，可设置大径和小径参数。创建管道的示例如图 4-38 所示。

要创建管道特征，那么可以按照以下操作步骤来进行。

① 在功能区"主页"选项卡的"特征"面板中单击"更多"|"管道"按钮，系统弹出图 4-39 所示的"管道"对话框。

② 选择曲线链作为管道中心线路径。

③ 在"管道"对话框的"横截面"选项组中分别设置大径尺寸和小径尺寸，管道大径尺寸必须要大于 0，而小径尺寸可以为 0。必要时，可以在"布尔"选项组中设置布尔选项。

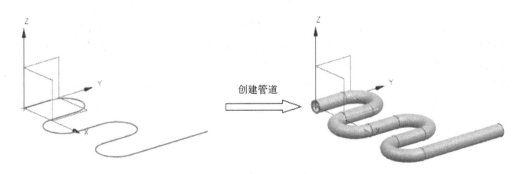

图 4-38 示例：创建管道

④ 在"设置"选项组中设置输出选项和公差。其中，从"输出"下拉列表框中可以设置"输出"选项为"多段"或"单段"，如图 4-40 所示。使用"多段"的管道由多段面组成，而使用"单段"的管道由一段或两段 B 样条曲面组成。

图 4-39 "管道"对话框

图 4-40 设置输出选项

⑤ 在创建管道特征过程中，可以在"预览"选项组中单击"显示结果"按钮，从而预览管道特征。满意后，单击"管道"对话框中的"确定"按钮或"应用"按钮。

练习案例：读者可以打开"bc_4_gd.prt"文件来进行创建管道特征的练习。

4.4　基本成形设计特征

在本节中，将介绍一些基本成形设计特征，包括拉伸特征、回转特征、孔特征、凸台、腔体、垫块、螺纹、凸起特征、键槽和开槽特征等。

4.4.1　创建拉伸特征

可以将截面线圈沿着指定方向拉伸一段距离来创建拉伸实体，如图 4-41 所示。读者可以打开"bc_4_ls.prt"源文件来辅助学习创建拉伸实体的知识。

如果要创建拉伸特征，那么在功能区"主页"选项卡的"特征"面板中单击"拉伸"按钮，系统弹出一个"拉伸"对话框，如图 4-42 所示。

创建拉伸实体特征，通常需要利用"拉伸"对话框定义以下几个方面。

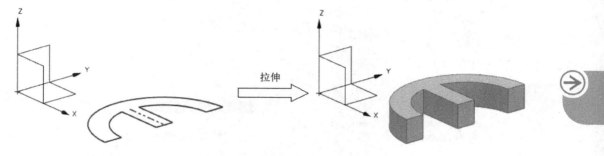

图 4-41 示例：创建拉伸特征

图 4-42 "拉伸"对话框

1．定义截面

确保"截面"选项组中的"曲线"按钮 处于被选中的状态时，系统提示："选择要草绘的平面，或选择截面几何图形。"此时便可以在图形窗口中选择要拉伸的截面曲线。

若没有存在所需的截面时，则可以在"截面"选项组中单击"绘制截面"按钮 ，系统弹出"创建草图"对话框，接着定义草图平面和草图方向等，单击"确定"按钮，从而进入内部草图环境来绘制所需的剖面曲线。

2．定义方向

可以采用自动判断的矢量或其他方式定义的矢量（见图 4-43），也可以根据实际设计情况而单击"矢量对话框"按钮 （也称"矢量构造器"按钮），利用打开的图 4-44 所示的"矢量"对话框来定义矢量。

图 4-43　定义方向矢量　　　　　　　　图 4-44　"矢量"对话框

如果在"拉伸"对话框的"方向"选项组中单击"反向"按钮，那么可更改拉伸矢量方向。

3．设置拉伸限制的参数值

在"限制"选项组中设置拉伸限制的方式及其参数值，如分别设置拉伸的开始值和结束值。拉伸的开始/结束方式选项包括"值""对称值""直至下一个""直至选定""直至延伸部分（直至被延伸）"和"贯通"，用户可根据实际设计情况来选定。

4．布尔运算

在"布尔"选项组中，设置拉伸操作所创建的实体与原有实体之间的布尔运算，可供选择的布尔运算选项包括"自动判断""无""求和""求差"和"求交"。

5．定义拔模

在"拔模"选项组中可以设置在拉伸时进行拔模处理，可供选择的拔模选项包括"无""从起始限制""从截面""从截面-不对称角""从截面-对称角"和"从截面匹配的终止处"。拔模的角度参数可以为正，也可以为负。

例如，当选择的拔模选项为"从起始限制"，并设置"角度"值为"12"（其单位为deg)，此时确认后注意观察预览效果，如图 4-45 所示。

图 4-45　示例：给拉伸实体设置拔模参数

6. 定义偏置

在"偏置"选项组中定义拉伸偏置选项及相应的参数，以获得特定的拉伸效果。下面以结果图例对比的方式让读者体会 4 种偏置选项（"无""单侧""双侧"和"对称"）的差别效果，如图 4-46 所示。

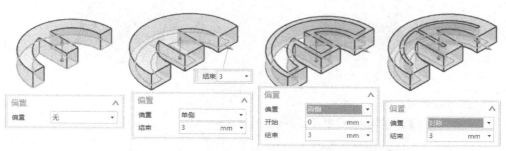

图 4-46　定义偏置的几种情况

7. 使用预览

在"预览"选项组中勾选"预览"复选框，则可以在拉伸操作过程中动态预览拉伸特征。如果单击"显示结果"按钮，则可以观察到最后完成的实体模型效果。

除了以上几点，用户还需要注意在"设置"选项组中设置体类型和公差。可供选择的体类型选项有"实体"和"片体"。当选择"实体"体类型选项时，将创建拉伸实体特征；当选择"片体"体类型选项时，将创建拉伸曲面片体特征。图 4-47 展示了实体效果，图 4-48 则展示了曲面片体效果，注意比较两者的效果特点。

图 4-47　实体效果

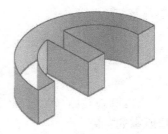

图 4-48　片体效果

说明：如果剖面图形是断开的线段，而偏置选项同时又被设置为"无"，那么创建的拉伸特征体为曲面片体。

4.4.2 创建旋转特征

可以将截面线圈绕一根轴线旋转一定角度来生成旋转特征体。旋转特征又被称为"回转特征"。创建旋转实体的典型示例如图 4-49 所示。

要创建旋转特征，则在功能区"主页"选项卡的"特征"面板中单击"旋转"按钮，系统弹出图 4-50 所示的"旋转"对话框。"旋转"对话框的使用和前面介绍的"拉伸"对话框的使用很相似，在此不再赘述。

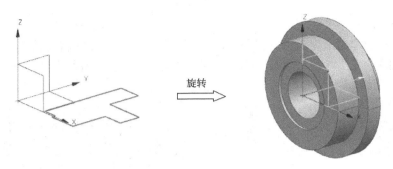

图 4-49   示例：创建旋转实体

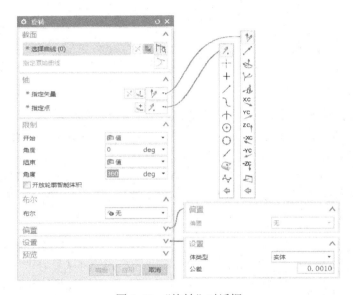

图 4-50   "旋转"对话框

下面以一个范例来具体介绍如何创建回转实体特征。

1. 新建所需的文件

① 在"快速访问"工具栏中单击"新建"按钮 ，系统弹出"新建"对话框。

② 在"模型"选项卡的"模板"列表中选择名称为"模型"的模板，在"新文件名"选项组的"名称"文本框中输入"bc_4x_hztz"，并指定要保存到的文件夹。

③ 在"新建"对话框中单击"确定"按钮。

2. 创建旋转特征

① 在功能区"主页"选项卡的"特征"面板中单击"旋转"按钮 ，系统弹出"旋转"对话框。

② 在"旋转"对话框的"截面"选项组中单击"绘制截面"按钮 ，系统弹出"创建草图"对话框。

③ 从"草图类型"下拉列表框中选择"在平面上"选项，在"草图平面"选项组的"平面方法"下拉列表框选择"自动判断"选项，默认以 XC-YC 平面为草图平面，如图 4-51 所示，在"创建草图"对话框中单击"确定"按钮，进入草图模式。

④ 确保选中"轮廓"按钮，绘制图 4-52 所示的闭合图形。

图 4-51 "创建草图"对话框

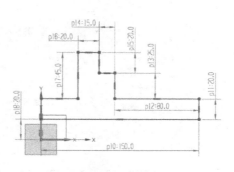

图 4-52 绘制闭合图形

⑤ 在"草图"面板中单击"完成草图"按钮。

⑥ 返回到"旋转"对话框，在"轴"选项组的"指定矢量"下拉列表框中选择"XC轴"图标选项，以定义旋转轴矢量。接着在"轴"选项组中单击"点构造器"按钮，利用弹出的"点"对话框中设置点位置的绝对坐标值为（0,0,0），单击"确定"按钮再次返回到"旋转"对话框。

⑦ 在"限制"选项组中设置开始角度值为"0"，结束角度值为"360"，而"布尔""偏置"和"设置"选项组中的选项接受默认值，如图 4-53 所示。

⑧ 在"旋转"对话框中单击"确定"按钮，创建的旋转实体特征如图 4-54 所示（图中隐藏了基准坐标系）。

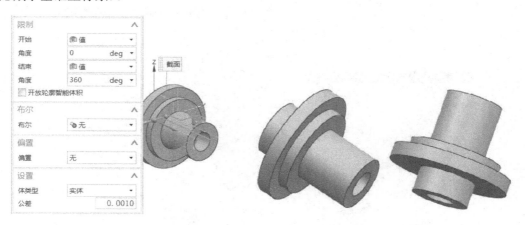

图 4-53 旋转特征的相关设置

图 4-54 创建旋转特征

4.4.3 创建孔特征

孔特征在设计中经常会碰到。要创建孔特征，则在"特征"面板中单击"孔"按钮，打开图 4-55 所示的"孔"对话框，接着从"类型"下拉列表框选择要创建的孔的类型，包括"常规孔""钻形孔""螺钉间隙孔""螺纹孔"和"孔系列"。设置好孔类型后，一般还要定义孔放置位置、孔方向、形状和尺寸（或规格）等。

图 4-55 "孔"对话框

- "常规孔"：常规孔的形状（成形方式）包括"简单孔""沉头孔""埋头孔"和"锥孔"，如图 4-56 所示。设置好成形方式选项后，接着在"形状和尺寸"选项组中分别设置相应的参数。
- "钻形孔"：从"类型"下拉列表框中选择"钻形孔"选项时，需要分别定义位置、方向、形状和尺寸、布尔、标准和公差等，如图 4-57 所示。

图 4-56 指定常规孔的形状

图 4-57 创建钻形孔

- "螺钉间隙孔"：从"类型"下拉列表框中选择"螺钉间隙孔"选项时，需要定义的内容和钻形孔差不多，但细节差异还是存在的，如螺钉间隙孔有自己的形状和尺寸、标准。螺钉间隙孔的形状（成形方式）可以有"简单孔""沉头孔"和"埋头孔"，如图4-58所示。
- "螺纹孔"：螺纹孔是设计中的一种常见连接结构，要创建螺纹孔，除了需要设置位置、方向之外，还要在"设置"选项组的"标准"下拉列表框中选择所需的一种适用标准。另外，在"形状和尺寸"选项组中设置螺纹尺寸、止裂口、起始倒斜角和结束倒斜角等，如图4-59所示。

图4-58　创建螺钉间隙孔

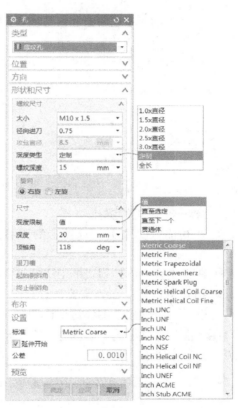

图4-59　创建螺纹孔

- "孔系列"：从"类型"下拉列表框中选择"孔系列"选项时，除了要设置孔放置位置和方向之外，还需要利用"规格"选项组来分别设置"起始""中间"和"端点（结束）"3个选项卡上的内容等，如图4-60所示。

下面介绍创建各类孔特征的学习范例，在该范例中要重点学习如何定义孔位置和方向，定义孔形状和尺寸等。

1．打开素材文件

① 在功能区的"文件"选项卡中选择"打开"命令，弹出"打开"对话框。

② 选择配套的"bc_4_k.prt"，单击"OK"按钮。打开的文件中存在一个用于练习创建孔特征的实体模型。

图 4-60   孔系列设置

2. 创建一个常规的沉孔

① 在功能区"主页"选项卡的"特征"面板中单击"孔"按钮 ⬡，弹出"孔"对话框。

② 在"类型"下拉列表框中选择"常规孔"选项。

③ 指定点位置。在"位置"选项组中单击"绘制截面"按钮 ⬛，系统弹出"创建草图"对话框。在"创建草图"对话框的"草图类型"下拉列表框中选择"在平面上"选项，在"草图平面"选项组的"平面方法"下拉列表框中选择"现有平面"选项，然后单击模型的上表面，如图 4-61 所示。

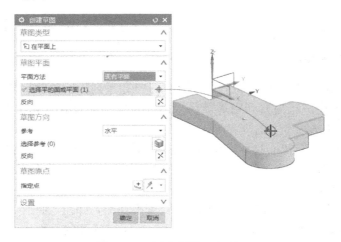

图 4-61   "创建草图"对话框

④ 单击"确定"按钮确定草图平面后，系统弹出图 4-62a 所示的"草图点"对话框。在"草图点"对话框中单击"点对话框"按钮，弹出"点"对话框，选择"圆弧中心/椭圆中心/球心"，接着单击图 4-62b 所示的圆弧边线（注意将选择范围设置为"仅在工作部件内"），从而将点位置定义在圆弧中心，然后单击"点"对话框中的"确定"按钮，并在"草图点"对话框中单击"关闭"按钮。

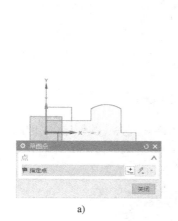

a)　　　　　　　　　　　　b)

图 4-62　指定点位置

a)"草图点"对话框　b) 利用"点"对话框定义草图点

说明：用户也可以不使用"点"对话框，而直接在"草图点"对话框中单击"选项展开（下三角）"按钮，接着从弹出的下拉条中单击"圆弧中心/椭圆中心/球心"按钮，如图 4-63 所示，然后单击选定所需的圆弧边线即可。

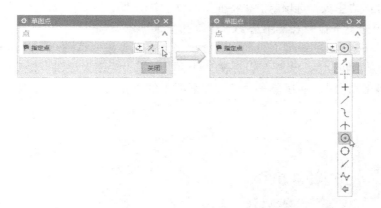

图 4-63　指定草图点技巧

⑤ 在"草图"面板中单击"完成"按钮。

⑥ 孔方向默认为"垂直于面"，在"孔"对话框的"形状和尺寸"选项组中，从"形状"下拉列表框中选择"沉头孔"选项，接着将"沉头直径"设置为"25"，"沉孔深度"为

"6.8"，孔"直径"为"12"，"深度限制"选项为"贯通体"，如图 4-64 所示。

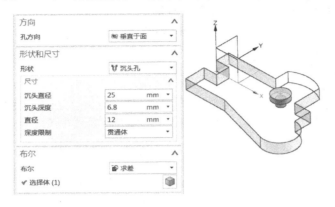

图 4-64　设置沉孔形状和尺寸参数

⑦ 在"孔"对话框中单击"确定"按钮，完成一个常规沉头孔的创建，如图 4-65 所示。

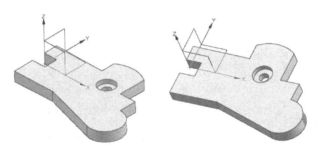

图 4-65　创建常规沉头孔

3．创建螺纹孔

① 在功能区"主页"选项卡的"特征"面板中单击"孔"按钮，弹出"孔"对话框。

② 在"类型"下拉列表框中选择"螺纹孔"选项。

③ 在图 4-66 所示的模型上表面位置处单击，系统弹出"草图点"对话框。

④ 指定点位置尺寸。单击"草图点"对话框中的"关闭"按钮，接着修改当前草图点的尺寸，如图 4-67 所示。然后单击"草图"面板中的"完成草图"按钮。

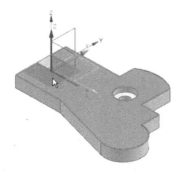

图 4-66　在模型的上表面单击

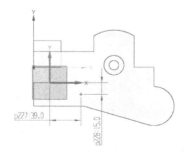

图 4-67　修改当前草图点的尺寸

⑤ 返回到"孔"对话框，在"形状和尺寸"选项组中，设置螺纹尺寸规格为"M10×1.5"，"螺纹深度"为"11"，"深度限制"选项为"值"，"深度"为"13.8"，"顶锥角"为"118"，如图 4-68 所示。

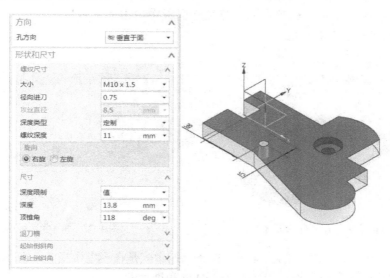

图 4-68　设置螺纹形状和尺寸

⑥ 分别设置启用退刀槽止裂口、起始倒斜角和终止倒斜角，如图 4-69 所示。

⑦ 在"孔"对话框中单击"确定"按钮，完成的螺纹孔如图 4-70 所示。

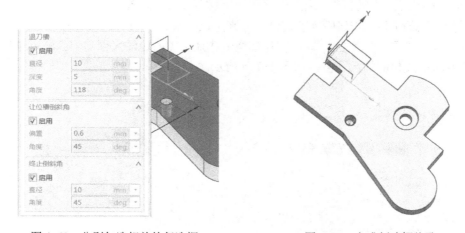

图 4-69　分别勾选相关的复选框　　　　　图 4-70　完成创建螺纹孔

❓ **说明**：读者可以继续在该模型中练习创建其他类型的孔特征。

4.4.4　创建凸台

可以很方便地在实体的平面上添加一个圆柱形凸台，该凸台具有指定直径、高度和锥角的结构。

在零件上设计凸台的典型示例如图 4-71 所示。下面结合该示例（其练习模型文件为"bc_4_tt.prt"）介绍创建圆柱形凸台的操作步骤。

① 在功能区"主页"选项卡的"特征"面板中单击"更多"|"凸台"按钮⊜，弹出图 4-72 所示的"凸台"对话框。

图 4-71　示例：在零件深设计凸台

图 4-72　"凸台"对话框

② 选择步骤，即选择平的放置面。在该示例中就是在模型中指定凸台的放置面。

③ 设置凸台的参数，包括设置直径、高度和锥角参数。例如，在该示例中将"直径"设置为"39"，"高度"为"25"，"锥角"为"10"。

④ 在"凸台"对话框中单击"确定"按钮或"应用"按钮。

⑤ 系统弹出图 4-73a 所示的"定位"对话框。利用"定位"对话框中的相关定位工具（如"水平"按钮⊞、"竖直"按钮⊡、"平行"按钮⊠、"垂直"按钮⊠、"点到点"按钮⊿、"点到线"按钮⊥）创建所需的定位尺寸来定位凸台。

例如，单击"垂直"按钮⊠，接着在模型中选择所需的边线来创建相应的定位尺寸，并按照设计要求修改相应的尺寸值，如图 4-73b 所示。

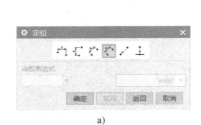

a)　　　　　　　　　　　　　　　b)

图 4-73　"定位"对话框及其使用

a)"定位"对话框　b) 创建定位尺寸来定位凸台

⑥ 设置定位尺寸后，单击"确定"按钮或"应用"按钮。

4.4.5　创建腔体

腔体是指从实体移除材料，或者用沿矢量对截面进行投影生成的面来修改片体。创建腔体结构的示例图如图 4-74 所示。

要在实体模型上创建腔体，则在"特征"面板中单击"更多"|"腔体"按钮 ，系统弹出图 4-75 所示的"腔体"对话框。该对话框提供了 3 种腔体的类型按钮，包括"圆柱坐标系""矩形"和"常规"。下面介绍这 3 种腔体的创建知识。

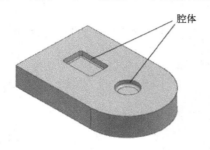

图 4-74 示例：创建腔体

图 4-75 "腔体"对话框

1. "圆柱坐标系"腔体

在"腔体"对话框中单击"圆柱坐标系"按钮，打开图 4-76a 所示的"圆柱形腔体"对话框，利用该对话框指定圆柱形腔体的放置面，然后定义圆柱形腔体的参数（包括腔体直径、深度、底面半径和锥角，如图 4-76b 所示），以及定位尺寸。

a)

b)

图 4-76 "圆柱形腔体"对话框

a)"圆柱形腔体"对话框 b) 定义圆柱形腔体的参数

2. 矩形腔体

矩形腔体具有一定长度、宽度、深度、拐角半径、底面半径和锥角参数，如图 4-77 所示。

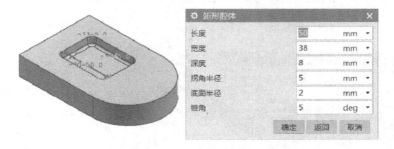

图 4-77 定义矩形腔体及其示例

3. 常规腔体

常规腔体也称一般腔体，该腔体工具具有比圆柱形腔体和矩形腔体更大的灵活性，例如常规腔体的放置表面可以是任意的自由形状。

在"腔体"对话框中单击"常规"按钮，打开图 4-78 所示的"常规腔体"对话框，从中定义该类腔体的相关参数及选项。由于常规腔体应用较少，本书不作深入介绍。

学习范例：在一个长方体模型上创建一个腔体

该学习范例的具体操作步骤如下。

1️⃣ 在一个新建的模型文件中创建一个长为 200、宽为 100，高为 30 的长方体模型，如图 4-79 所示。

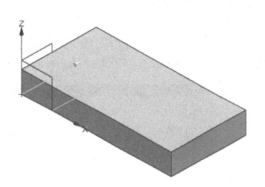

图 4-78 "常规腔体"对话框   图 4-79 创建长方体模型

2️⃣ 在"特征"面板中单击"更多"|"腔体"按钮 🔳，系统弹出"腔体"对话框。

3️⃣ 在"腔体"对话框中单击"矩形"按钮，弹出"矩形腔体"对话框。

4️⃣ 选择图 4-80 所示的实体面作为矩形腔体的放置面，接着选择图 4-81 所示的边线作为水平参照。也可以利用"水平参考"对话框中的相关按钮来辅助定义水平参照。

图 4-80 指定矩形腔体的放置平面   图 4-81 定义水平参照

5️⃣ 系统弹出用于定义矩形腔体参数的"矩形腔体"对话框，在该对话框中分别设置

图 4-82 所示的参数，然后单击"确定"按钮。

⑥ 在弹出来的图 4-83 所示的"定位"对话框中单击"垂直"按钮 ，系统提示选择目标边/基准。

图 4-82 "矩形腔体"对话框　　　图 4-83 "定位"对话框

选择图 4-84a 所示的长方体模型的一条边线，接着系统提示选择工具边，在该提示下选择图 4-84b 所示的参考中心线定义工具边。

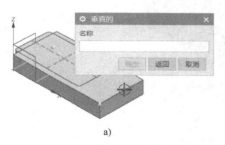
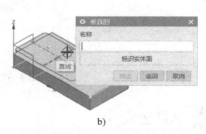

a)　　　　　　　　　　　　　　　b)

图 4-84 使用"垂直"尺寸工具选择对象来创建定位尺寸

a) 选择目标边/基准　b) 选择工具边

在弹出的"创建表达式"对话框的尺寸框中将该定位尺寸值修改为 100，如图 4-85 所示。然后单击"创建表达式"对话框中的"确定"按钮。

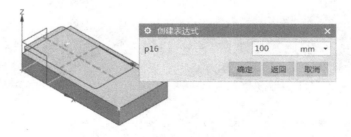

图 4-85 利用"创建表达式"对话框修改定位尺寸

⑦ 返回到"定位"对话框，单击"垂直"按钮 ，接着选择图 4-86a 所示的目标边，并选择图 4-86b 所示的工具边，并在弹出的"创建表达式"对话框中将该尺寸值修改为 50，如图 4-86c 所示，然后在"创建表达式"对话框中单击"确定"按钮。

⑧ 在"定位"对话框中单击"确定"按钮，然后在"矩形腔体"对话框中单击"关闭"按钮 ✕ 来该对话框。完成创建的矩形腔体如图 4-87 所示。

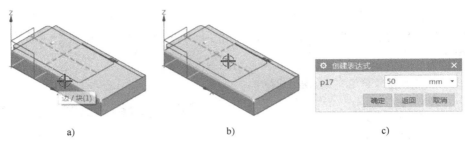

图 4-86　使用"垂直"尺寸工具选择对象来创建定位尺寸

a) 选择目标边/基准　b) 选择工具边　c) 修改定位尺寸

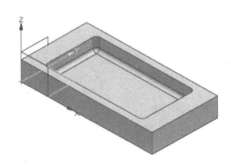

图 4-87　完成创建的矩形腔体

4.4.6　创建垫块

垫块是向实体添加材料，或用沿矢量对截面进行投影生成的面来修改片体。创建垫块的示例如图 4-88 所示。

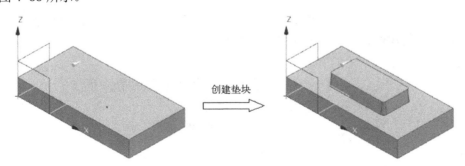

图 4-88　示例：创建垫块

垫块也分成两种，一种是矩形垫块，另一种是常规垫块（一般垫块），前者比较简单且规则，后者则比较复杂但灵活。

在这里主要介绍在实体中创建矩形垫块，其一般操作方法如下。

❶　在"特征"面板中单击"更多"|"垫块"按钮 ，弹出图 4-89 所示的"垫块"对话框。

❷　在"垫块"对话框中选择垫块的类型："矩形"或"常规"。在这里选择垫块的类型

为"矩形"。

③ 选择放置平面或基准面，接着选择水平参考。

④ 在"矩形垫块"对话框中设置长度、宽度、高度、拐角半径和锥角参数，如图 4-90 所示，然后单击"确定"按钮。

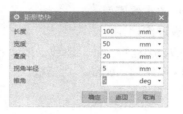

图 4-89 "垫块"对话框   图 4-90 "矩形垫块"对话框

⑤ 系统弹出图 4-91 所示的"定位"对话框，利用该对话框的工具来辅助创建定位尺寸，从而在实体模型中创建垫块。

常规垫块的难度在于形状控制和安放面定义上，它的安放面可以是曲面。要创建常规垫块，则在"垫块"对话框中单击"常规"按钮，打开"常规垫块"对话框，利用该对话框来定义常规垫块，如图 4-92 所示。

图 4-91 "定位"对话框   图 4-92 创建常规垫块

4.4.7 创建螺纹

使用"螺纹"按钮 ，可以将符号或详细螺纹添加到实体的圆柱面。此类螺纹特征的螺纹类型分为两种，一种是符号螺纹，另一种是详细螺纹，前者用符号来表示螺纹，后者则在实体模型上构造真实样式的详细螺纹效果。

下面以一个范例来介绍如何创建详细螺纹特征，而符号螺纹的创建过程也基本类似。

1．打开素材文件

① 在"快速访问"工具栏中单击"打开"按钮 ，弹出"打开"对话框。

② 选择配套的"bc_4_lw.prt"部件文件，单击"OK"按钮。打开的文件中存在着图 4-93 所示的实体模型。

2．创建详细螺纹

① 在功能区"主页"选项卡的"特征"面板中单击"更多"|"螺纹"按钮 ，系统弹出图 4-94 所示的"螺纹"对话框。

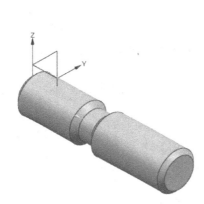

图 4-93　原始实体模型　　　　　　　　图 4-94　"螺纹"对话框

② 在"螺纹"对话框的"螺纹类型"选项组中选择"详细"单选按钮，此时"螺纹"对话框提供的内容如图 4-95 所示。

③ 系统提示选择一个圆柱面。在模型中选择图 4-96 所示的圆柱面。

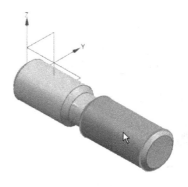

图 4-95　选择"详细"单选按钮　　　　　图 4-96　选择圆柱面

④ 系统提示选择起始面。在模型中选择图 4-97 所示的端面作为螺纹的起始面（鼠标指针所指）。

⑤ 显然，螺纹轴线生成方向不是所需要的，需要反向螺纹轴向。此时在"螺纹"对话框中单击"螺纹轴反向"按钮，使螺纹轴满足设计要求，如图 4-98 所示。然后单击"确定"按钮。

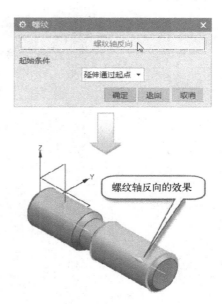

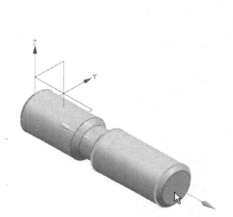

图 4-97　选择端面作为螺纹的起始面　　　　图 4-98　反向螺纹轴

⑥ 分别设置螺纹小径、长度、螺距和角度等，如图 4-99 所示。

⑦ 在"螺纹"对话框中单击"确定"按钮，创建的详细螺纹如图 4-100 所示。

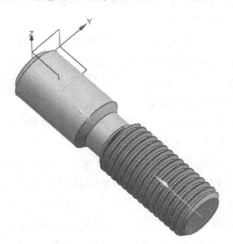

图 4-99　设置螺纹参数　　　　　　　　图 4-100　创建详细螺纹

？**说明**：读者可以在该范例模型中继续练习创建符号螺纹特征。

4.4.8 创建凸起特征

在功能区"主页"选项卡的"特征"面板中单击"更多"|"凸起"按钮，系统将打开图 4-101 所示的"凸起"对话框，利用该对话框用沿着矢量投影截面形成的面修改体，可以选择端盖位置和形状。

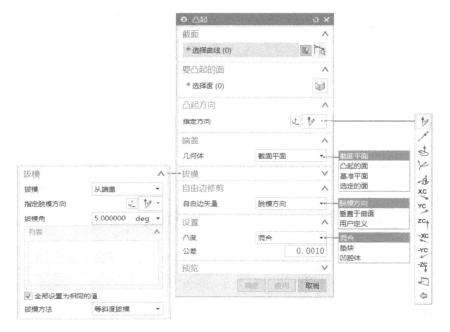

图 4-101 "凸起"对话框

下面以一个范例来介绍如何创建凸起特征，具体的操作步骤如下。

1. 打开素材文件

① 在"快速访问"工具栏中单击"打开"按钮，弹出"打开"对话框。

② 选择配套的"bc_4_tq.prt"，单击"OK"按钮。打开的文件中存在着图 4-102 所示的实体模型和草图曲线。

2. 创建凸起特征

① 在功能区"主页"选项卡的"特征"面板中单击"更多"|"凸起"按钮，系统弹出"凸起"对话框。

② 在选择条的"曲线规则"下拉列表框中选择"相连曲线"选项，接着在绘图区单击曲线中的任意一段，以选中整条相连曲线，如图 4-103 所示。

③ 在"凸起"对话框的"要凸起的面"选项组中单击"要凸起的面"按钮，选择图 4-104 所示的实体曲面（图中鼠标指针所指的实体曲面），同时默认凸起方向。

④ 展开"端盖"选项组，从"几何体"下拉列表框中选择"凸起的面"选项，从"位置"下拉列表框中选择"偏置"选项，在"距离"文本框中输入"5"，如图 4-105 所示。

⑤ 展开"拔模"选项组，从"拔模"下拉列表框中选择"从端盖"选项，取消勾选"全部设置为相同的值"复选框，拔模方法为"真实拔模"，从拔模列表中选择相应的拔模角

度，并修改其各自的拔模角度，如图 4-106 所示。

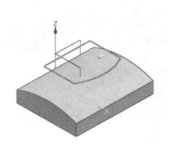

图 4-102 已有的实体模型与曲线

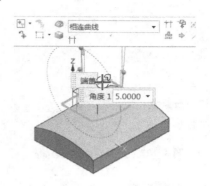

图 4-103 选择截面曲线

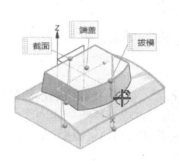

图 4-104 选择要凸起的曲面

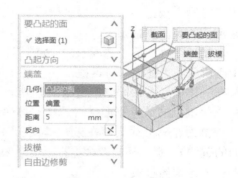

图 4-105 设置端盖选项及参数

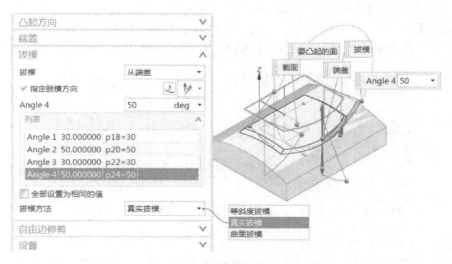

图 4-106 设置拔模选项及其相应的参数等

⑥ 分别设置"自由边修剪"选项组和"设置"选项组中的选项，如图 4-107 所示。

⑦ 在"凸起"对话框中单击"确定"按钮，完成创建该凸起特征后的模型效果如图 4-108 所示。

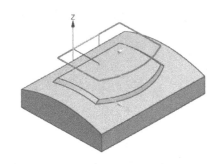

图 4-107　设置自由边修剪等　　　　　图 4-108　完成创建凸起特征

4.4.9　创建键槽

使用"键槽"按钮，可以以直槽形状添加一条通道，使其穿过实体或在实体内部。

创建键槽的操作步骤如下。

① 在功能区"主页"选项卡的"特征"面板中单击"更多"|"键槽"按钮，系统弹出图 4-109 所示的"键槽"对话框。

② 在"键槽"对话框中指定键槽类型。

③ 选择键槽的放置平面（可选择实体面或基准平面），并选择键槽的水平参考。如果要创建的键槽为通槽形式（即在②中勾选"通槽"复选框，以设置将创建一个完全通过两个选定面的键槽），那么还需要根据提示信息来指定贯通面（如起始贯通面和终止贯通面）。

④ 输入键槽的参数。

⑤ 使用"定位"对话框选择定位方式来定位键槽。

下面对键槽类型进行较为详细的介绍。

1. 矩形槽

"矩形槽"用于沿底部创建具有锐边的键槽，如图 4-110 所示，必须指定以下参数。

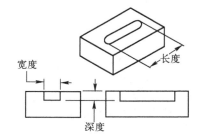

图 4-109　"键槽"对话框　　　　　图 4-110　矩形槽示意

- 宽度：形成键槽的工具的宽度。
- 深度：键槽的深度，按照与键槽轴相反的方向测量，是指原点到键槽底面的距离。此值必须是正的。
- 长度：键槽的长度，按照平行于水平参考方向测量，此值必须是正的。

2. 球形端槽

"球形端槽"用于创建具有球体底面和拐角的键槽，如图 4-111 所示，创建该类型的键槽必须指定以下参数。

● 球直径：键槽的宽度（即刀具的直径）。
● 深度：键槽的深度，按照与键槽轴相反的方向测量，是指原点到键槽底面的距离。此值必须是正的。
● 长度：键槽的长度，按照平行于水平参考的方向测量。此值必须是正的。

注意球形端槽的深度值必须大于球半径（球直径的一半）。

3．U形槽

"U形槽"用于创建一个U形键槽，此类键槽具有圆角和底面半径，如图4-112所示。在创建U形槽的过程中，必须指定以下参数。

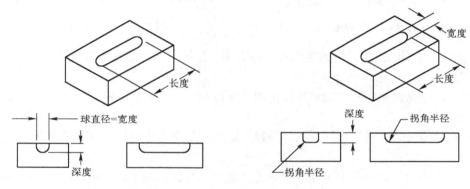

图4-111　球形端槽示意　　　　　图4-112　U形槽示意

● 宽度：键槽的宽度（即切削刀具的直径）。
● 深度：键槽的深度，按照与键槽轴相反的方向测量，是指原点到键槽底面的距离，此值必须是正的。
● 拐角半径：键槽的底面半径（即切削刀具的边半径）。
● 长度：键槽的长度，按照平行于水平参考的方向测量，此值必须是正的。

注意U形槽的深度值必须大于拐角半径值。

4．T形键槽

"T形键槽"用于创建一个横截面为倒转T形的键槽，如图4-113所示。要创建T形键槽，则必须指定以下参数。

● 顶部宽度：狭窄部分的宽度，位于键槽的上方。
● 底部宽度：较宽部分的宽度，位于键槽的下方。
● 顶部深度：键槽顶部的深度，按键槽轴的反方向测量，是指键槽原点到测量底部深度值时的顶部的距离。
● 底部深度：键槽底部的深度，按刀轴的反方向测量，是指测量顶部深度值时的底部到键槽底部的距离。

5．燕尾槽

"燕尾槽"用于创建一个"燕尾"形状的键槽，此类键槽具有尖角和斜壁，如图4-114所示。要创建燕尾槽，则必须指定以下参数。

● 宽度：在实体的面上键槽的开口宽度，按垂直于键槽刀轨的方向测量，其中心位于键槽原点。

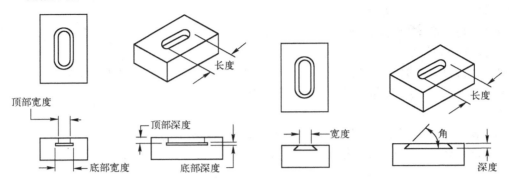

图 4-113　T 形键槽示意　　　　　　图 4-114　燕尾槽示意

● 深度：键槽的深度，按刀轴的反方向测量，是指原点到键槽底部的距离。

● 角度：键槽底面与侧壁的夹角。

下面介绍创建键槽的一个简单操作范例，该范例使用的配套部件文件为"bc_4_jc.prt"。

1. 创建矩形键槽

❶　在功能区"主页"选项卡的"特征"面板中单击"更多"|"键槽"按钮，系统弹出"键槽"对话框。

❷　在"键槽"对话框中确保取消勾选"通槽"复选框，单击"矩形槽"单选按钮。

❸　系统弹出"矩形键槽"对话框，在图 4-115 所示的实体面上单击以选择该实体面作为矩形键槽的放置面。

❹　系统弹出"水平参考"对话框，并提示选择水平参考。在模型中选择图 4-116 所示的侧面定义水平参考。

图 4-115　在实体面上单击以指定放置面

图 4-116　选择水平参考

❺　此时"矩形键槽"对话框如图 4-117 所示，设置"长度"为"120"，"宽度"为"50"，"深度"为"10"，单击"确定"按钮。

❻　系统弹出"定位"对话框。在"定位"对话框中单击"垂直"按钮，在模型中单击图 4-118 所示的边线作为目标边/基准，接着选择图 4-119 所示的轴线作为工具边，然后在弹出的"创建表达式"对话框中设置该定位尺寸（基准到工具边的垂直距离）为"60"，如图 4-120 所示，单击"确定"按钮。

图 4-117 在"矩形键槽"对话框中设置参数

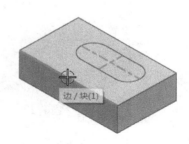

图 4-118 选择目标边/基准

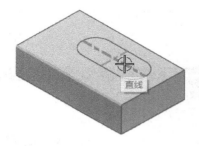

图 4-119 选择工具边

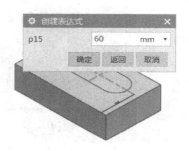

图 4-120 指定定位尺寸值（1）

⑦ 在"定位"对话框中单击"垂直"按钮 ⟨⟩ ，在模型窗口中分别指定目标边（基准）和工具边，以及设定其尺寸值为"100"，如图 4-121 所示。然后单击"创建表达式"对话框中的"确定"按钮。

⑧ 在"定位"对话框中单击"确定"按钮，完成的矩形键槽如图 4-122 所示。

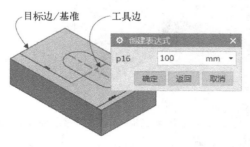

图 4-121 指定定位尺寸值（2）

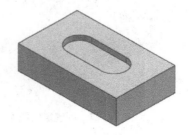

图 4-122 完成矩形键槽

2. 创建燕尾槽通槽

① 在"矩形键槽"对话框中单击"返回"按钮，返回到"键槽"对话框。

② 在"键槽"对话框中勾选"通槽"复选框，选择"燕尾槽"单选按钮。

③ 选择平的放置面，如图 4-123 所示，接着选择水平参考（见图 4-124）。

④ 分别选择起始贯通面和终止贯通面，如图 4-125 所示。

⑤ 输入燕尾槽的参数，如图 4-126 所示，然后单击"确定"按钮。

⑥ 在弹出的"定位"对话框中单击"垂直"按钮 ⟨⟩ ，在模型窗口中分别指定目标边（基准）和工具边，接着设置该定位尺寸为"25"，如图 4-127 所示，然后在"创建表达式"对话框中单击"确定"按钮。

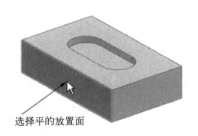

选择平的放置面

图 4-123　选择键槽的放置面

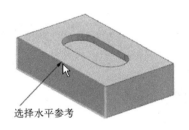

选择水平参考

图 4-124　选择水平参考

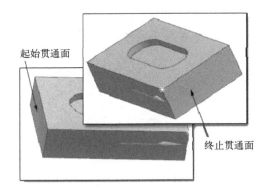

起始贯通面

终止贯通面

图 4-125　选择两个贯通面

燕尾槽		×
宽度	16	mm ▼
深度	10	mm ▼
角度	45	deg ▼
	确定　返回　取消	

图 4-126　输入键槽参数

⑦ 确认定位正确后关闭"燕尾槽"对话框。完成的燕尾槽通槽效果如图 4-128 所示。

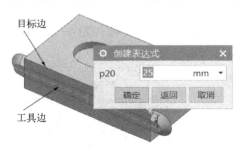

目标边

工具边

图 4-127　创建定位尺寸

创建表达式		×
p20	25	mm ▼
	确定　返回　取消	

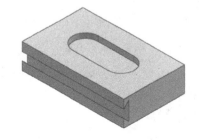

图 4-128　完成燕尾槽通槽效果

4.4.10　创建槽特征

使用"槽（开槽）"命令工具（其对应的工具为"槽"按钮 ▤ ）可以在实体上创建一个类似于车削加工形成的环形槽，如图 4-129 所示。槽（也称开槽）特征分为 3 种类型的槽，即矩形槽（角均为尖角的槽）、球形端槽（底部为球体的槽）和 U 形沟槽（拐角使用半径的槽）。注意"槽（开槽）"命令只能对圆柱面或圆锥面进行操作，而旋转轴是选定面的轴。另外，槽的定位和其他成形特征的定位稍有不同，即只能在一个方向上（沿着目标实体的轴）定位槽，这需要通过选择目标实体的一条边及工具（即槽）的边或中心线来定位槽。

下面以一个范例来介绍创建槽设计特征的典型操作步骤，该范例的源文件为"bc_4_kctz.prt"。

① 在功能区"主页"选项卡的"特征"面板中单击"更多"|"槽"按钮 🗑，弹出图 4-130 所示的"槽"对话框。

图 4-129 槽（开槽）特征示意

图 4-130 "槽"对话框

② 在"槽"对话框中单击"矩形"按钮。

③ 系统提示选择放置面。在模型中单击图 4-131 所示的圆柱面作为槽放置面。

④ 系统弹出"矩形槽"对话框，从中设置槽直径和宽度，如图 4-132 所示，然后单击"确定"按钮。

图 4-131 选择放置面

图 4-132 设置矩形槽参数

⑤ 分别指定目标边（基准）和刀具边，并输入该建立的定位尺寸为"35"，如图 4-133 所示，在"创建表达式"对话框中单击"确定"按钮。

⑥ 单击"关闭"按钮 ⊠ 来关闭"矩形槽"对话框。完成创建的该槽特征（矩形环形槽）如图 4-134 所示。

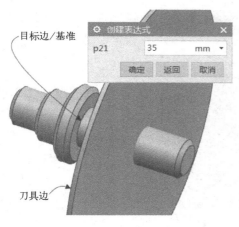

图 4-133 定位槽特征

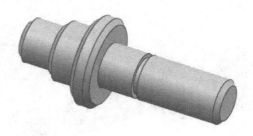

图 4-134 完成槽特征

4.5　实体特征建模综合实战范例

本节介绍一个实体建模综合范例，目的是使读者更好地掌握实体特征建模的思路方法与设计技巧。

本范例要完成的模型为一个轴零件，其完成的模型效果如图 4-135 所示。在该范例中，主要应用到旋转、拉伸、槽、键槽和螺纹特征等。

该轴零件的设计方法和步骤如下。

1．新建所需的文件

❶ 在功能区中打开"文件"选项卡，接着选择"新建"命令，系统弹出"新建"对话框。

❷ 在"模型"选项卡的"模板"列表中选择名称为"模型"的模板，在"新文件名"选项组的"名称"文本框中输入"bc_4fl_zx"，并指定要保存到的文件夹。

❸ 在"新建"对话框中单击"确定"按钮。

2．创建旋转特征

❶ 在功能区"主页"选项卡的"特征"面板中单击"旋转"按钮⚙，系统弹出"旋转"对话框。

❷ 在"旋转"对话框的"截面"选项组中单击"绘制截面"按钮📓，系统弹出"创建草图"对话框。

❸ 从"草图类型"下拉列表框中选择"在平面上"选项，在"草图平面"选项组的"平面方法"下拉列表框选择"创建平面"选项，从"指定平面"下拉列表框中选择"XC-YC 平面"图标选项⧉，如图 4-136 所示，在"创建草图"对话框中单击"确定"按钮。

图 4-135　轴零件　　　　　　　　　　图 4-136　指定平草图平面

④　确保"曲线"面板中的"轮廓"按钮 处于默认被选中的状态，绘制图 4-137 所示的闭合图形。

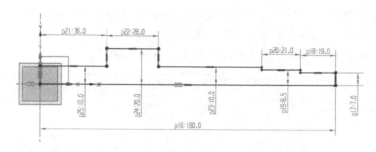

图 4-137　绘制闭合图形

⑤　在"草图"面板中单击"完成草图"按钮 。

⑥　定义旋转轴。从"轴"选项组的"指定矢量"下拉列表框中选择"自动判断的矢量"图标选项 ，在处于指定矢量的状态下选择 X 基准轴或图 4-138 所示的长线段（该线段重合落在 X 轴上）为旋转轴矢量。

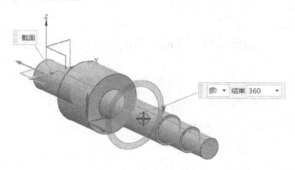

图 4-138　定义旋转轴

⑦　在"限制"选项组中设置开始角度值为"0"，结束角度值为"360"，而"布尔""偏置"和"设置"选项组中的选项接受默认值，如图 4-139 所示。

⑧　单击"旋转"对话框中的"确定"按钮，创建的旋转实体特征如图 4-140 所示。

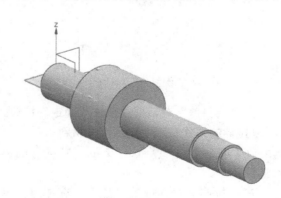

图 4-139　旋转实体相关参数设置　　　　图 4-140　创建旋转实体特征

说明：可以隐藏一个固定基准平面，其方法是在资源区的部件导航器列表中选择
要隐藏的"固定基准平面"特征，接着单击鼠标右键（即右击），然后从弹出来的快捷菜单
中选择"隐藏"命令，从而将该固定基准平面特征隐藏，如图 4-141 所示。在实际设计中，
其他特征的隐藏或重新显示的方法也可以采用如此或类似操作。

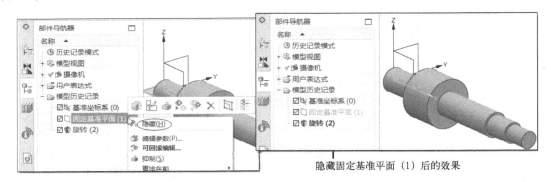

图 4-141　隐藏指定的固定基准平面

3．创建倒斜角特征

① 在功能区"主页"选项卡的"特征"面板中单击"倒斜角"按钮，系统弹出"倒
斜角"对话框。

② 在"倒斜角"对话框中，从"偏置"选项组的"横截面"下拉列表框中选择"对
称"选项，在"距离"文本框中输入"2"，如图 4-142 所示。

③ 选择要倒斜角的边，如图 4-143 所示。

图 4-142　"倒斜角"对话框

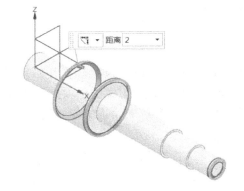

图 4-143　选择要倒斜角的边

④ 在"倒斜角"对话框中单击"确定"按钮。

4．以拉伸的方式在轴上切除实体材料

① 在功能区"主页"选项卡的"特征"面板中单击"拉伸"按钮，系统弹出"拉
伸"对话框。

② 在"拉伸"对话框的"截面"选项组中单击"绘制截面"按钮，弹出"创建草
图"对话框。从"草图类型"下拉列表框中选择"在平面上"选项，在"草图平面"选项组

的"平面方法"下拉列表框中选择"现有平面"选项，在轴模型中单击图 4-144 所示的端面作为草图平面。单击"确定"按钮，进入内部草图任务环境中。

③ 绘制图 4-145 所示的拉伸截面，单击"完成草图"按钮，返回到"拉伸"对话框。

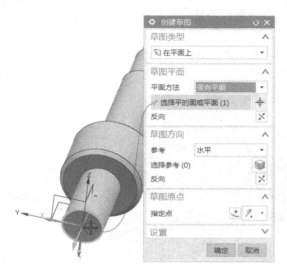

图 4-144 指定草图平面

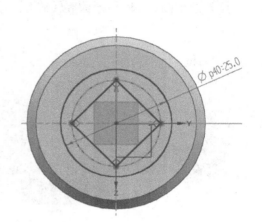

图 4-145 绘制拉伸截面

④ 在"方向"选项组中单击"反向"按钮，接着设置开始距离值为"0"，结束距离值为"25"，默认布尔选项为"自动判断"（即自动判断布尔为"求差"），如图 4-146 所示。

⑤ 在"拉伸"对话框中单击"确定"按钮，完成拉伸切除（求差）的效果如图 4-147 所示。

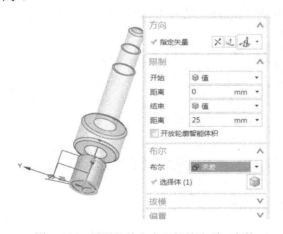

图 4-146 设置拉伸方向及相关选项、参数

图 4-147 拉伸切除的效果

5. 以旋转的方式构建一个类似 U 形的环形槽

① 在功能区"主页"选项卡的"特征"面板中单击"旋转"按钮，系统弹出"旋转"对话框。

② 在"旋转"对话框的"截面"选项组中单击"绘制截面"按钮 🔲，系统弹出"创建草图"对话框。

③ 从"草图类型"下拉列表框中选择"在平面上"选项，在"平面方法"下拉列表框选择"现有平面"选项，在绘图区选择现有基准坐标系中的 XC-YC 平面，在"设置"选项组中勾选"创建中间基准 CSYS"复选框和"关联原点"复选框。在"创建草图"对话框中单击"确定"按钮。

④ 绘制图 4-148 所示的旋转截面，然后单击"完成草图"按钮 🏁。

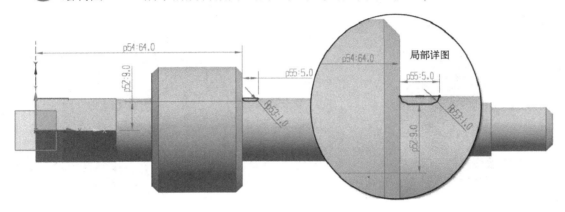

图 4-148　绘制旋转截面

⑤ 系统提示选择对象以自动判断矢量，在现有基准坐标系中选择 X 轴，如图 4-149 所示（可使用"快速拾取"对话框来辅助选择）。

⑥ 在"限制"选项组中设置开始角度为"0"，设置结束角度为"360"。接着在"布尔"选项组的"布尔"下拉列表框中选择"求差"选项，如图 4-150 所示。在"偏置"选项组中设置偏置选项为"无"，在"设置"选项组中设置体类型为"实体"。

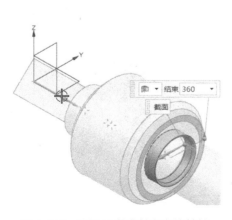

图 4-149　选择 X 基准轴定义旋转轴

图 4-150　设置布尔选项为"求差"等

⑦ 在"旋转"对话框中单击"确定"按钮，完成创建的旋转切除结果如图 4-151 所示。

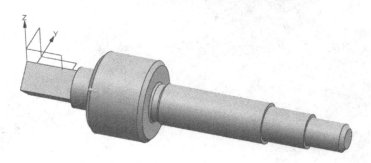

图 4-151 旋转切除出一个环形槽

6. 创建矩形开槽

① 在功能区"主页"选项卡的"特征"面板中单击"更多"|"槽"按钮 ，弹出"槽"对话框。

② 在"槽"对话框中单击"矩形"按钮。

③ 系统提示选择放置面。在模型中单击图 4-152 所示的圆柱面作为槽放置面。

④ 系统弹出"矩形槽"对话框，从中设置槽参数（槽直径和宽度），如图 4-153 所示，然后单击"确定"按钮。

图 4-152 选择放置面   图 4-153 设置矩形槽参数

⑤ 分别指定目标边/基准和刀具边，并输入该建立的定位尺寸为"0"，如图 4-154 所示，在"创建表达式"对话框中单击"确定"按钮。

⑥ 关闭"矩形槽"对话框。完成创建该开槽特征如图 4-155 所示，该开槽作为退刀槽。

7. 创建基准平面

① 在"特征"面板中单击"基准平面"按钮 ，打开"基准平面"对话框。

② 从"类型"下拉列表框中选择"自动判断"，选择基准坐标系中的 XC-YC 坐标平面作为参照对象，设置偏置距离为"6"，平面的数量为"1"，如图 4-156 所示。

③ 在"基准平面"对话框中单击"确定"按钮，创建的基准平面如图 4-157 所示。

8. 创建键槽

① 在"特征"面板中单击"更多"|"键槽"按钮 ，系统弹出"键槽"对话框。

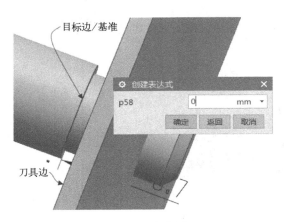

图 4-154　定位槽

图 4-155　完成该退刀槽

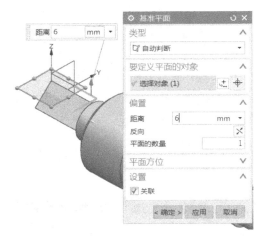

图 4-156　选择对象并设置参数

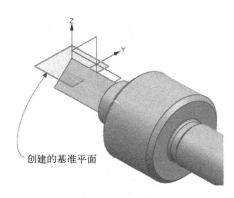

图 4-157　创建好基准平面

② 在"键槽"对话框中取消勾选"通槽"复选框，并单击"矩形槽"单选按钮。

③ 系统弹出"矩形键槽"对话框，在上步骤所创建的基准平面上单击以选择该基准面作为矩形键槽的放置面。单击"翻转默认侧"按钮，操作示意如图 4-158 所示。

④ 系统弹出"水平参考"对话框，并提示选择水平参考。在模型中选择 X 基准轴定义水平参考。

⑤ 在弹出的"矩形键槽"对话框中设置矩形键槽的参数：长度为"13"，宽度为"5"，深度为"5"，单击"确定"按钮。

⑥ 在"定位"对话框中单击"水平"按钮，在轴零件选择目标对象（圆边）并在"设置圆弧的位置"对话框中单击"圆弧中心"按钮，接着在键槽上指定刀具边并在"设置圆弧的位置"对话框中单击"相切点"按钮，如图 4-159 所示。然后在"创建表达式"对话框中输入该定位尺寸为"4"，单击"确定"按钮。

⑦ 在"定位"对话框中单击"垂直"按钮，选择 XC-ZC 坐标平面作为目标基准，选择键槽的一个圆弧边并在弹出的"设置圆弧的位置"对话框中单击"圆弧中心"按钮，输入尺寸值为"0"，单击"确定"按钮。

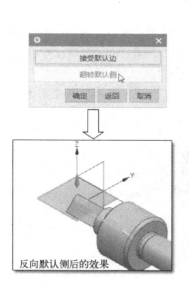

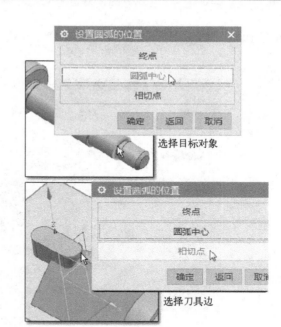

选择目标对象

选择刀具边

图 4-158　反向默认侧　　　　　　　　　　图 4-159　选择目标对象和刀具边

⑧ 在"定位"对话框中单击"确定"按钮，创建的键槽如图 4-160 所示。

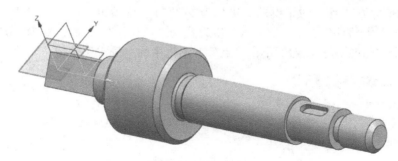

图 4-160　完成创建键槽

说明：也可以采用"拉伸"工具并设置求差布尔运算来完成此键槽结构。

9. 隐藏基准平面

打开资源板的资源条的"部件导航器" 选项卡，在模型历史记录列表中选择要隐藏的基准平面特征，接着右击，打开一个快捷菜单，从中选择"隐藏"命令。

10. 创建孔特征

① 在"特征"面板中单击"孔"按钮 ，弹出"孔"对话框。

② 在"类型"下拉列表框中选择"常规孔"选项。

③ 在"位置"选项组中单击"绘制截面"按钮 ，系统弹出"创建草图"对话框。在"创建草图"对话框的"草图类型"下拉列表框中选择"在平面上"选项，"平面方法"选项

为"现有平面",然后在基准坐标系中单击 XC-ZC 坐标平面,如图 4-161 所示。单击"确定"按钮。

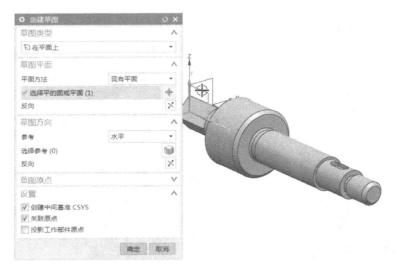

图 4-161　定义草图平面

④　系统弹出"草图点"对话框,在"草图点"对话框中单击"点构造器"按钮⊹,打开"点"对话框。在"点"对话框的"坐标/输入坐标"选项组中,从"参考"下拉列表框中选择"绝对-工作部件"选项,将"X"值设置为"131","Y"值设置为"0","Z"值设置为"0",如图 4-162 所示,然后单击"点"对话框中的"确定"按钮。

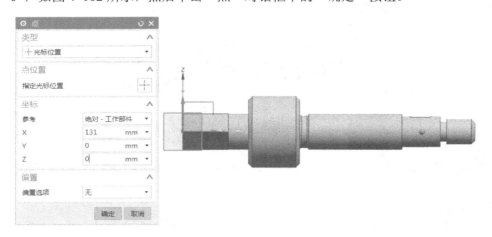

图 4-162　指定点位置

⑤　在"草图点"对话框中单击"关闭"按钮,然后在"草图"面板中单击"完成草图"按钮▨,自动返回到"孔"对话框。

⑥　在"方向"选项组的"孔方向"下拉列表框中选择"沿矢量"选项,从"指定矢量"右侧的下拉列表框中选择"YC 轴"图标⤢,如图 4-163 所示,注意根据实际情况正确设置孔矢量方向。

⑦ 在"形状和尺寸"选项组中，从"形状"下拉列表框中选择"简单孔"，设置"直径"为"3"，"深度限制"为"贯通体"，如图 4-164 所示。

图 4-163 定义孔方向

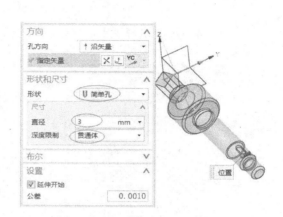

图 4-164 设置简单孔的形状和尺寸参数

⑧ 在"孔"对话框中单击"确定"按钮，完成一个常规简单通孔的创建，如图 4-165 所示（图中隐藏了基准坐标系）。

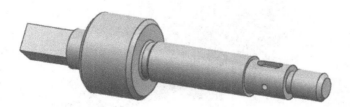

图 4-165 完成一个简单孔

11. 创建螺纹

① 在"特征"面板中单击"更多"|"螺纹"按钮，系统弹出"螺纹"对话框。

② 在"螺纹"对话框中选择"详细"单选按钮，表示将螺纹类型设置为详细螺纹。注意确保旋转方式选项为"右旋"。

③ 选择图 4-166 所示的圆柱面。

④ 在"螺纹"对话框中单击"选择起始"按钮，选择图 4-167 所示的端面作为螺纹的起始面，确保螺纹轴方向是所需要的，单击"确定"按钮。

⑤ 在"螺纹"对话框中分别设置小径、长度、螺距和角度，如图 4-168 所示。

⑥ 在"螺纹"对话框中单击"确定"按钮，完成的螺纹立体效果如图 4-169 所示。

12. 保存文件

至此，完成的轴零件如图 4-170 所示。单击"保存"按钮来保存该模型文件。

图 4-166　选择圆柱面

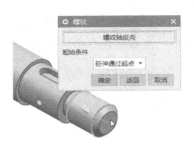

图 4-167　选择起始面

图 4-168　设置螺纹参数

图 4-169　完成螺纹立体效果

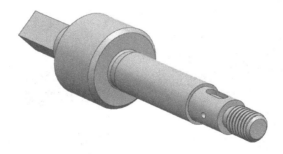

图 4-170　范例完成效果

4.6　本章小结

　　NX 10.0 的特征建模功能是很强大且实用的。本章首先介绍实体建模入门，接着介绍创建设计特征中的体素特征，以及介绍扫掠特征和基本成形设计特征，最后介绍实体特征建模综合范例。体素特征属于基本解析形式的实体对象，它主要包括长方体、圆柱体、圆锥体和球体。创建的体素特征多用作零件的毛坯形体。通常将体素特征看作是设计特征的范畴，除了可以使用位于功能区上相应工具按钮创建体素特征之外，亦可使用相应的菜单命令来创建体素特征，创建体素特征的菜单命令位于"菜单"|"插入"|"设计特征"级联菜单中，如果当前"插入"|"设计特征"级联菜单中没有体素特征的相关创建命令，那么可以通过"菜

单"|"工具"|"定制"命令来将体素特征的相关创建命令添加进来（其他设计特征的添加方法也一样）。用于创建各类扫掠特征的命令包括"扫掠""沿引导线扫掠""变化扫掠"和"管道"。基本成形设计特征包括拉伸特征、旋转特征、孔特征、凸台特征、腔体特征、垫块特征、螺纹特征、凸起特征、键槽和槽特征等。

4.7　思考练习

1）什么是体素特征？有哪些体素特征的创建方法？

2）用于创建各类扫掠特征的命令有哪些？请分别举例来练习这些扫掠命令的用法。

3）可以创建哪些类型的孔特征？

4）螺纹类型有哪两种？请举例说明如何创建这两种类型的螺纹。

5）上机练习：请创建图 4-171 所示的实体模型，具体形状尺寸由读者根据效果图自行确定。

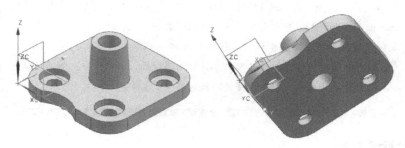

图 4-171　练习：实体模型 1

6）上机练习：请创建图 4-172 所示的实体模型，具体形状尺寸由读者根据效果图自行确定。

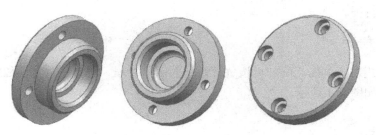

图 4-172　练习：实体模型 2

7）什么是凸起特征？如何创建凸起特征（请举例辅助说明）？

8）扩展学习：在 NX 10.0 中，还提供了"偏置凸起"按钮 📄、"筋板"按钮 📄和"三角形加强筋"按钮 📄，请在课外查阅相关资料或参照其他设计特征的操作步骤来研习这几个工具按钮的用法。

第5章 特征操作及编辑

本章导读：

在实际设计工作中，经常要修改各种实体模型或特征，编辑特征中的各种参数。

本章重点介绍特征操作及编辑的基础与应用知识，具体包括细节特征、布尔运算、抽壳、关联复制、特征编辑。其中细节特征包括倒斜角、边倒圆、面倒圆和拔模；布尔运算的方式包括"求和""求差"和"求交"；关联复制包括阵列特征、镜像特征、镜像几何体、抽取几何特征、阵列几何体等；编辑特征的知识包括编辑特征参数、编辑位置、移动特征、替换特征、特征重排序、由表达式抑制、特征回放和实体密度等。

5.1 细节特征

细节特征包括倒斜角、边倒圆、面倒圆、样式圆角、样式拐角和拔模等，应用这些细节特征有助于改善零件的制造和使用工艺。本节介绍其中常用的倒斜角、边倒圆、面倒圆和拔模这4类细节特征。

5.1.1 倒斜角

倒斜角是指对实体面之间的锐边进行倾斜的倒角处理，是一种常见的边特征操作。倒斜角的典型示例如图5-1所示。

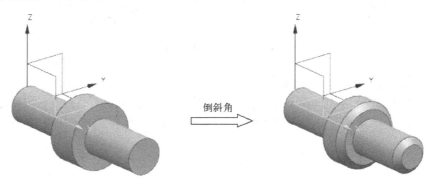

图5-1 示例：倒斜角

在功能区"主页"选项卡的"特征"面板中单击"倒斜角"按钮，打开图 5-2 所示的"倒斜角"对话框。

下面结合图例分别介绍使用 3 种横截面偏置方法之一的倒斜角。

1．对称

在"偏置"选项组的"横截面"下拉列表框中选择"对称"选项时，只需设置一个距离参数，从边开始的两个偏置距离相同，这就意味着在互为垂直的相邻两面间建立的斜角为45°，如图 5-3 所示。

图 5-2 "倒斜角"对话框

图 5-3 对称偏置的倒斜角

2．非对称

从"偏置"选项组的"横截面"下拉列表框中选择"非对称"选项时，需要分别定义距离 1 和距离 2，两边的偏距值可以不一样，如图 5-4 所示。如果发现设置的距离 1 和距离 2偏置方位不对，可以单击"反向"按钮来切换。

3．偏置和角度

从"偏置"选项组的"横截面"下拉列表框中选择"偏置和角度"选项时，需要分别指定一个偏置距离和一个角度参数，如图 5-5 所示。如果需要，则可以单击"反向"按钮来切换该倒斜角的另一个解。当将斜角度设置为 45°时，则得到的倒斜角效果和对称倒斜角的效果相同。

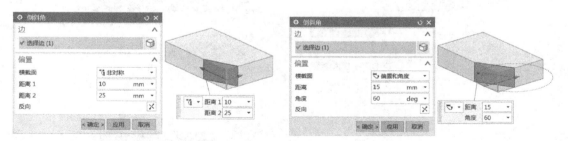

图 5-4 非对称偏置的倒斜角　　　　　图 5-5 设置偏置和角度的倒斜角

5.1.2 边倒圆

边倒圆是指对选定面之间的锐边进行倒圆处理，其半径可以是常数或变量。对于凹边，边倒圆操作会添加材料；对于凸边，边倒圆操作会减少材料。在实体模型中创建边倒圆的典型示例如图 5-6 所示。

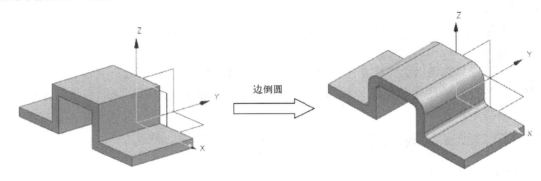

边倒圆

图 5-6   示例：边倒圆

　　要在实体模型上创建边倒圆，则在功能区"主页"选项卡的"特征"面板中单击"边倒圆"按钮，系统弹出图 5-7 所示的"边倒圆"对话框。圆角混合面连续性的形式有两种，即"G1（相切）"和"G2（曲率）"。对于"G1（相切）"，需要设置圆角形状为"圆形"或"二次曲线"，以及设置指定圆角形状的相应参数；对于"G2（曲率）"，需要设置半径 1 和 Rho1 参数值。指定混合面连续性后，在绘图窗口中选择要倒圆的边，并设置圆角形状以及参数，接着在"边倒圆"对话框中分别设置其他参数，例如可变半径点、拐角倒角、拐角突然停止、修剪、溢出解等，然后单击"确定"按钮或"应用"按钮即可。

　　说明：如果在"要倒圆的边"选项组中单击被激活的"添加新集"按钮，那么新建一个倒圆角集，当在列表中选择此倒圆角集时，可为该集选择一条或多条边。不同的倒圆角集，其倒圆半径可以不同，如图 5-8 所示。在实际设计中，巧妙地将利用倒圆角集来管理边倒圆，可以给以后的更改设计带来便利，例如以后修改了某倒圆角集的半径，则该集的所有边倒圆均发生一致变化，而其他集则不受控制。如果要删除在倒圆角集列表中选定的某倒圆角集，则只需单击"移除"按钮即可。

图 5-7   "边倒圆"对话框　　　　　　　　　　图 5-8   添加新集

除了可以创建恒定半径的边倒圆和变半径的边倒圆之外，还可以创建具有指定边长度的边倒圆，它是对一条边中的部分长度进行倒圆，这需要使用"边倒圆"对话框中的"拐角突然停止"选项组来分别指定端点和停止位置等，如图5-9所示。

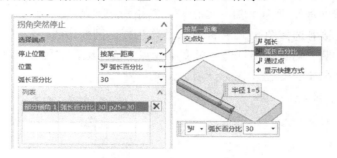

图5-9 指定边倒圆长度位置

下面介绍一个创建边倒圆的范例。

1．新建文件及创建一个长方体实体模型

① 在功能区的"文件"选项卡中选择"新建"命令，系统弹出"新建"对话框。

② 在"模型"选项卡的"模板"列表中选择名称为"模型"的模板，在"新文件名"选项组的"名称"文本框中输入"bc_5x_bdy"，并指定要保存到的文件夹。

③ 在"新建"对话框中单击"确定"按钮。

④ 在功能区"主页"选项卡的"特征"面板中单击"更多"|"块"按钮，创建一个长度为108、宽度为42和高度为20的长方体，模型效果如图5-10所示。

2．创建恒定半径的边倒圆

① 在功能区"主页"选项卡的"特征"面板中单击"边倒圆"按钮，系统弹出"边倒圆"对话框。

② 在"要倒圆的边"选项组的"混合面连续性"下拉列表框中选择"G1（相切）"选项，接着从"形状"下拉列表框中选择"圆形"，在"半径 1"文本框中输入圆角半径为"10"，接着选择要倒圆的多条边（4条侧边），如图5-11所示。

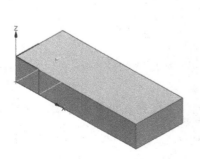

图5-10 创建一个长方体模型

图5-11 选择要倒圆的边参照

③ 在"边倒圆"对话框中单击"确定"按钮。

3．创建具有可变半径的边倒圆

① 在"特征"面板中单击"边倒圆"按钮 🔲，系统弹出"边倒圆"对话框。

② 默认混合面连续性为"G1（相切）"，圆角形状选项为"圆形"，将新集的默认圆角半径设置为"3"，接着选择图 5-12 所示的边线作为要倒圆的边线。

③ 在"边倒圆"对话框中打开"可变半径点"选项组，如图 5-13 所示，从一个下拉列表框中选择"点在曲线/边上"图标选项 ✐。

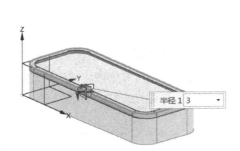

图 5-12　选择要倒圆的边线　　　　　　　　图 5-13　为圆角控制点指定位置

④ 在图 5-14 所示的模型边线上单击，接着设置该点处的半径为"6"，位置选项为"弧长百分比"，"弧长百分比"值为"50"。

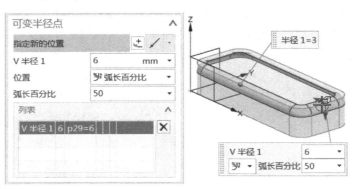

图 5-14　指定一个可变半径点

❓**说明**：在"可变半径点"选项组的"位置"下拉列表框中，可供选择的位置选项有"弧长""弧长百分比"和"通过点"，选择不同的位置选项，将设置不同的位置参数和半径参数等。

使用同样的方法，在模型中指定其他 3 个可变半径点，并设置相应的参数，如图 5-15 所示。

⑤ 在"边倒圆"对话框中单击"确定"按钮，创建可变倒圆的效果如图 5-16 所示。

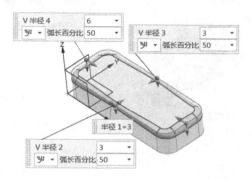 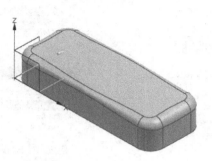

图 5-15　指定其他 3 个可变半径点及相应的参数　　　图 5-16　创建可变倒圆角

5.1.3　面倒圆

面倒圆是指在选定面组（实体或片体的两组表面）之间添加相切圆角面，其圆角形状可以是圆形、二次曲线或规律控制。

面倒圆操作的步骤如下。

① 在功能区"主页"选项卡的"特征"面板中单击"面倒圆"按钮 🗼，系统弹出图 5-17 所示的"面倒圆"对话框。

② 在"类型"选项组的类型下拉列表框中选择"两个定义面链"选项或"三个定义面链"选项，接着分别定义面链（选择"两个定义面链"选项时需要指定面链 1 和面链 2；选择"三个定义面链"选项时需要分别指定面链 1、面链 2 和中间的面或平面），以及设置其方向（要求各组面矢量方向一致），然后定制倒圆横截面，必要时设置约束和限制几何体、修剪和缝合选项等。

③ 在"面倒圆"对话框中单击"确定"按钮或"应用"按钮。

图 5-18 所示为面倒圆的一个典型示例。在该示例中，面倒圆的类型选项为"两个定义面链"，倒圆"截面方向"为"滚球"，横截面"形状"为"圆形"，"半径方法"为"规律控制"，选择所需的边线定义脊线，将规律类型设置为"线性"，将半径起点值设置为"5"，半径终点值设置为"12"。

🔘 **说明**：在"面倒圆"对话框的"面链"选项组中单击"反向"按钮 ⊠，可以改变相应面组的矢量方向。注意只有当两组面矢量方向一致时（以两个定义面链为例），才可以完成面倒圆操作。

5.1.4　拔模

铸造时为了从砂型中取出模样而不破坏砂型，往往零件毛坯设计有上大下小的锥度，这便形成了所谓的"拔模斜度"。在模具设计中，拔模是为了保证模具在生产零件的过程中能够使零件顺利脱模。当然在高精度零件中，只要模具型腔和型芯表面粗糙度很小（用精密抛光或工艺磨床），不用拔模或拔模斜度很小也能顺利脱模，这通常要合理设计顶杆。

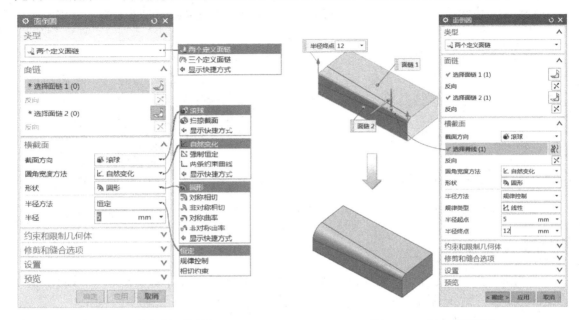

图 5-17 "面倒圆"对话框　　　　　　　　图 5-18 示例：面倒圆

要创建拔模特征，则在功能区"主页"选项卡的"特征"面板中单击"拔模"按钮 ，打开图 5-19 所示的"拔模"对话框。

图 5-19 "拔模"对话框

在"类型"下拉列表框中指定拔模类型，例如将拔模类型设置为"从平面或曲面""从边""与多个面相切"或"至分型边"。图 5-20～图 5-23 分别为"从平面或曲面"拔模、"从边"拔模、"与多个面相切"拔模或"至分型边"拔模的典型示例。

5.1.5 其他细节特征

在上边框条中单击"菜单"按钮 菜单(M)·，接着可以展开"插入"｜"细节特征"级联菜单，该级联菜单还提供了其他几种细节特征的创建命令，如"样式倒圆""美学面倒圆""样式拐角"和"拔模体"等，它们的功能含义如下（本书要求初学者大致了解"样式倒圆"

"美学面倒圆""样式拐角"和"拔模体"这4个细节特征的功能用途)。

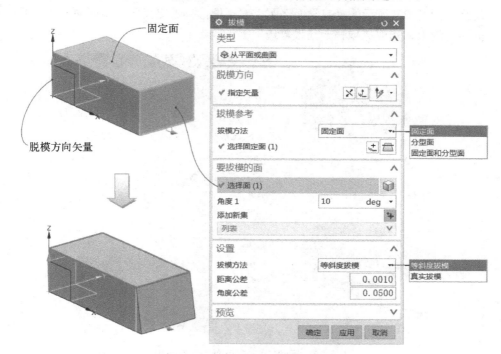

图5-20 示例:"从平面或曲面"拔模

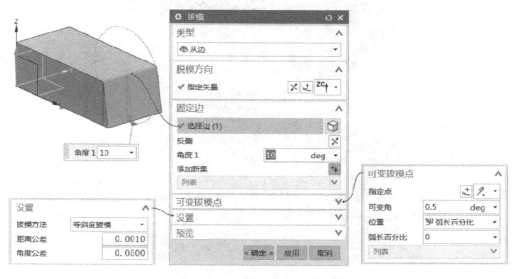

图5-21 示例:"从边"拔模

- "样式倒圆":倒圆曲面并将相切和曲率约束应用到圆角的相切曲线。该命令相应的工具按钮为 。选择此命令,系统弹出图5-24所示的"样式圆角"对话框,可以根据需要采用"规律""曲线"或"轮廓"类型来定义样式圆角。
- "美学面倒圆":在圆角的圆角切面处施加相切或曲率约束时倒圆曲面,其圆角截面形状可以是圆形、锥形或切入类型。该命令对应的工具按钮为 🖫。选择此命令，系统弹出图 5-25 所示的"美学面倒圆"对话框，接着定义面链、截面方向、切线、横截面、约束、修剪选项和一些设置选项等。

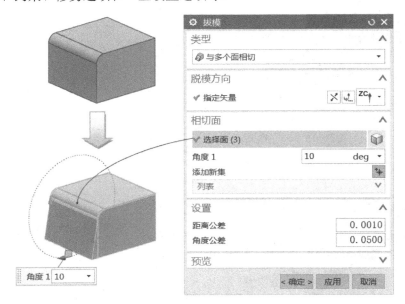

图 5-22　示例："与多个面相切"拔模

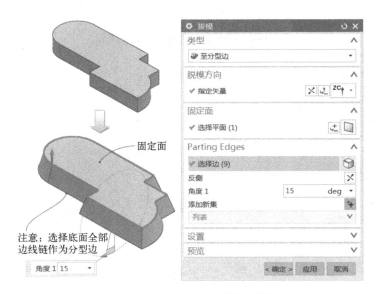

图 5-23　示例："至分型边"拔模

- "样式拐角"：在即将产生的三个弯曲曲面的投影交点创建一个精确、美观的 A 类拐角（一流质量拐角）。该命令相应的工具按钮为 🦅。选择此命令，系统弹出图 5-26 所示的"样式拐角"对话框，接着分别利用相应的选项组来定义相应的内容即可。
- "拔模体"：在分型面的两侧添加并匹配拔模，用材料自动填充底切区域。

图 5-24 "样式圆角"对话框

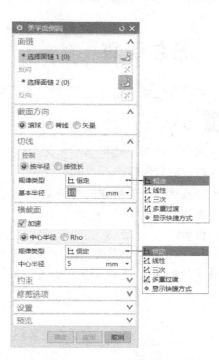

图 5-25 "美学面倒圆"对话框

图 5-26 "样式拐角"对话框

5.2 布尔运算

布尔运算包括求和（即合并）、求差和求交。

5.2.1 求和

求和是指将两个或更多个实体的体积合并为单个体。下面以一个简单范例来介绍如何进行"求和"运算操作。

① 假设在一个新建的模型文件中建立图 5-27 所示的 3 个独立实体，其中两个圆柱实体（实体 B 和实体 C）与最大实体（实体 A）之间均存在着相交体积块。配套练习文件为"bc_5_qh.prt"。

② 在功能区"主页"选项卡的"特征"面板中单击组合下拉菜单中的"合并"按钮，系统弹出图 5-28 所示的"合并"对话框。

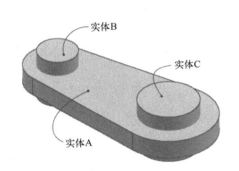

图 5-27 3 个独立的实体

图 5-28 "合并"对话框

③ 选择目标体。选择实体 A 作为目标体。

④ 选择工具体。选择两个圆柱实体（实体 B 和实体 C）作为工具体。工具体可以是一个对象，也可以是多个对象。

⑤ 在"区域"选项组中设定"定义区域"复选框的状态，当勾选"定义区域"复选框时，构造并允许选择要保留或移除的体区域。在本例中取消勾选"定义区域"复选框。接着在"设置"选项组中设置"保存目标"和"保存工具"这两个复选框的状态，并设置公差值。在这里均不勾选"保存目标"和"保存工具"这两个复选框。

⑥ 在"合并"对话框中单击"确定"按钮，从而完成将实体 A 和两个圆柱实体（实体 B 和实体 C）组成一个单一的实体对象。

5.2.2 求差

求差是指从一个实体的体积中减去另一个的，留下一个空体。下面以一个简单范例来介绍如何进行"求差"运算操作。

① 还是以图 5-27 所示的实体 A、实体 B 和实体 C 为例，配套练习文件为

"bc_5_qc.prt"。

② 在功能区"主页"选项卡的"特征"面板中单击组合下拉菜单中的"减去（求差）"按钮 ，系统弹出图 5-29 所示的"求差"对话框。

③ 选择目标体。选择实体 A 作为目标体。目标体只能是一个对象。

④ 选择一个或多个工具体（也称刀具体）。选择实体 B 和实体 C 作为工具体。

⑤ 在"设置"选项组中设置"保存目标"和"保存工具"这两个复选框的状态，并设置公差值。在这里均不勾选"保存目标"和"保存工具"这两个复选框。

⑥ 在"求差"对话框中单击"确定"按钮，得到的求差结果如图 5-30 所示。

图 5-29 "求差"对话框

图 5-30 求差结果

5.2.3 求交

求交是指创建一个体，它包含两个不同的体共享的体积。下面以一个简单范例来介绍如何进行"求交"运算操作。

① 假设在一个新建的模型文件中建立图 5-31 所示的一个球体和长方体，该球体和长方体具有相交的体积块。

② 在功能区"主页"选项卡的"特征"面板中单击组合下拉菜单中的"相交（求交）"按钮 ，系统弹出图 5-32 所示的"求交"对话框。

图 5-31 单独的球体和单独的长方体

图 5-32 "求交"对话框

③ 选择目标体。选择长方体作为目标体。

④ 选择一个或多个工具体（也称刀具体）。本例选择球体作为工具体。

⑤ 在"设置"选项组中设置"保存目标"和"保存工具"这两个复选框的状态，并设置公差值。在这里均不勾选"保存目标"和"保存工具"这两个复选框。

⑥ 在"求交"对话框中单击"确定"按钮，得到的求交结果如图 5-33 所示。

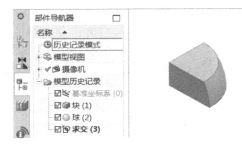

图 5-33　求交结果

5.3　抽壳

可以通过应用壁厚并打开选定的面来修改实体，这就是抽壳的设计理念，示例如图 5-34 所示。抽壳的壳体可以具有单一的壁厚，也可以为指定面设定其他壁厚（抽壳练习文件为"bc_5_ck.prt"）。

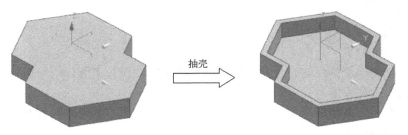

图 5-34　抽壳示例

从功能区"主页"选项卡的"特征"面板中单击"抽壳"按钮，系统弹出图 5-35 所示的"壳"对话框。利用该对话框，设置抽壳类型、要穿透的面、厚度和备选厚度等。

图 5-35　"壳"对话框

下面介绍一下两种典型的抽壳类型，包括"移除面，然后抽壳"和"对所有面抽壳"。

1．"移除面，然后抽壳"类型

使用此抽壳类型方法所创建的壳体具有开口造型。选择"移除面，然后抽壳"类型时，需要定义如下几个方面。

- 在模型中选择要冲裁的面，即要穿透的面（俗称为"开口面"）。
- 定义厚度。如果要改变厚度的生成方向，则在"厚度"选项组中单击"反向"按钮 ⊠ 。
- 如果要为其他面指定不同的厚度，则在"壳"对话框中展开"备选厚度"选项组，单击该选项组中的"面"按钮 ⬟ ，接着选择要为其指定不同厚度的面，并设置相应的厚度，必要时可更改默认的厚度方向。

采用"移除面，然后抽壳"类型进行抽壳操作的典型示例如图 5-36 所示。在该示例中，基本壁厚为 4.8，而将底面的厚度设置为 6.9。

2．"对所有面抽壳"类型

如果要创建没有开口的壳体，那么可以采用"对所有面抽壳"类型方法来对实体进行抽壳。进行"对所有面抽壳"操作时，需要选择要抽壳的体，以及设置厚度和加厚方向等，如图 5-37 所示，必要时也可以设置备选厚度等参数。

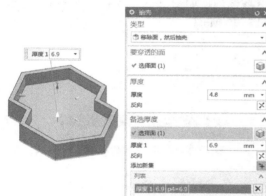

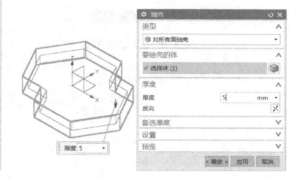

图 5-36　示例：移除面，然后抽壳　　　　　　图 5-37　抽壳所有的面

5.4　关联复制

关联复制操作的命令主要包括"抽取几何特征""阵列特征""阵列面""镜像特征""镜像面""镜像几何体""阵列几何特征"和"提升体"。

5.4.1　抽取几何特征

"抽取几何特征"的思路是：为同一部件中的体、面、曲线、点和基准创建关联副本，并为体创建关联镜像副本。"抽取体"的操作步骤简述如下。

❶ 在功能区"主页"选项卡的"特征"面板中单击"抽取几何特征"按钮 ⅀ ，或者在上边框条中单击"菜单"按钮 菜单(M) 并选择"插入"|"关联复制"|"抽取几何特征"命令，系统弹出图 5-38 所示的"抽取几何特征"对话框。

图 5-38 "抽取几何特征"对话框

② 在"抽取几何特征"对话框的"类型"下拉列表框中选择"复合曲线""点""基准""面""面区域""体"或"镜像体"抽取类型，接着根据所选择的抽取类型来选定相应的参照等。例如，当选择"体"抽取类型时，需要选择要复制的体；当选择"面区域"抽取类型时，需要分别指定种子面、边界面以及设置区域选项，如图 5-39 所示；当选择"复合曲线"抽取类型时，需要选择要复制的曲线，如图 5-40 所示。

图 5-39 采用"面区域"抽取类型

图 5-40 采用"复合曲线"抽取类型

③ 在"设置"选项组中设置相关复选框。其中，对于"面"或"面区域"抽取类型而言，可在"设置"选项组中设置"关联""固定于当前时间戳记""隐藏原先的""删除孔"和"使用父部件的显示属性"这些复选框的状态；对于"体"抽取类型，则在"设置"选项组中设置"关联""固定于当前时间戳记""隐藏原先的""使用父部件的显示属性"和"复制螺纹"这些复选框的状态；对于"复合曲线"抽取类型，在"设置"选项组中设置关联性，指定是否隐藏原先的和允许自相交，设定连结曲线选项为"否""三次""常规"或"五

次"，以及设置是否使用父部件的显示属性；对于"点"抽取类型，在"设置"选项组中设置"关联""在点之间绘制直线"和"使用父部件的显示属性"这些复选框的状态；对于"基准"抽取类型，则在"设置"选项组中设置"关联""隐藏原先的"和"使用父部件的显示属性"等；对于"镜像体"抽取类型，则设置"关联""固定于当前时间戳记"和"复制螺纹"这些复选框的状态，以及指定特征选项为"所有体对应一个特征"或"每个体对应单独特征"。

④ 在"抽取几何特征"对话框中单击"确定"按钮或"应用"按钮。

"抽取几何特征"操作的示例图解如图 5-41 所示（配套操练文件为"bc_5_cqjhtz.prt"）。在该示例中，将抽取类型设置为"面"，从"面"选项组的"面选项"下拉列表框中选择"面链"，在实体中单击选择要复制的一个面，接着在"设置"选项组中勾选"关联"复选框、"固定于当前时间戳记"复选框、"隐藏原先的"复选框和"删除孔"复选框，然后单击"确定"按钮，从而完成抽取面的操作。

图 5-41 "抽取几何特征"操作的示例

5.4.2 阵列特征

使用"阵列特征"按钮 ，可以将特征复制到许多阵列或布局（线性、圆形或多边形等）中，并有对应阵列边界、实例方位、旋转和变化的各种选项。

从功能区"主页"选项卡的"特征"面板中单击"阵列特征"按钮 ，系统弹出图 5-42 所示的"阵列特征"对话框，接着利用该对话框，选择要形成阵列的特征，指定参考点，进行阵列定义，设置阵列方法等，从而完成对特征形成图样操作。阵列方法主要有"变化"和"简单"两种。

在"阵列特征"对话框的"阵列定义"选项组中，可以根据设计情况，从"布局"下拉列表框中选择其中一种布局选项（可供选择的布局选项包括"线性""圆形""多边形""螺旋式""沿""常规"和"参考"），并设置该布局相应的阵列定义参照与参数。下面介绍各布局选项的功能含义。

图 5-42 "阵列特征"对话框

1. 线性

选择"线性"布局时，使用一个或两个线性方向定义布局。创建线性阵列图样的典型范例如下。

① 打开随光盘附带的"bc_5_sltz_1.prt"文件，该文件中存在图 5-43 所示的实体模型特征。

② 从功能区"主页"选项卡的"特征"面板中单击"阵列特征"按钮🔘，系统弹出"阵列特征"对话框。

③ 系统提示选择要形成阵列的特征。在本例中在部件导航器的模型历史记录中选择"拉伸（2）"特征，或者在模型窗口中选择"拉伸（2）"特征。

④ 在"阵列定义"选项组的"布局"下拉列表框中选择"线性"选项。

⑤ 在"阵列定义"选项组的"方向 1"子选项组中选择"XC 轴"图标选项ˣᶜ以定义方向 1 矢量，"间距"选项为"数量和节距"，"数量"为"6"，"节距"为"25"；在"方向 2"子选项组中勾选"使用方向 2"复选框，选择"YC 轴"图标选项ʸᶜ，"间距"选项也为"数量和节距"，方向 2 的"数量"为"3"，"节距"为"38"，如图 5-44 所示。

⑥ 在"阵列方法"选项组的"方法"下拉列表框中选择"变化"选项，如图 5-45 所示。

⑦ 单击"确定"按钮，完成创建线性阵列的结果如图 5-46 所示。

2. 圆形

选择"圆形"布局选项时，使用旋转轴和可选的径向间距参数定义布局。创建圆形阵列图样特征的典型示例如图 5-47 所示。

上述圆形阵列特征的创建步骤如下。

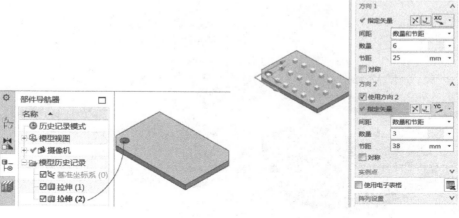

图 5-43 已有的实体模型　　　　　　图 5-44 阵列定义

图 5-45 设置阵列方法的方法选项

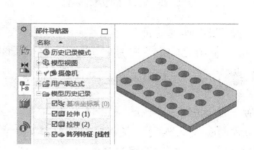

图 5-46 完成创建线性阵列

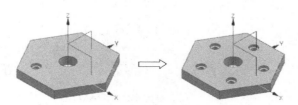

图 5-47 典型示例：创建圆形阵列实例

① 打开随书光盘附带的"bc_5_slzl_2"部件文件，该部件文件中存在图 5-48 所示的实体模型。

② 从功能区"主页"选项卡的"特征"面板中单击"阵列特征"按钮 ，系统弹出"阵列特征"对话框。

③ 选择沉头孔作为要形成阵列的特征。

④ 在"阵列定义"选项组的"布局"下拉列表框中选择"圆形"选项。

⑤ 在"旋转轴"子选项组中选择"ZC 轴"图标选项 ，从"指定点（轴点）"下拉列表框中"圆弧中心/椭圆中心/球心" ，并在模型中选择中心圆以获取其圆心作为轴点；在"角度方向"子选项组中，将"间距"选项设置为"数量和跨距"，"数量"为"5"，"跨角"为"360"，如图 5-49 所示。

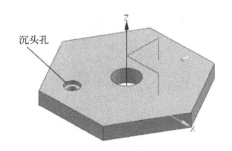

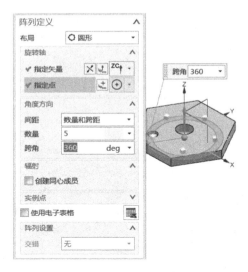

图 5-48 已有的实体模型　　　　　　　图 5-49 圆形阵列定义

⑥ 在"阵列特征"选项组的"方法"下拉列表框中选择"变化"选项。

⑦ 单击"确定"按钮，完成创建的圆形阵列结果如图 5-50 所示。

说明：对于圆形阵列布局，如果在"阵列特征"对话框的"阵列定义"选项组的"辐射"子选项组（子选项区域）中勾选"创建同心成员"复选框，则可以在另一个方向（径向方向）定义阵列以获得辐射状的阵列效果，如图 5-51 所示，此时需要设置辐射的径向间距参数等，并可以设置是否包含第一个圆。

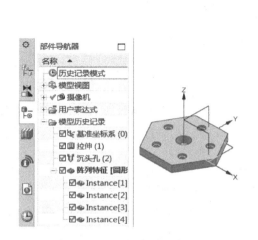

图 5-50 完成创建圆形阵列　　　　　图 5-51 设置辐射参数（径向方向的阵列参数）

3．多边形

选择"多边形"布局时，使用正多边形定义参数和可选的径向间距参数（在"辐射"子选项组中勾选"创建同心成员"复选框时）定义布局。典型示例如图 5-52 所示（配套的练习素材为"bc_5_slzl_3.prt"部件文件）。

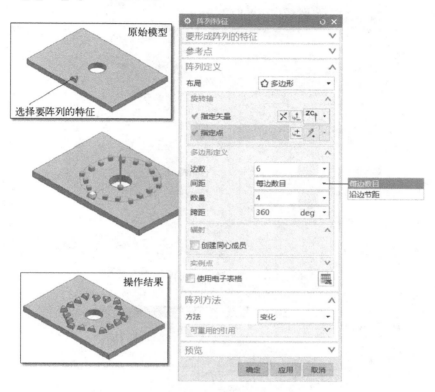

图 5-52　创建多边形布局形式的阵列特征图例

4．螺旋式

选择"螺旋式"布局选项时，使用螺旋路径定义布局。其典型示例如图 5-53 所示。

5．沿

选择"沿"布局选项时，将定义这样一个布局：该布局遵循一个连续的曲线链和可选的第二曲线链或矢量。其典型示例如图 5-54 所示。

6．常规

选择"常规"布局选项时，如图 5-55 所示（注意"阵列定义"选项组提供的选项参数），使用按一个或多个目标点或坐标系定义的位置来定义布局。

7．参考

选择"参考"布局选项时，使用现有阵列的定义来定义布局。从图 5-56 所示的对话框中可以看出，在选择要形成阵列的特征之后，需要选择要参考的阵列，以及选择参考阵列的基本实例手柄以用作阵列的开始位置等。

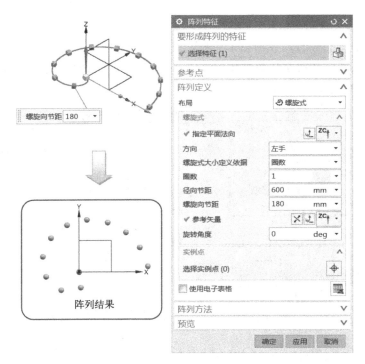

图 5-53　示例：创建螺旋式的阵列特征实例

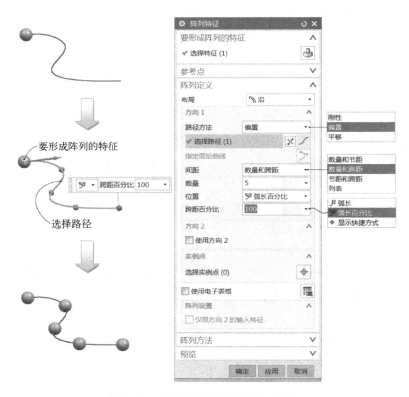

图 5-54　阵列特征示例（"沿"布局）

图 5-55 选择"常规"布局时

图 5-56 选择"参考"布局时

5.4.3 阵列面

　　UG NX 10.0 中的"阵列面"工具命令是很实用的,其功能是使用阵列边界、实例方位、旋转和删除等各种选项将一组面复制到许多阵列或布局(线性、圆形、多边形等),然后将它们添加到体中。"阵列面"工具命令在功能使用上与"阵列特征"工具命令有些类似,但"阵列面"要阵列的对象为面而不是特征。

　　在功能区"主页"选项卡的"特征"面板中单击"更多"|"阵列面"按钮，或者在上边框条中单击"菜单"按钮并选择"插入"|"关联复制"|"阵列面"命令,打开图 5-57 所示的"阵列面"对话框,接着选择要阵列的面,并指定参考点,以及进行阵列定义等。阵列面的阵列布局有"线性""圆形""多边形""螺旋式""沿""常规""参考"和"螺旋线"。注意"螺旋式"和"螺旋线"的差异之处,前者常用平面形式的螺旋线,而后者则用于空间立体形式的螺旋线。

　　下面介绍阵列面的两个操作范例。

1. 使用"线性"布局的阵列面操作范例

　　① 打开随书光盘附带的"bc_5_zlm.prt"部件文件,该部件文件中存在图 5-58 所示的实体模型。

　　② 在功能区"主页"选项卡的"特征"面板中单击"更多"|"阵列面"按钮，或者在上边框条中单击"菜单"按钮并选择"插入"|"关联复制"|"阵列面"命令,打开"阵列面"对话框。

　　③ 在选择条的"面规则"下拉列表框中选择"键槽面",如图 5-59 所示,接着在实体模型中单击图 5-60 所示的一个切口侧面以选中该切口的 4 个侧面。

　　④ 在"阵列定义"选项组的"布局"下拉列表框中选择"线性"选项。

图 5-57 "阵列面"对话框

图 5-58 原始的实体模型

图 5-59 设定面规则

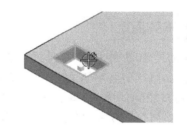

图 5-60 选择整个键槽面

⑤ 在"阵列定义"选项组"边界定义"子选项组的"边界"下拉列表框中选择"无",从"方向 1"子选项组的"指定矢量"下拉列表框中选择"XC 轴"图标选项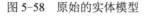，从"间距"下拉列表框中选择"数量和节距"选项，"数量"为"5"，"节距"为"95"；在"方向 2"子选项组中勾选"使用方向 2"复选框，接着从"指定矢量"下拉列表框中选择"YC 轴"图标选项，从"间距"下拉列表框中选择"数量和节距"选项，"数量"为"4"，"节距"为"72"，如图 5-61 所示。

⑥ 单击"确定"按钮，阵列面的结果如图 5-62 所示。

2．采用"圆形"布局的阵列面操作范例

① 打开随书光盘附带的"bc_5_zlm_yx.prt"部件文件，该部件文件中存在图 5-63 所示的实体模型。

② 在上边框条中单击"菜单"按钮 菜单(M)·并选择"插入"|"关联复制"|"阵列面"命令，打开"阵列面"对话框。

③ 在选择条的"面规则"下拉列表框中选择"凸台面或腔面"，接着在实体模型中单击图 5-64 所示的箭头凸起的一个侧面以选中该凸起的所有侧面。

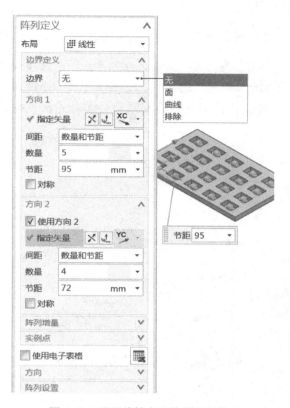

图 5-61　设置线性布局的相关参数　　　　　　　图 5-62　阵列面的结果

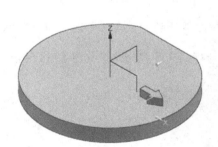

图 5-63　原始实体模型

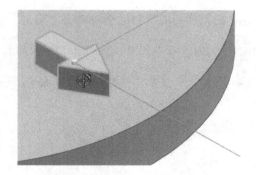

图 5-64　选择要阵列的面

❹ 在"阵列定义"选项组的"布局"下拉列表框中选择"圆形"选项。

❺ 在"阵列定义"选项组的"边界定义"子选项组的"边界"下拉列表框中选择"无"选项，从"旋转轴"子选项组的"指定矢量"下拉列表框中选择"ZC 轴"图标选项 ZC↑，单击"点构造器"按钮 ⊞，打开"点"对话框，默认绝对坐标（0,0,0）作为轴点，单击"确定"按钮，返回到"阵列面"对话框。在"阵列定义"选项组的"角度方向"子选项组中，从"间距"下拉列表框中选择"数量和节距"选项，设置"数量"为"6"，"节距角"为"60"。在"方向"子选项组的"方向"下拉列表框中选择"遵循阵列"选项，如图 5-65 所示。

说明：圆形阵列面的方向选项有"遵循阵列""与输入相同"和"CSYS 到 CSYS"，从选项字面上很容易理解各自的功能含义。某些设计场合，在"方向"子选项组的"方向"下拉列表框中选择"遵循阵列"或"与输入相同"选项时，还可以勾选"跟随面"复选框，如图 5-66 所示，此时单击"面"按钮，为图样选择要跟随的面，并设定投影方向。

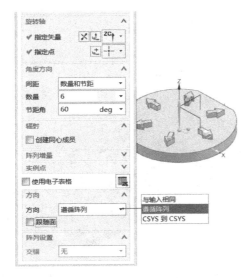

图 5-65　设置阵列参数

图 5-66　选中"跟随面"复选框时

6. 在"阵列面"对话框中单击"确定"按钮，完成的效果如图 5-67 所示。

说明：在本例中，如果在"阵列定义"选项组展开的"方向"子选项组中，从"方向"下拉列表框中选择"与输入相同"选项，那么最后得到的阵列面结果如图 5-68 所示。

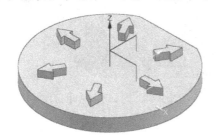

图 5-67　阵列面完成效果（遵循阵列）

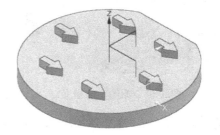

图 5-68　与输入相同

5.4.4　阵列几何特征

"阵列几何特征"工具命令用于将几何体复制到许多阵列或布局（"线性""圆形""多边形"等）中，并带有对应阵列边界、实例方位、旋转和删除的各种选项。该阵列工具主要是针对几何体的阵列操作。

在功能区"主页"选项卡的"特征"面板中单击"更多"|"阵列几何特征"按钮，打开图 5-69 所示的"阵列几何特征"对话框，接着选择要形成阵列的对象（几何特征体），指定参考点，进行阵列定义和设置相关选项等，然后单击"应用"按钮或"确定"按钮来完成创建阵列几何特征。"阵列几何特征"对话框的设置内容和 5.4.2 节介绍过的"阵列特征"对话框（或 5.4.3 节介绍过的"阵列面"对话框）类似，在此不再赘述。

图 5-69 "阵列几何特征"对话框

下面介绍使用"阵列几何特征"命令完成一串环链设计的范例，操作示意如图 5-70 所示。

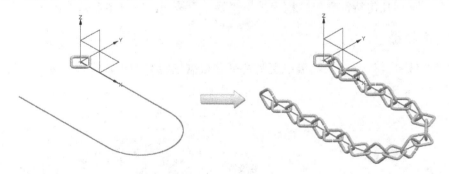

图 5-70 范例操作示意

① 打开随书光盘附带的"bc_5_zljhtz.prt"部件文件。在功能区"主页"选项卡的"特征"面板中单击"更多"|"阵列几何特征"按钮，打开"阵列几何特征"对话框。

② "要形成阵列的几何特征"选项组中的"选择对象"按钮处于激活状态，在图形窗口中选择环状的扫掠实体作为要形成阵列的对象。

③ 在"阵列定义"选项组的"布局"下拉列表框中选择"沿"选项。

④ 在"阵列定义"选项组的"方向 1"子选项组中，从"路径方法"下拉列表框中选择"偏置"选项，单击"曲线"按钮 $\diagup$ ，并在选择条的"曲线规则"下拉列表框中选择"相连曲线"或"特征曲线"，接着在图形窗口中选择一条相连的草图曲线。在"间距"下拉列表框中选择"数量和节距"选项，设置"数量"为"22"，从"位置"下拉列表框中选择"弧长"选项，设置"步距"为"50"；在"方向 2"子选项组中取消勾选"使用方向 2"复选框，在"方向"子选项组的"方向"下拉列表框中选择"垂直于路径"选项，设置"旋转角度"为"90"，如图 5-71 所示。

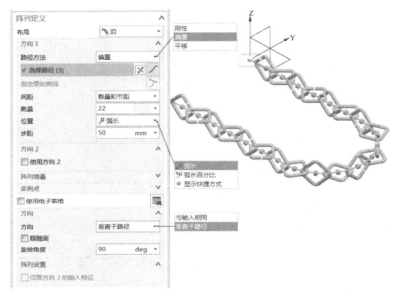

图 5-71 设置"沿"布局的阵列定义

⑤ 在"设置"选项组中确保勾选"关联"复选框和"复制螺纹"复选框。

⑥ 在"阵列几何特征"对话框中单击"确定"按钮，完成本例操作。

5.4.5 镜像特征

使用"镜像特征"命令工具可以复制特征并根据指定平面进行镜像。创建镜像特征的典型实例如图 5-72 所示。

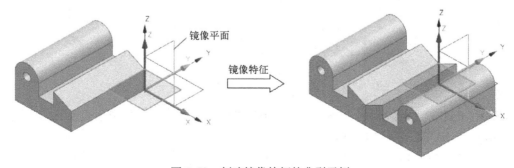

图 5-72 创建镜像特征的典型示例

创建镜像特征的方法及步骤简述如下。

① 在功能区"主页"选项卡的"特征"面板中单击"更多"|"镜像特征"按钮⎄，或者在上边框条中单击"菜单"按钮 菜单(M)·并选择"插入"|"关联复制"|"镜像特征"命令，系统弹出图 5-73 所示的"镜像特征"对话框。

② 选择要镜像的特征。需要时，用户可以展开"参考点""源特征的可重用引用"选项组进行相关设置。

③ 在"镜像平面"选项组中，如果从"平面"下拉列表框中选择"现有平面"选项，那么单击"平面"按钮便可选择所需的平面作为镜像平面。如果模型中没有所需要的镜像平面，则可以从"平面"下拉列表框中选择"新平面"选项来创建新的平面作为镜像平面。

④ 在"镜像特征"对话框中单击"应用"按钮或"确定"按钮，从而完成镜像特征操作。

图 5-73 "镜像特征"对话框

读者可以打开配套素材模型文件"bc_5_jxtz.prt"来练习如何创建镜像特征。

5.4.6 镜像面

镜像面是指复制一组面并跨平面进行镜像，其操作方法和步骤较为简单，即在功能区"主页"选项卡的"特征"面板中单击"更多"|"镜像面"按钮⎄，弹出图 5-74 所示的"镜像面"对话框，接着选择要镜像的面，需要时可通过面查找器来查找面，然后指定镜像平面即可。镜像平面的指定方法同样有"现有平面"和"新平面"两种。

请看以下镜像面的操作范例。

① 按〈Ctrl+O〉快捷键，弹出"打开"对话框，选择本书配套的素材文件 bc_5_jxm.prt，单击"OK"按钮，该部件文件中存在着图 5-75 所示的原始模型。

图 5-74 "镜像面"对话框

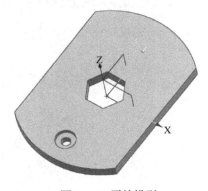

图 5-75 原始模型

② 在功能区"主页"选项卡的"特征"面板中单击"更多"|"镜像面"按钮📷，弹出"镜像面"对话框。

③ 在位于上边框条中的选择条的"面规则"下拉列表框中选择"凸台面或腔面"选项，接着在图形窗口中单击图 5-76 所示的一个面以选中整个所需的 3 个面。

④ 在"镜像平面"选项组的"刨（平面）"下拉列表框中选择"现有平面"选项，单击"平面"按钮◻，接着在图形窗口中选择基准坐标系中的 XZ 平面作为镜像平面。

⑤ 在"镜像面"对话框中单击"确定"按钮，结果如图 5-77 所示。

图 5-76 选择要镜像的面

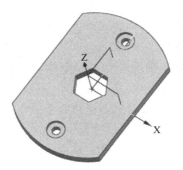

图 5-77 镜像面的结果

5.4.7 镜像几何体

镜像几何体操作与镜像特征类似，其主要区别在于镜像的对象不同，镜像体操作是指复制体并根据指定平面进行镜像操作。下面以一个范例来介绍如何镜像体。

① 打开"bc_5_jxt.prt"文件，该文件中已有的实体模型效果如图 5-78 所示。

② 在功能区"主页"选项卡的"特征"面板中单击"更多"|"镜像几何体"按钮，系统弹出图 5-79 所示的"镜像几何体"对话框。

③ 选择要镜像的几何体，如图 5-80 所示。

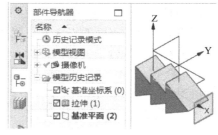

图 5-78 已有的实体模型效果

图 5-79 "镜像几何体"对话框

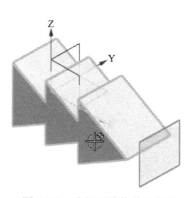

图 5-80 选择要镜像的几何体

④ 在"镜像几何体"对话框的"镜像平面"选项组的"平面"下拉列表框中选择"自动判断"图标选项，激活"指定平面"收集器，接着选择已有的一个基准平面作为镜像平面，如图5-81所示。

⑤ 在"设置"选项组中勾选"关联"复选框和"复制螺纹"复选框。

⑥ 在"镜像几何体"对话框中单击"确定"按钮，完成镜像几何体操作，得到的模型效果如图5-82所示。

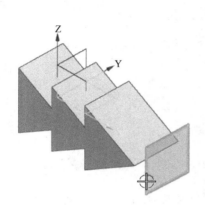

图5-81　选择镜像平面

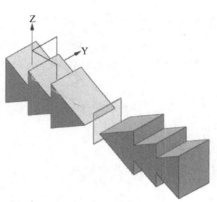

图5-82　镜像几何体的结果

5.5　特征编辑

特征编辑比较灵活。特征编辑的命令基本上集中在"菜单"|"编辑"菜单中，尤其集中在"菜单"|"编辑"|"特征"级联菜单中，主要包括"特征尺寸""编辑位置""可回滚编辑""移动""替换""移除参数""由表达式抑制""调整基准平面的大小""实体密度""回放"和"编辑参数"等。

5.5.1　编辑特征尺寸

使用"菜单"|"编辑"|"特征"|"特征尺寸"命令，可以编辑选定的特征尺寸。下面结合简单例子介绍编辑特征尺寸的方法和步骤。

① 打开配套文件"bc_5_编辑特征尺寸.prt"，在上边框条中单击"菜单"按钮 菜单(M)▾，并选择"编辑"|"特征"|"特征尺寸"命令，系统弹出图5-83所示的"特征尺寸"对话框。

② 选择要使用特征尺寸进行编辑的特征。可以展开"特征"选项组的"相关特征"，并根据设计要求来勾选"添加相关特征"复选框和"添加体中的全部特征"复选框。

例如，选择一个拉伸特征，如图5-84所示，则在"尺寸"选项组的列表框中列出该特征的尺寸。

③ 在"尺寸"选项组中单击"选择尺寸"按钮，接着选择指定特征中的要编辑的尺寸，也可以直接在"尺寸"选项组的尺寸列表框中选择要编辑的尺寸，然后为该尺寸输入有效的新值。

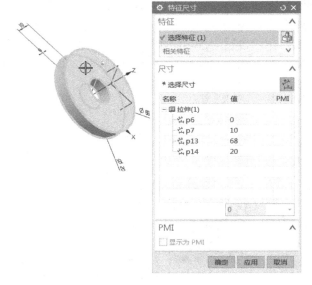

图 5-83　"特征尺寸"对话框　　　　图 5-84　选择要使用特征尺寸进行编辑的特征

例如，在"尺寸"选项组的尺寸列表框中选择其中一个数值为"20"的尺寸，然后为其设置新值（将原数值为 20 的尺寸更改为 48），如图 5-85a 所示,。

④ 可以继续选择其他尺寸来进行编辑。

⑤ 在"特征尺寸"对话框中单击"确定"按钮，则系统以新值更新特征，编辑特征尺寸的示例结果如图 5-85b 所示。

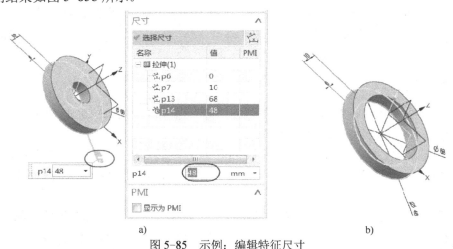

a)　　　　　　　　　　　　　　　　　　b)

图 5-85　示例：编辑特征尺寸

a) 选择尺寸并编辑尺寸　b) 编辑特征尺寸的结果

5.5.2　编辑位置

对于一些相对于其他几何体定位（或者创建有定位尺寸）的特征，可使用"菜单"|"编辑"|"特征"|"编辑位置"命令来通过编辑特征的定位尺寸来移动特征。

在上边框条中单击"菜单"按钮 菜单(M)·并选择"编辑"|"特征"|"编辑位置"命令后，系统弹出一个"编辑位置"对话框，如图 5-86 所示。该对话框列出了当前模型中可用定位尺寸的特征，从中选择要编辑位置的目标特征对象后，单击"确定"按钮，系统通常会弹出图 5-87 所示的"编辑位置"对话框，接下去便可以进行添加尺寸、编辑尺寸值和删除尺寸这些编辑操作。

图 5-86 "编辑位置"对话框（1）

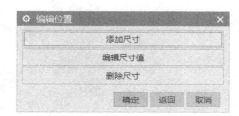

图 5-87 "编辑位置"对话框（2）

- "添加尺寸"按钮：该按钮用于为成形特征添加定位尺寸约束。
- "编辑尺寸值"按钮：该按钮用于修改成形特征的定位尺寸。单击该按钮并选择要编辑的定位尺寸，将会打开图 5-88 所示的"编辑表达式"对话框。
- "删除"按钮：该按钮用于删除不需要的定位尺寸约束。单击该按钮，则系统将打开图 5-89 所示的"移除定位"对话框，并提示用户选择要删除的定位尺寸。

图 5-88 "编辑表达式"对话框

图 5-89 "移除定位"对话框

5.5.3 特征移动

使用"菜单"|"编辑"|"特征"|"移动"命令，可以将非关联的特征移至所需的位置处，其具体的操作步骤简述如下。

❶ 在上边框条中单击"菜单"按钮 菜单(M)·并选择"编辑"|"特征"|"移动"命令，系统弹出提供目标特征的"移动特征"对话框，如图 5-90 所示。

❷ 在该对话框的列表框中选择一个或多个要移动的特征，然后单击"确定"按钮或"应用"按钮。

❸ 系统弹出图 5-91 所示的"移动特征"对话框，在该对话框中可分别设置 DXC、DYC 和 DZC 移动距离增量，这 3 个参数分别表示在 X 方向、Y 方向和 Z 方向上的移动距离值。另外，可以根据设计情况应用对话框中的以下 3 个实用按钮。

- "至一点"按钮：指定特征移动到一点。
- "在两轴间旋转"按钮：指定特征在两个指定轴之间旋转。
- "CSYS 到 CSYS"按钮：将特征从一个坐标系移动到另一个坐标系。

图 5-90 "移动特征"对话框（1）　　　　图 5-91 "移动特征"对话框（2）

需要用户特别注意的是，如果要移动或旋转具有关联的特征，即移动或旋转具有约束定位等相关性的一些特征，那么建议使用"菜单"|"编辑"|"移动对象"命令（其快捷键为〈Ctrl+T〉，其主要功能是移动或旋转选定的对象）。执行"菜单"|"编辑"|"移动对象"命令时，系统将弹出图 5-92 所示的"移动对象"对话框，接着选择要移动的对象，设置变换选项和结果选项等，然后单击"确定"按钮或"应用"按钮。

图 5-92 "移动对象"对话框

5.5.4 替换特征

在实际设计过程中，可以对一些特征进行替换操作，而不必将其删除后再重新设计。所谓的替换特征操作是指一个特征替换为另一个并更新相关特征。

要替换特征，则可按照以下方法步骤来进行。

① 在上边框条中单击"菜单"按钮 菜单(M)·并选择"编辑"|"特征"|"替换"命令，系统弹出"替换特征"对话框，如图 5-93 所示。

② 选择要被替换的特征，以及设置自动匹配和相关映射关系。

③ 在"替换特征"选项组中单击"替换"按钮，选择替换特征。

④ 在"设置"选项组中设置相关复选框的状态，然后单击"确定"按钮。

5.5.5 移除参数

"移除参数"操作是指从指定实体或片体移除所有参数，从而形成一个非关联的体。

在上边框条中单击"菜单"按钮 菜单(M)·并选择"编辑"|"特征"|"移除参数"命令，系统弹出图 5-94 所示的"移除参数"对话框，利用该对话框选择要移除参数的体、曲线或点，然后单击"确定"按钮或"应用"按钮，并从弹出的一个警示对话框中单击"是"按钮以确认此操作从选定的对象上移除参数，使所选对象成为非参对象。

图 5-93 "替换特征"对话框

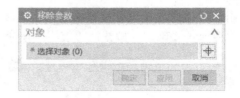

图 5-94 "移除参数"对话框

5.5.6 由表达式抑制

可以使用表达式来抑制特征。抑制特征的好处是在某些场合下进行相关命令操作时可以使模型更新速度加快。

在上边框条中单击"菜单"按钮 菜单(M)·并选择"编辑"|"特征"|"由表达式抑制"命

令，系统弹出图 5-95 所示的"由表达式抑制"对话框。下面介绍该对话框中的一些应用。

- 表达式选项：在"表达式"选项组的"表达式选项"下拉列表框中提供的表达式选项有"为每个创建""创建共享的""为每个删除"和"删除共享的"。
- 选择特征：在"由表达式抑制"对话框中单击"选择特征"按钮，接着选择所需的特征。可以设置相关特征的选项，例如设置添加相关特征和添加体中的全部特征。
- 显示表达式：完成应用特征抑制后，在"由表达式抑制"对话框中单击"显示表达式"按钮，可打开图 5-96 所示的"信息"窗口，从中查看由特征表达式控制的抑制状态。

图 5-95 "由表达式抑制"对话框　　　　图 5-96 "信息"窗口

5.5.7 编辑实体密度

可以更改实体密度和密度单位，其方法是在上边框条中单击"菜单"按钮 菜单(M) 并选择"编辑"|"特征"|"实体密度"命令，系统弹出图 5-97 所示的"指派实体密度"对话框，使用该对话框选择没有材料属性的实体，接着在"密度"选项组中设置实体密度和密度单位，然后单击"确定"按钮或"应用"按钮。

图 5-97 "指派实体密度"对话框

5.5.8 特征回放

UG NX 10.0 提供了特征回放功能，便于用户了解模型的构造和分析模型的合理性等，所谓的特征回放是指按特征逐一审核模型是如何创建的。

可以按照以下简述的步骤来执行特征回放功能。

① 在上边框条中单击"菜单"按钮 菜单(M)· 并选择"编辑"|"特征"|"回放"命令，系统弹出图 5-98 所示的"更新时编辑"对话框。

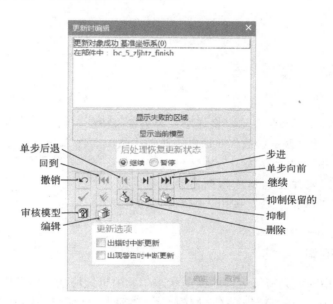

图 5-98 "更新时编辑"对话框

② 利用"更新时编辑"对话框进行特征回放的相关设置与操作。

5.5.9 编辑特征参数

可以编辑特征参数，即可以在当前模型状态下编辑特征的参数值。通常直接双击要编辑的目标体，便可以进入特征参数编辑状态。一般情况下，模型由多个特征组成，此时使用系统提供的"编辑特征参数"命令工具来编辑指定特征的参数较为方便。

在上边框条中单击"菜单"按钮 菜单(M)· 并选择"编辑"|"特征"|"编辑参数"命令，系统弹出图 5-99 所示的"编辑参数"对话框，在该对话框的特征列表框中选择要编辑的特征，单击"确定"按钮，然后利用弹出来的对话框编辑特征参数。

需要用户注意的是，对于不同的特征，弹出来的用于编辑特征参数的对话框可能有所不同。例如，对于旋转特征、拉伸特征、边倒角、面倒角等许多特征，在"编辑特征参数"命令的执行过程中会弹出创建该特征时的对话框。假设在图 5-99 所示的"编辑参数"对话框中选择一个拉伸特征"拉伸（3）"，接着单击"确定"按钮，则弹出图 5-100 所示的"拉伸"对话框，从中编辑相关参数即可。

图 5-99 "编辑参数"对话框

图 5-100 "拉伸"对话框

对于一般成形特征等某些对象，将弹出一个包含"特征对话框"和其他内容的对话框。假如在图 5-99 所示的"编辑参数"对话框中选择"凸台（8）"特征，单击"确定"按钮，则弹出图 5-101 所示的"编辑参数"对话框，从中根据需要单击"特征对话框"按钮或"重新附着"按钮来编辑相应的特征参数。

图 5-101 "编辑参数"对话框

5.5.10 可回滚编辑

可回滚编辑是指回滚到特征之前的模型状态，以编辑该特征。其操作方法是在上边框条中单击"菜单"按钮 菜单(M)▼并选择"编辑"|"特征"|"可回滚编辑"命令，系统弹出图 5-102 所示的"可回滚编辑"对话框，从该对话框中选择要使用可回滚编辑的特征，例如选择"块（1）"特征，单击"确定"按钮，则系统弹出用于回滚编辑该特征的一个对话框，如图 5-103 所示，从中编辑相关内容后单击"确定"按钮即可。

图 5-102 "可回滚编辑"对话框

图 5-103 回滚到选定特征的编辑状态（以块为例）

说明: 用户也可以在部件导航器的模型历史记录的特征列表中选择要回滚编辑的特征, 接着右击, 在弹出的快捷菜单中选择"可回滚编辑"命令, 然后回滚编辑特征参数和选项等即可。

5.5.11 特征重排序

模型的特征是有创建排序次序的, 特征排序不同可能会导致模型形状不一样。在实际设计中, 用户可以根据设计要求对相关特征进行重新排序, 即改变特征应用到模型时的顺序。

要对特征进行重新排序, 则可以按照以下简述的方法步骤进行。

① 在上边框条中单击"菜单"按钮 菜单(M)·并选择"编辑"|"特征"|"重排序"命令, 系统弹出"特征重排序"对话框, 如图 5-104 所示。

② 在"参考特征"列表框中显示了设定范围内的所有特征, 从中选择要重新参考特征, 接着在"选择方法"选项组中选择"之前"单选按钮或"之后"单选按钮。

③ 此时, 在"重定位特征"列表框中显示了由参考特征界定的重定位特征。从"重定位特征"列表框中选择要重定位的特征, 如图 5-105 所示。

图 5-104 "特征重排序"对话框

图 5-105 选择重定位特征

④ 在"特征重排序"对话框中单击"确定"按钮或"应用"按钮, 从而完成特征重排序操作。

如果不能将要排序的特征排序到指定特征的前面或后面, 则系统将弹出图 5-106 所示的"消息"对话框, 提示不能被重排序的原因。

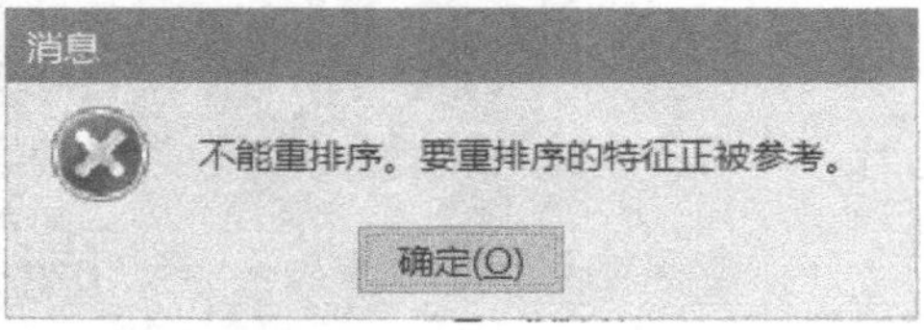

5.5.12 特征抑制与取消抑制

特征抑制与之前介绍的由表达式抑制是有明显区别的。特征抑制是指从模型中临时移除

图 5-106 "消息"对话框

指定的特征。另外，可以取消抑制特征，也就是使选定特征回到没有被抑制的状态。

特征的普通抑制操作很简单，即在部件导航器的模型历史记录中选择要抑制的特征对象后，右击，接着从弹出的快捷菜单中选择"抑制"命令，如图 5-107 所示。也可以在上边框条中单击"菜单"按钮 ▼菜单(M)·并选择"编辑"|"特征"|"抑制"命令。

要取消抑制特征，则在部件导航器的模型历史记录中选择要恢复当前被抑制的特征，右击，接着从弹出的快捷菜单中选择"取消抑制"命令，如图 5-108 所示。也可以在上边框条中单击"菜单"按钮 ▼菜单(M)·并选择"编辑"|"特征"|"取消抑制"命令。

图 5-107　抑制特征操作　　　　　　　图 5-108　取消抑制的操作

5.6　本章综合实战范例

本节介绍一个综合应用范例，旨在使读者掌握特征操作与编辑的综合应用方法、技巧等。本节介绍的综合应用范例为齿轮油泵设计。

本范例要完成的齿轮泵模型如图 5-109 所示。在该实例中，主要应用到"长方体""求差""拉伸""孔""实例特征""基准平面""基准轴""镜像特征""面倒圆""边倒圆""倒斜角""拔模"等工具命令。

图 5-109　齿轮泵模型的完成效果

该齿轮泵零件的设计方法及步骤如下。

1. 新建所需的文件

① 在"快速访问"工具栏中单击"新建"按钮📄，或者在功能区的"主页"选项卡的"标准"面板中单击"新建"按钮📄，或者按〈Ctrl+N〉快捷键，系统弹出"新建"对话框。

② 在"模型"选项卡的"模板"列表中选择名称为"模型"的模板，在"新文件名"选项组的"名称"文本框中输入"bc_5x_fl_clyb"，并指定要保存到的文件夹。

③ 在"新建"对话框中单击"确定"按钮。

2. 创建长方体模型

① 在功能区"主页"选项卡的"特征"面板中单击"更多"|"块"按钮🧊，系统弹出"块"对话框。

② 在"类型"下拉列表框中选择"原点和边长"选项，默认原点位置，接着在"尺寸"选项组中设置"长度"为"86"、"宽度"为"20"、"高度"为"10"，如图 5-110 所示。

③ 在"块"对话框中单击"确定"按钮，创建的长方体如图 5-111 所示。

图 5-110 "块"对话框

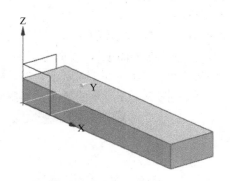

图 5-111 创建长方体

3. 创建另一个长方体模型

① 在功能区"主页"选项卡的"特征"面板中单击"更多"|"块"按钮🧊，系统弹出"块"对话框。

② 在"类型"下拉列表框中选择"原点和边长"选项，在"原点"选项组中单击"点对话框"按钮⊹，打开"点"对话框。

③ 在"点"对话框的"坐标"选项组中，从"参考"下拉列表框中选择"WCS"，将"XC"值设置为"20"，"YC"值为"0"，"ZC"值为"0"，"偏置选项"为"无"，如图 5-112 所示，然后单击"确定"按钮。

④ 返回到"块"对话框，在"尺寸"选项组中将"长度"设置为"46"、"宽度"为"20"、"高度"为"3"。

⑤ 在"布尔"选项组的"布尔"下拉列表框中选择"求差"选项，默认体对象。

⑥ 在"块"对话框中单击"确定"按钮，完成该步骤，得到的模型效果如图 5-113 所示。

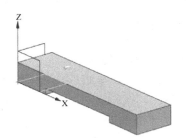

图 5-112 设置点坐标   图 5-113 创建结果

说明：用户如果在创建该长方体的过程中，没有设置长方体的布尔选项，即接受长方体的布尔选项为"无"，那么在完成该长方体后，再使用"求差"命令来进行操作。

4. 创建拉伸特征

① 在功能区"主页"选项卡的"特征"面板中单击"拉伸"按钮，系统弹出"拉伸"对话框。

② 在"截面"选项组中单击"绘制截面"按钮，系统弹出"创建草图"对话框，草图类型选项为"在平面上"，平面方法为"现有平面"，在现有基准坐标系中单击 XC-ZC 坐标面（XZ 平面），如图 5-114 所示，然后单击"确定"按钮。

③ 绘制图 5-115 所示的草图，然后单击"完成草图"按钮。

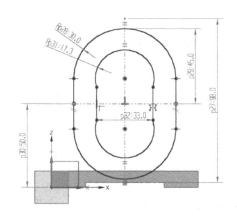

图 5-114 "创建草图"对话框   图 5-115 绘制草图

④ 返回到"拉伸"对话框，在"方向"选项组的"指定矢量"下拉列表框中选择"YC轴"图标选项^{YC}，接着分别设置限制参数、布尔选项、体类型选项等，如图5-116所示。

⑤ 在"拉伸"对话框中单击"确定"按钮，完成该拉伸实体特征后的模型效果如图5-117所示（图中已隐藏了基准坐标系）。

图5-116 设置相关参数   图5-117 完成此拉伸实体特征

5. 创建沉头孔特征

① 在"特征"面板中单击"孔"按钮，打开"孔"对话框。

② 在"孔"对话框的"类型"选项组的下拉列表框中选择"常规孔"选项，在"方向"选项组的"孔方向"下拉列表框中选择"垂直于面"选项，在"形状和尺寸"选项组的"形状"下拉列表框中选择"沉头孔"选项。

③ "位置"选项组中的"点"按钮被选中，在图5-118所示的实体面位置处单击，接着单击"草图点"对话框中的"关闭"按钮。

修改点的位置尺寸，如图5-119所示。

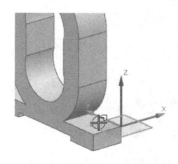

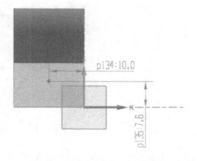

图5-118 在指定面中单击一点   图5-119 修改点的位置尺寸

④ 在"草图"面板中单击"完成草图"按钮。

⑤ 在"孔"对话框的"形状和尺寸"选项组中，分别设置孔直径、沉头直径、沉头深度和深度限制选项，如图 5-120 所示。

⑥ 在"孔"对话框中单击"确定"按钮，创建的第一个沉头孔如图 5-121 所示。

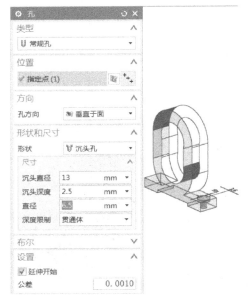

图 5-120　设置沉头孔参数　　　　　　　　图 5-121　创建一个沉头孔

6. 创建基准平面

① 在"特征"面板中单击"基准平面"按钮，弹出"基准平面"对话框。

② 在"类型"选项组的下拉列表框中选择"两直线"选项。

③ 在模型中分别捕捉并选择图 5-122 所示的两个圆柱面的轴线。

图 5-122　选择两个轴线来定义平面

④ 在"基准平面"对话框中单击"确定"按钮，完成过两个轴线创建一个基准平面。

7. 创建镜像特征

① 在"特征"面板中单击"更多"|"镜像特征"按钮，系统弹出"镜像特征"对

话框。

②　选择"沉头孔（4）"作为要镜像的特征，接着在"镜像平面"选项组的"平面（刨）"下拉列表框中选择"现有平面"选项，并单击"平面"按钮，选择图 5-123 所示的基准平面作为镜像平面。

③　在"镜像特征"对话框中单击"确定"按钮，创建镜像特征后的模型效果如图 5-124 所示。

图 5-123　选择镜像平面　　　　　　　　　　　图 5-124　镜像特征结果

8. 创建圆柱形凸台

①　在"特征"面板中单击"更多"|"凸台"按钮，系统弹出"凸台"对话框。

②　系统提示选择平的放置面。选择图 5-125 所示的实体面。

③　在"凸台"对话框中设置"直径"为"18"，"高度"为"10"，"锥角"为"0"，如图 5-126 所示，然后单击"确定"按钮。

图 5-125　选择平的放置面　　　　　　　　　图 5-126　设置凸台参数

④　系统弹出"定位"对话框，利用该对话框提供的"垂直"定位工具创建图 5-127 所示的两个定位尺寸，其中一个垂直定位尺寸为 50（从凸台中心轴到齿轮泵底部边的垂直距离为 50），另一个为 10（从凸台中心轴到相邻侧边的距离为 10）。

最终完成的凸台如图 5-128 所示。

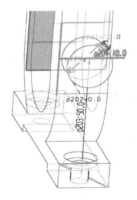

图 5-127 定位凸台

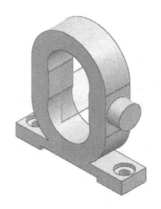

图 5-128 创建一个凸台

9. 使用同样的方法创建另一个凸台

① 在"特征"面板中单击"更多"|"凸台"按钮，系统弹出"凸台"对话框。

② 系统提示选择平的放置面。选择图 5-129 所示的实体面。

③ 在"凸台"对话框中设置"直径"为"18"，"高度"为"10"，"锥角"为"0"，然后单击"确定"按钮。

④ 系统弹出"定位"对话框，分别创建两个垂直类型的定位尺寸，如图 5-130 所示，其值和上一个凸台的定位是相对应的。

说明：用户亦可以采用"镜像特征"命令来快速创建第二个同样规格的上述凸台。

此时，按〈End〉键以正等测视图显示模型，效果如图 5-131 所示。

图 5-129 选择平的放置面

图 5-130 定位凸台

图 5-131 以正等测视图显示模型

10. 创建简单直孔特征

① 在"特征"面板中单击"孔"按钮，打开"孔"对话框。

② 在"孔"对话框"类型"选项组的下拉列表框中选择"常规孔"选项，在"方向"选项组的"孔方向"下拉列表框中选择"垂直于面"选项，在"形状和尺寸"选项组的"形状"下拉列表框中选择"简单孔"选项。

③ 确保"选择条"工具栏中的"圆弧中心"按钮处于被激活的状态，如图 5-132 所示。接着在模型中选择图 5-133 所示的圆中心（可通过单击圆台端面圆弧来捕捉其圆心），即使孔的放置面中心点与圆台的端面圆心重合。

图 5-132　确保激活"选择条"工具栏中的"圆弧中心"按钮

④ 在"孔"对话框的"形状和尺寸"选项组中，将"直径"设置"10"，"深度限制"选项为"贯通体"。

⑤ 在"孔"对话框中单击"确定"按钮，效果如图 5-134 所示。

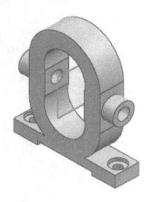

图 5-133　选择圆中心

图 5-134　创建贯通的直孔

11．创建螺纹孔特征

① 在"特征"面板中单击"孔"按钮 🔘，打开"孔"对话框。

② 在"孔"对话框的"类型"选项组的下拉列表框中选择"螺纹孔"选项，在"方向"选项组的"孔方向"下拉列表框中选择"垂直于面"选项。

③ 在图 5-135 所示的实体面上单击一点以定义孔放置面。接着在弹出的"草图点"对话框中直接单击"关闭"按钮，并标注和修改点的尺寸，如图 5-136 所示。然后单击"完成草图"按钮 🏁。

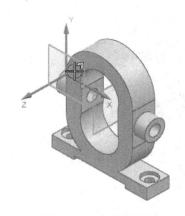

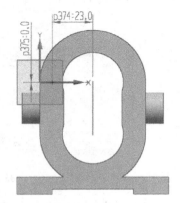

图 5-135　选择放置面

图 5-136　修改点的尺寸

④ 在"形状和尺寸"选项组中设置图 5-137 所示的相关参数和选项。

⑤ 在"孔"对话框中单击"确定"按钮，完成创建第一个螺纹孔，此时模型效果如图 5-138 所示。

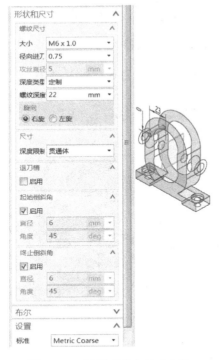

图 5-137　设置形状和尺寸参数

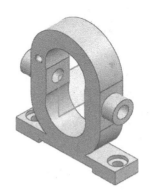

图 5-138　完成第一个螺纹孔

12．创建基准轴特征

① 在"特征"面板中单击"基准轴"按钮，系统弹出"基准轴"对话框。

② 从"类型"下拉列表框中选择"曲线/面轴"选项，接着在模型中单击显示的一根轴线，如图 5-139 所示。

图 5-139　创建基准轴

③ 在"基准轴"对话框中单击"确定"按钮。

13．创建圆形阵列实例

① 从功能区"主页"选项卡的"特征"面板中单击"阵列特征"按钮，系统弹出"阵列特征"对话框。

② 系统提示选择要形成阵列的特征。在"部件导航器"的模型历史记录中选择"螺纹

孔（10）"特征，或者在模型窗口中单击之前创建的螺纹孔特征。

   ③ 在"阵列定义"选项组的"布局"下拉列表框中选择"圆形"选项，在"旋转轴"子选项组的"指定矢量"下拉列表框中选择"曲线/轴矢量"图标选项 ，选择图 5-140 所示的基准轴。接着在"角度方向"子选项组中，将"间距"选项设置为"数量和节距"，"数量"为"3"，"节距角"为"90"，并在"辐射"子选项组中取消勾选"创建同心成员"复选框，如图 5-141 所示。

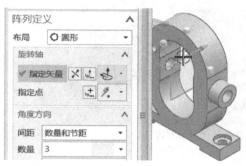

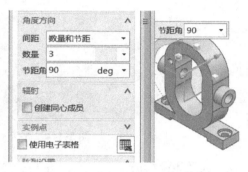

图 5-140   指定旋转轴矢量   图 5-141   设置角度方向等参数

   ④ 在"阵列方法"选项组的"方法"下拉列表框中选择"变化"选项，如图 5-142 所示。

   ⑤ 在"阵列特征"对话框中单击"确定"按钮。创建的圆形阵列实例如图 5-143 所示。

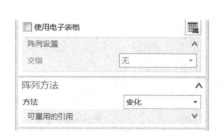

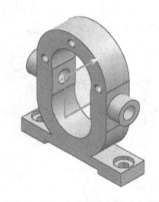

图 5-142   设置阵列方法   图 5-143   完成圆形阵列实例

14. 创建基准平面

   ① 在"特征"面板中单击"基准平面"按钮 ，弹出"基准平面"对话框。

   ② 在"类型"选项组的下拉列表框中选择"自动判断"选项。

   ③ 在实体模型中依次选择指定 3 个中点，如图 5-144 所示，即可定义相应的一个基准平面。

   ④ 在"基准平面"对话框中单击"确定"按钮，从而完成过指定的 3 个点创建一个基准平面的操作。

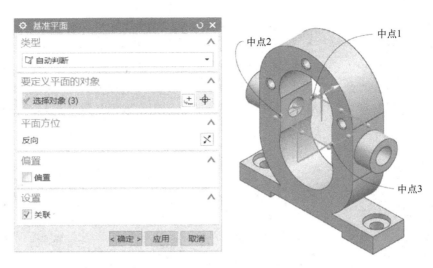

图 5-144　选择 3 个点来定义基准平面

15. 创建镜像特征

① 从上边框条中单击"菜单"按钮 菜单(M)· 并选择"插入"|"关联复制"|"镜像特征"命令，或者在功能区"主页"选项卡的"特征"面板中单击"更多"|"镜像特征"按钮，系统弹出"镜像特征"对话框。

② 选择最先创建的一个螺纹孔作为要镜像的特征，按住〈Ctrl〉键选择另外两个螺纹孔以将它们也作为一同要镜像的特征，如图 5-145 所示，然后在"镜像平面"选项组的"平面（刨）"下拉列表框中选择"现有平面"选项，并单击"平面"按钮，然后选择图 5-146 所示的基准平面作为镜像平面。

图 5-145　选择要镜像的 3 个螺纹孔

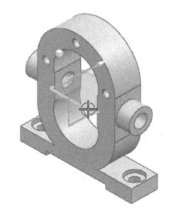

图 5-146　指定镜像平面

③ 在"镜像特征"对话框中单击"确定"按钮，创建该镜像特征后的模型效果如图 5-147 所示。

16．创建拔模特征

① 在"特征"面板中单击"拔模"按钮，打开"拔模"对话框。

② 从"类型"下拉列表框中选择"从平面或曲面"选项，如图5-148所示。

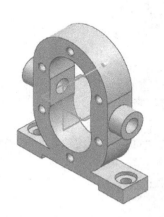

图5-147 完成镜像特征   图5-148 选择"从平面或曲面"拔模类型

③ 在"脱模方向"选项组的"指定矢量"下拉列表框中选择"ZC轴"图标选项^{ZC}。

④ 在"拔模参考"选项组的"拔模方法"下拉列表框中选择"固定面"选项，单击"平面"按钮（系统会自动激活此按钮），选择图5-149所示的实体面作为固定面。

图5-149 选择固定面

⑤ 在"要拔模的面"选项组中单击"面"按钮。选择图5-150所示的两个面作为要拔模的面，并设置要拔模的角度为"10"。

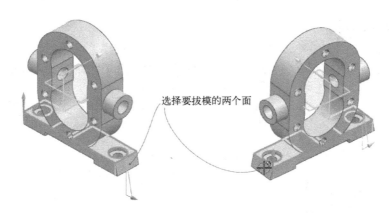

图 5-150 选择要拔模的两个面

⑥ 接受"设置"选项组中的默认设置，单击"确定"按钮。

17．创建面倒圆特征 1

① 在功能区"主页"选项卡的"特征"面板中单击"面倒圆"按钮，系统弹出"面倒圆"对话框。

② 在"面倒圆"对话框的"类型"下拉列表框中选择"两个定义面链"选项，如图 5-151 所示。

③ 选择面链 1，如图 5-152 所示。此时显示的该面链的默认法向不是所需要的，需要单击"反向"按钮，使面的法向反向，即设置该面的法向方向如图 5-153 所示。

图 5-151 "面倒圆"对话框

图 5-152 选择面链 1

④ 在"面链"选项组中单击"选择面链 2"对应的"面"按钮，在模型中选择面链 2，注意设置该面的法向正确以能够形成圆角，如图 5-154 所示。

⑤ 在"面倒圆"对话框中分别设置图 5-155 所示的参数和选项。

⑥ 在"面倒圆"对话框中单击"确定"按钮，创建的该面倒圆特征如图 5-156 所示。

18．创建面倒圆特征 2

使用同样的方法，创建另一个面倒圆特征，完成效果如图 5-157 所示。

图 5-153　使面的法向反向

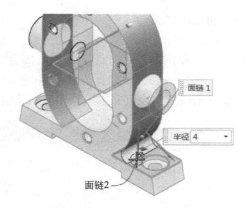

图 5-154　选择面链 2

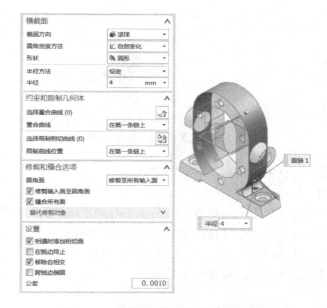

图 5-155　设置面倒圆的其他参数和选项

图 5-156　创建面倒圆特征 1

图 5-157　完成另一个面倒圆

19. 创建边倒圆

① 在"特征"面板中单击"边倒圆"按钮 ，系统弹出"边倒圆"对话框。

② 在"要倒圆的边"选项组的"混合面连续性"下拉列表框中选择"G1（相切）"，从"形状"下拉列表框中选择"圆形"，圆角半径为"5"，接着为新集选择要倒圆的边，如图 5-158 所示。其他设置采用默认项或默认值。

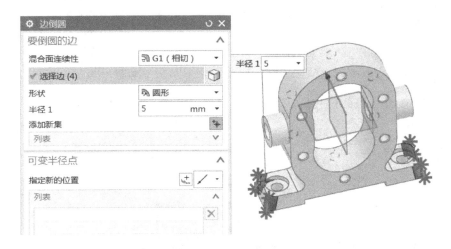

图 5-158　选择要倒圆的 4 条边

③ 在"边倒圆"对话框中单击"确定"按钮。

20. 创建倒斜角

① 在"特征"面板中单击"倒斜角"按钮，打开"倒斜角"对话框。

② 在"倒斜角"对话框的"偏置"选项组中，从"横截面"下拉列表框中选择"对称"选项，在"距离"文本框中输入"1"，如图 5-159 所示。

③ 选择要倒斜角的 4 条边，如图 5-160 所示。

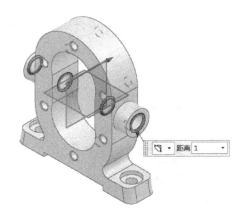

图 5-159　"倒斜角"对话框　　　　图 5-160　选择要倒斜角的 4 条边

④ 在"倒斜角"对话框中单击"确定"按钮，完成倒斜角后的模型效果如图 5-161 所示。

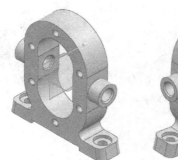

图 5-161 完成倒斜角后的模型效果

21. 隐藏基准平面和保存文档

① 选择要隐藏的基准平面或基准轴，利用右键快捷菜单来将其隐藏起来。

② 单击"保存"按钮 🖫，或者按〈Ctrl+S〉快捷键来保存该模型文件。

5.7　本章小结

本章介绍特征操作及编辑，具体内容包括细节特征、布尔运算、抽壳、关联复制和特征编辑等。其中细节特征主要包括倒斜角、边倒圆、面倒圆和拔模等，布尔运算包括求和、求差和求交，关联复制的命令则主要包括"抽取几何特征""阵列特征""阵列面""阵列几何特征""镜像特征""镜像面"和"镜像几何体"等。在"特征编辑"一节中，重点介绍编辑特征尺寸、编辑位置、特征移动、替换特征、移除参数、由表达式抑制、编辑实体密度、特征回放、编辑特征参数、可回滚编辑、特征重排序、特征抑制和取消抑制等。

在本章的最后，还特意介绍了一个综合应用范例——齿轮泵设计，旨在使读者通过综合应用范例掌握特征操作与编辑的综合应用方法、技巧等。

另外，用户还可以自学如何替换为独立草图、删除特征等编辑操作。

5.8　思考练习

1）有哪几种细节特征的创建方法和步骤？

2）什么是布尔运算？布尔运算主要包括哪些典型操作？

3）举例说明如何进行抽壳操作？

4）关联复制的命令包括哪些？

5）如何将非关联的特征移至所需的位置处？

6）什么是可回滚编辑？

7）上机练习：构建图 5-162 所示的三维实体模型，具体尺寸由读者自行确定。

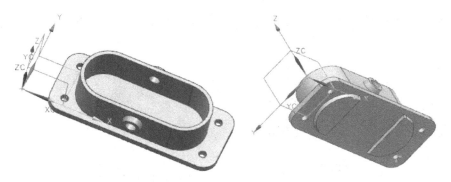

图 5-162 上机练习

8）上机练习：构建图 5-163 所示的三维实体模型，具体尺寸由读者自行确定。

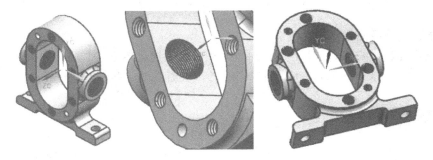

图 5-163 上机练习

9）上机练习：构建图 5-164 所示的三维实体模型，具体尺寸由读者自行确定。

图 5-164 构建三维实体模型

第6章 曲面建模

本章导读：

　　从某种意义上来说，曲面建模设计能力可以衡量一个造型与结构设计师的设计水平。在 UG NX 10.0 中，系统为用户提供了强大的曲面功能。

　　本章重点介绍曲面建模的知识，具体包括曲面基础、依据点创建曲面、由曲线创建曲面、曲面的其他创建方法、编辑曲面、曲面加厚和其他几个曲面实用功能等。在本章的最后，还专门介绍了一个关于曲面综合设计的应用范例。

6.1　曲面片体基础

　　在深入学习曲面建模知识之前，首先简要地介绍曲面片体入门基础，如曲面的基本概念、分类等。

　　在现代的许多产品造型中，流畅的曲面往往给人一种舒适自然的美好感觉。在 UG NX 中，体类型有实体和片体之分，片体即曲面，其厚度为零，也就是说在几何上将曲面定义为厚度为零的实体。曲面可以由单补片或多补片组成，曲面模型可用 U 和 V 两个方向来表征，通常曲面的默认引导线方向是 U 向，截面方向是 V 向。曲面的阶数是曲面参数方程的一个重要参数，对于每一个片体而言，都可包含 U 和 V 两个方向的阶数。

　　UG NX 10.0 为用户提供了强大的曲面设计功能，包括创建曲面和编辑曲面等众多功能。可以将曲面分为一般曲面和自由曲面（不是很严格的区分）。

1．一般曲面

　　与一般曲面相关的创建、编辑知识可参考表 6-1 所示。其中，使用由点构面功能创建的曲面与点数据之间可不存在关联性（非参数化），所创曲面的光顺性稍差些。使用由线构面功能创建的曲面与曲线之间可具有关联性，对曲线进行编辑之后，相关曲面将随之改变，这是 UG 构建曲面的主要方法。

表6-1　一般曲面创建与编辑知识概述

序　　号	主 类 别	典型方法或主要知识点
1	由点构面（依据点创建曲面）	依据点创建曲面的方法主要有：①通过点；②从极点；③从点云；④快速造面
2	由线构面（由曲线创建曲面）	其典型方法包括直纹、通过曲线组、通过曲线网格、扫掠、剖切曲面、桥接、N 边曲面和过渡等

（续）

序　号	主　类　别	典型方法或主要知识点
3	曲面的其他创建方法	其典型方法命令有"规律延伸""轮廓线弯边""偏置曲面""可变偏置""偏置面""修剪的片体""修剪与延伸"和"分割面"等
4	编辑曲面	编辑曲面的主要知识点包括移动定义点、移动极点、匹配边、使曲面变形、变换曲面、扩大、等参数修剪/分割、边界、更改边、更改阶次、更改刚度、法向反向和光顺极点等

2．自由曲面

与一般曲面相比，自由曲面的创建更加灵活，其要求也高，自由曲面是一种概念性较强的曲面形式，同时也是艺术性和技术性相对完美结合的曲面形式。有些曲面既可以看作是一般曲面，也可以看作是自由曲面。

用户要认真学习一般曲面和自由曲面形式的知识。只要稍加努力，一定能够设计出一些令人赏心悦目的工业产品。

曲面设计的大多数工具命令集中在功能区的"曲面"选项卡中（以"建模"应用模块为例），该选项卡包含有"曲面"面板、"曲面工序"面板和"编辑曲面"面板，如图 6-1 所示。如果要想各面板中能够显示更多由系统默认分组好的工具按钮，那么可以在该面组标签右侧单击相应的"三角"按钮▾，接着从展开的工具命令列表中选择所选工具名称即可。

图 6-1　功能区的"曲面"选项卡

另外，在这里初学者可以了解一下曲面建模的一般步骤和整体方法技巧。曲面建模的一般步骤是：先构建曲线，根据得到的曲线构建主要的曲面，再对创建的曲面进行桥接、编辑或其他修改处理，从而得到最终的曲面造型。在曲面建模中，用户可以在学习过程中注意总结和掌握的整体方法技巧为：用于构造曲面的曲线尽可能简单，曲线阶次多采用小于或等于3 的值；用于构造曲面的曲线要保证光顺连续，避免产生尖角、交叉和重叠；曲面的曲率半径尽可能大，以避免造成加工困难；尽量避免构造非参数化的特征，如有测量的数据点，通常建议先通过数据点生成相关的曲线，再利用曲线构造曲面；曲面之间的倒圆角过渡尽可能在实体上进行。

6.2　由点构面

由点构面是指依据点来创建曲面。由点构面的方式主要有 4 种，即"通过点"方式、"从极点"方式、"拟合曲面"方式和"快速造面"方式。

6.2.1　通过点

可以通过矩形阵列点来创建曲面。其中矩形阵列点可以是已经存在的点或从文件中读取的点。

在功能区"曲面"选项卡的"曲面"面板中单击"更多"|"通过点"按钮 ◈，或者在

上边框条中单击"菜单"按钮 菜单(M)·并接着选择"插入"|"曲面"|"通过点"命令，系统弹出图 6-2 所示的"通过点"对话框。下面介绍该对话框中各组成的功能含义。

- "补片类型"：在"补片类型"下拉列表框中可以选择"单个"或"多个"选项。当选择"单个"选项时，则创建的曲面由单个补片构成；当选择"多个"选项时，则创建的曲面由多个补片构成。
- "沿以下方向封闭"：使用该下拉列表框确定曲面是否封闭以及在哪个方向封闭。该下拉列表框提供的选项有"两者皆否""行""列"和"两者皆是"。通常，行是指曲面的 U 方向，列是指曲面的 V 方向。如果指定两个方向皆封闭，则生成的几何体可为实体。
- "行阶次"：此文本框用来指定曲面行方向的阶次。所述的"阶次"是指曲线表达式幂指数的最高次数，阶次越高，则曲线表达式越复杂，运算速度也越慢。系统初始默认的阶次为 3。
- "列阶次"：此文本框用来指定曲面列方向的阶次。
- "文件中的点"按钮：此按钮用来读取文件中的点以创建曲面。单击"文件中的点"按钮，则打开一个对话框，由用户指定从扩展名为.dat 的数据文件中读取点阵列数据。

在"通过点"对话框中设置各组成元素的选项及参数后，单击"确定"按钮，系统弹出图 6-3 所示的"过点"对话框。该对话框提供了用来指定选取点的方法按钮，下面介绍这些方法按钮的功能含义。

图 6-2 "通过点"对话框　　图 6-3 "过点"对话框

- "全部成链"按钮：单击该按钮，可根据提示在绘图区选择一个点作为起始点，接着再选择一个点作为终点，系统自动将起始点和终点之间的点连接成链。
- "在矩形内的对象成链"按钮：单击该按钮，系统提示指定成链矩形，指出拐角，位于成链矩形内的点连接成链。
- "在多边形内的对象成链"按钮：单击该按钮，系统提示指定成链多边形，指出顶点，位于成链多边形内的点连接成链。
- "点构造器"按钮：单击该按钮，弹出图 6-4 所示的"点"对话框。利用"点"对话框来选择用于构造曲面的点。

完成选择构造曲面的点之后，如果选择的点满足曲面的参数要求，则会弹出图 6-5 所示的"过点"对话框，从中根据设计实际情况执行"所有指定的点"按钮功能或"指定另一行"按钮功能。

图 6-4　"点"对话框　　　　　　　　　　　　图 6-5　"过点"对话框

- "所有指定的点"按钮：单击"所有指定的点"按钮，则系统根据已经选取了的所有构造曲面的点来创建曲面。
- "指定另一行"按钮：用于指定另一行点。单击该按钮，系统弹出"指定点"对话框，由用户继续指定构建曲面的点，直到指定所有的所需点。

下面介绍一个采用"通过点"方法来创建曲面的典型示例。

❶ 打开配套的"bc_6_tgd.prt"文件，该文件中已经存在着图 6-6 所示的点集。在功能区"曲面"选项卡的"曲面"面板中单击"更多"|"通过点"按钮　，或者在上边框条中单击"菜单"按钮　菜单(M)·并接着选择"插入"|"曲面"|"通过点"命令，打开"通过点"对话框。

❷ 在"通过点"对话框的"补片类型"下拉列表框中选择"多个"选项，从"沿以下方向封闭"下拉列表框中选择"两者皆否"选项，将行阶次和列阶次均设为"3"，单击"确定"按钮，弹出图 6-7 所示的"过点"对话框，从中单击"在矩形内的对象成链"按钮。

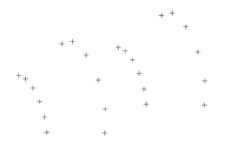

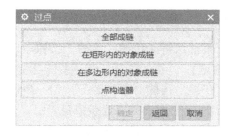

图 6-6　已有点集　　　　　　　　　　　　图 6-7　"过点"对话框（1）

❸ 分别单击两个对角点来指定图 6-8 所示的矩形选择框（注意一定要把第一排有效的点都选择在矩形框内），然后单击选择该排第一个点作为起点，再单击选择该排的终点。

❹ 完成第一排点的选择（包括指定成链矩形框和指定起点、终点）后，依次按照同样的方法步骤（步骤❸）继续选择第二排的点、第三排的点和第四排的点。

⑤ 当完成指定第四排的终点后弹出图 6-9 所示的"过点"对话框，本例不需要再继续指定另一行，故单击"所有指定的点"按钮。

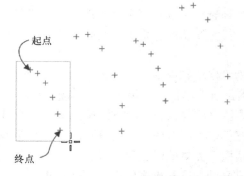

图 6-8 指定矩形框来选择要成链的点　　　图 6-9 "过点"对话框（2）

⑥ 在"通过点"对话框中单击"关闭"按钮❌以关闭该对话框，完成的曲面片体如图 6-10 所示。

图 6-10 通过点的曲面效果

6.2.2 从极点

使用"从极点"命令创建曲面的思路是用定义曲面极点的矩形阵列点来创建曲面。从极点创建曲面的操作方法和通过点创建曲面的操作方法基本相同或者说类似。

在功能区"曲面"选项卡的"曲面"面板中单击"更多"|"从极点"按钮✎，或者在上边框条中单击"菜单"按钮 ⚑ 菜单(M)·并接着选择"插入"|"曲面"|"从极点"命令，系统弹出图 6-11 所示的"从极点"对话框。"从极点"对话框的组成元素和上一小节介绍的"通过点"对话框的组成元素相同，在"从极点"对话框中设置补片类型、封闭选项、行阶次和列阶次等，单击"确定"按钮，打开"点"对话框。利用"点"对话框指定所需的点来创建曲面。

下面以随书配套的素材模型文件"bc_6_cjd.prt"为例，介绍采用"从极点"方法创建曲面的具体步骤。

图 6-11 "从极点"对话框（1）

①在功能区"曲面"选项卡的"曲面"面板中单击"更多"|"从极点"按钮，或者在上边框条中单击"菜单"按钮并接着选择"插入"|"曲面"|"从极点"命令，系统弹出"从极点"对话框。

②在"从极点"对话框的"补片类型"下拉列表框中选择"多个"选项，从"沿以下方向封闭"下拉列表框中选择"两者皆否"选项，接受默认的行阶次和列阶次均为 3，然后单击"确定"按钮。

③弹出的"点"对话框，确保点类型默认为"自动判断的点"，依次选择图 6-12 所示的一行 6 个点，单击"确定"按钮，然后在"指定点"对话框中单击"是"按钮。

④系统再弹出"点"对话框，按照上一步骤（即步骤③）的方法按照顺序依次选择第二行的点。使用同样的方法，分别依次选择第三行、第四行的点。当确认完成选择第四行的点后，系统弹出图 6-13 所示的"从极点"对话框。如果此时已经完成所有点的选择，则单击"所有指定的点"按钮来完成曲面创建。如果要继续选择更多的点，那么单击"指定另一行"按钮。在本实例中，单击"指定另一行"按钮，继续按顺序选择第五行的点。

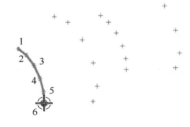

图 6-12　指定 6 个点　　　　　　图 6-13　"从极点"对话框（2）

⑤确认完成选择第五行（本例最后一行）的点后单击"所有指定的点"按钮，完成曲面的创建，完成效果图如图 6-14 所示。"从极点"曲面是将点作为极点参考来完成的，而"通过点"曲面则是完全依靠（通过）点来生成的精密度高的曲面。

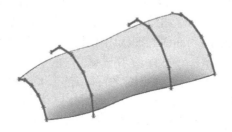

图 6-14　从极点创建曲面

6.2.3　拟合曲面

"拟合曲面"的设计思路是通过将自由曲面、平面、球、圆柱或圆锥拟合到指定的数据点或小平面体来创建它们。

在功能区"曲面"选项卡的"曲面"面板中单击"更多"|"拟合曲面"按钮◈，或者在上边框条中单击"菜单"按钮 菜单(M) 并接着选择"插入"|"曲面"|"拟合曲面"命令，弹出图 6-15 所示的"拟合曲面"对话框，接着选择所需的小平面体、点集或点组作为拟合目标。从"类型"选项组的"类型"下拉列表框选择"拟合自由曲面""拟合平面""拟合球""拟合圆柱"或"拟合圆锥"，选择不同的拟合曲面类型，则需设置不同的选项和参数。例如，当选择"拟合自由曲面"类型时，则需要指定拟合方向、参数化和光顺因子，并可根据情况定义边界；当选择"拟合平面"类型时，则可根据需要决定是否约束平面法向和是否自动拒绝点；当选择"拟合球"类型时，可利用出现的"拟合条件"选项组来设置是否使用半径拟合条件和封闭拟合条件；"拟合圆柱"和"拟合圆锥"也各自有相应的方向约束要求和拟合条件。

图6-15 "拟合曲面"对话框

假设已有的点集如图 6-16 所示（配套素材文件为"bc_6_nhqm.prt"），在功能区"曲面"选项卡的"曲面"面板中单击"更多"|"拟合曲面"按钮◈，弹出"拟合曲面"对话框，在"目标"选项组中选择"对象"单选按钮，在图形窗口中选择已有点集作为拟合目标，接着从"类型"选项组的"类型"下拉列表框中选择"拟合球"，并进行拟合条件和自动拒绝点设置来创建拟合球，"结果"选项组将显示拟合曲面的拟合信息，如图 6-17 所示。

对于以同样的点集作为拟合目标，还可以创建成拟合自由曲面、拟合平面、拟合圆柱和拟合圆锥，如图 6-18 所示。

6.2.4 快速造面

在上边框条中单击"菜单"按钮 菜单(M) 后选择"插入"|"曲面"|"快速造面"命令，或者在功能区"曲面"选项卡的"曲面"面板中单击"快速造面"按钮◈，可以从小平面体创建曲面模型。选择"快速造面"命令后，系统弹出图 6-19 所示的"快速造面"对话框，接着选择可用的小平面体，并添加网格曲线、编辑曲线网格和设置阶次和段数等。

图 6-16　已有点集　　　　　　　　　　　图 6-17　创建拟合球示例

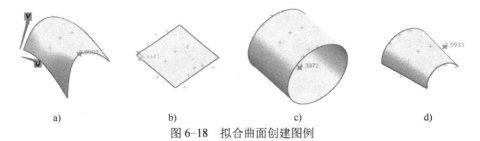

a)　　　　　　　　b)　　　　　　　　c)　　　　　　　　d)

图 6-18　拟合曲面创建图例

a) 拟合自由曲面　　b) 拟合平面　　c) 拟合圆柱　　d) 拟合圆锥

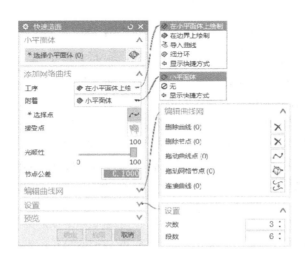

图 6-19　"快速造面"对话框

6.3　由线构面

可以通过曲线来创建曲面，曲线的好坏也会影响到曲面的质量和形状。利用拉伸、旋转等方式可以创建曲面片体。在本节中，将介绍其他由曲线构造曲面的典型方法，包括"艺术曲面""通过曲线组""通过曲线网格""扫掠""剖切曲面"和"N边曲面"。

6.3.1　艺术曲面

使用"艺术曲面"命令可以用任意数量的截面和引导线串来创建曲面。下面通过一个范例来介绍如何创建艺术曲面。

① 打开"bc_6_ysqm.prt"部件文件，该文件中存在着图6-20所示的曲线。

② 在功能区"曲面"选项卡的"曲面"面板中单击"艺术曲面"按钮◈，系统弹出图6-21所示的"艺术曲面"对话框。

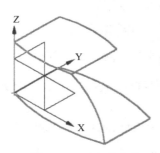

图6-20　已有的曲线

图6-21　"艺术曲面"对话框

③ 在"选择条"工具栏的"曲线规则"下拉列表框中选择"相连曲线"选项，接着在图6-22所示的位置处单击，从而选中整条相连的闭合曲线作为截面曲线1。注意单击位置会确定曲线的起点。

④ 在"截面（主要）曲线"选项组中单击"添加新集"按钮 ，接着在图6-23所示的位置处单击以选择截面曲线2（同样为相连曲线）。

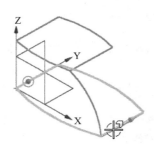

图6-22　指定截面（主要）曲线

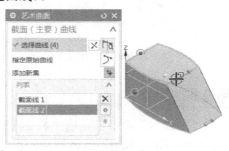

图6-23　选择截面曲线2

说明：如果发现两条截面曲线的原点（起点）位置不一致，那么可以在"截面（主要）曲线"选项组的列表中选择要编辑的截面曲线集，接着单击"指定原始曲线"按钮，重新在合适位置处指定原点曲线。

⑤ 展开"引导（交叉）曲线"选项组，单击"引导（交叉）曲线"按钮，接着在绘图区域选择图 6-24 所示的圆弧作为引导线 1。

⑥ 分别在"连续性"选项组和"输出曲面选项"选项组中设置相应的选项，如图 6-25 所示。

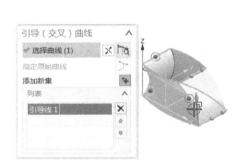

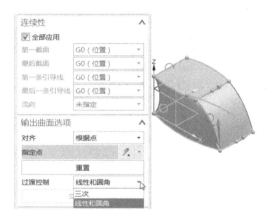

图 6-24　选择引导（交叉）曲线　　　　图 6-25　设置连续性和输出曲面选项

⑦ 展开"设置"选项组，从"体类型"下拉列表框中选择"片体"选项，如图 6-26 所示，可接受默认的相应公差设置。

⑧ 在"艺术曲面"对话框中单击"确定"按钮。完成创建的艺术曲面如图 6-27 所示。

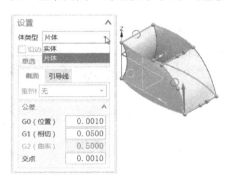

图 6-26　设置体类型及公差等　　　　图 6-27　完成创建的艺术曲面

6.3.2　通过曲线组

使用"通过曲线组"命令创建曲面是指通过多个截面创建片体，此时直纹形状改变以穿过各截面。各截面线串之间可以线性连接，也可以非线性连接。

通过曲线组创建曲面的典型示例如图 6-28 所示，该曲面由指定的 3 个截面线串以参数对齐的方式来创建的，在创建时注意 3 个截面线串的起始方向。下面结合该示例（源文件为"bc_6_tgqxz.prt"）介绍通过曲线组创建曲面的典型方法及步骤。

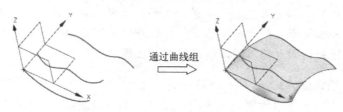

图 6-28　示例：通过曲线组创建曲面

① 在"曲面"面板中单击"通过曲线组"按钮，系统弹出图 6-29 所示的"通过曲线组"对话框。

② 系统提示选择要剖切的曲线或点。选择曲线 1，如图 6-30 所示，注意曲线原点方向。

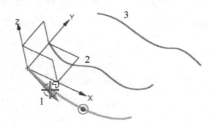

图 6-29　"通过曲线组"对话框　　　　　　　　图 6-30　选择曲线 1

③ 在"截面"选项组中单击"添加新集"按钮，选择曲线 2，注意曲线 2 的曲线原点方向。接着再次单击"添加新集"按钮，选择曲线 3，注意曲线 3 的曲线原点方向，如图 6-31 所示。

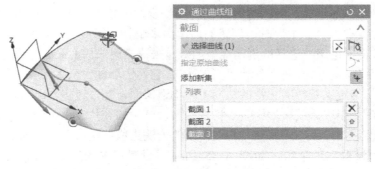

图 6-31　指定 3 个截面线串

?说明：添加的截面集显示在"截面"选项组的列表框中。使用位于该列表框右侧的"移除"按钮▣，可以删除在列表中选择的截面；使用"向上移动"按钮▣，则可以将选定截面的顺序提前一位；而使用"向下移动"按钮▣，则可以将指定截面的顺序后移一位。截面顺序不同，构造的曲面也将不同，这需要用户注意。

④ 定义曲面的连续方式，如图 6-32 所示。曲面的连续方式是指创建的曲面与指定的体边界之间的过渡方式。可以设置是否应用于全部，并可根据设计要求为第一截面和最后截面指定连续性选项，如"G0（位置）""G1（相切）"和"G2（曲率）"。

图 6-32　指定曲面的连续性

⑤ 设置对齐方式。在"对齐"选项组的下拉列表框中设置对齐选项，如图 6-33 所示，可供选择的对齐选项包括"参数""弧长""根据点""距离""角度""脊线"和"根据分段"。

⑥ 设置输出曲面选项，如图 6-34 所示。

图 6-33　"对齐"选项　　　　　　图 6-34　设置输出曲面选项

补片类型有 3 种，即"单个""多个"和"匹配线串"。当设置补片类型为"单个"时，创建的曲面由单个补片组成，而此时"V 向封闭"复选框和"垂直于终止截面"复选框不可用；当设置补片类型为"多个"时，创建的曲面由多个补片组成；当选择补片类型为"匹配线串"时，系统将根据用户选择的剖面线串的数量来决定组成曲面的补片数量。

构造选项有"法向""样条点"和"简单孔"，它们的功能含义如下。

● "法向"：指定系统按照正常的法向方向构造曲面，补片较多。
● "样条点"：指定系统根据样条点构造曲面，产生的补片较少。
● "简单孔"：指定系统采用简单构造曲面的方法生成曲面，产生的曲面也较少。

⑦ 展开"设置"选项组，如图 6-35 所示，设置相关的选项，包括将体类型设置为"片体"，设置放样的重新构建方式（如"无""次数和公差"或"自动拟合"）和次数（阶

次），设定相关公差。

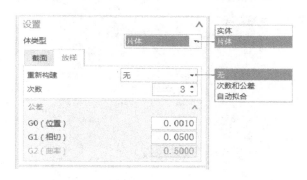

图 6-35 "设置"选项组

⑧ 在"通过曲线组"对话框中单击"确定"按钮或"应用"按钮，完成通过曲线组创建曲面的操作。

6.3.3 通过曲线网格

可以通过一个方向的截面网格和另一个方向的引导线创建片体或实体。同一方向的截面网格（截面线串）通常被称为"主线串"，而另一方向的引导线通常被称为"交叉线串"。

在"曲面"面板中单击"通过曲线网格"按钮🐦，打开图 6-36 所示的"通过曲线网格"对话框。该对话框包含"主曲线"选项组、"交叉曲线"选项组、"连续性"选项组、"输出曲面选项"选项组、"设置"选项组和"预览"选项组。下面介绍这些选项组的应用。

1．"主曲线"选项组

该选项组用于选择主曲线，所选主曲线会显示在该选项组的列表框中。需要时可以单击"反向"按钮⊠切换曲线方向等。如果需要多个主曲线，那么在选择一个主曲线后，单击鼠标中键，或单击"添加新集"按钮🕂，则可继续选择另一个主曲线。在定义主曲线时务必要特别注意设置曲线原点方向。

2．"交叉曲线"选项组

单击"交叉曲线"按钮🔓，选择所需的交叉曲线，并可进行反向设置和指定原始曲线（设置其原点方向）。可根据设计要求选择多条交叉曲线，所选交叉曲线将显示在其列表中。

3．"连续性"选项组

可以将曲面连续性设置应用于全部，即勾选"全部应用"复选框。在"第一主线串"下拉列表框、"最后主线串"下拉列表框、"第一交叉线串"下拉列表框和"最后交叉线串"下拉列表框中分别指定曲面与体边界的过渡连续性方式，如设置为"G0（位置）""G1（相切）"或"G2（曲率）"。

4．"输出曲线选项"选项组

输出曲线选项包括两方面的内容，即"着重"和"构造"，如图 6-37 所示。"着重"下拉列表框用来设置创建的曲面更靠近哪一组截面线串，其提供的可选选项有"两者皆是""主线串"和"交叉线串"。

- "两者皆是"：用于设置创建的曲面既靠近主线串也靠近交叉线串。
- "主线串"：用于设置创建的曲面靠近主线串，即创建的曲面尽可能通过主线串。

● "交叉线串"：用于设置创建的曲面靠近交叉线串，即创建的曲面尽可能通过交叉线串。

图 6-36 "通过曲线网格"对话框

图 6-37 设置输出曲面选项

"构造"下拉列表框用于指定曲面的构建方法，包括"法向""样条点"和"简单"。

5．"设置"选项组

"设置"选项组如图 6-38 所示，从中可以设置体类型选项（可供选择的体类型选项有"实体"和"片体"），设置主线串或交叉线串重新构建的方式，重新构建的方式为"无""次数和公差"或"自动拟合"。例如，对于交叉线串，当选择重新构建的方式选项为"次数和公差"时，可手工设置阶次等，如图 6-39 所示。另外，在"设置"选项组中可以设置相关公差。

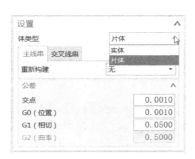

图 6-38 "设置"选项组

图 6-39 重新构建为"次数和公差"

6．"预览"选项组

该选项组用于启用预览，并设置显示结果。

通过曲线网格创建曲面片体的典型示例如图 6-40 所示。该示例的模型练习文件为"bc_6_tgqmwg.prt"，下面介绍打开该文档后通过曲线网格创建曲面片体的操作步骤。

❶ 在功能区中切换至"曲面"选项卡，接着从"曲面"面板中单击"通过曲线网格"

按钮，打开"通过曲线网格"对话框。

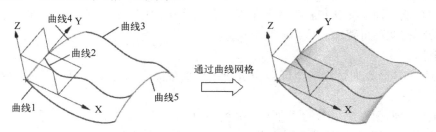

图 6-40 典型示例：通过曲线网格创建曲面片体

② 选择主曲线。先选择曲线 1，单击鼠标中键，接着选择曲线 2，再单击鼠标中键，然后选择曲线 3，注意各条曲线的原点方向要一致，如图 6-41 所示。

③ 在"交叉曲线"选项组中单击"选择交叉曲线"按钮，接着选择曲线 4，单击鼠标中键，然后选择曲线 5，单击鼠标中键，此时如图 6-42 所示。

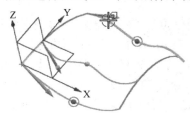 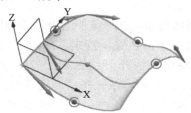

图 6-41 选择主曲线   图 6-42 选择交叉曲线

④ 分别在"通过曲线网格"其他选项组中设置相关的参数和选项，如图 6-43 所示。

⑤ 在"通过曲线网格"对话框中单击"确定"按钮，创建的曲面片体如图 6-44 所示。

 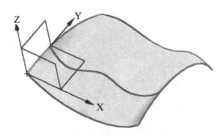

图 6-43 设置其他参数和选项   图 6-44 通过曲线网格创建的曲面片体

6.3.4 通过扫掠创建曲面

通过扫掠创建曲面的主要命令有几种，如"拉伸""旋转""扫掠""样式扫掠""变化扫掉""沿引导线扫掠"和"管道"。在本小节中主要结合范例来介绍"扫掠"和"样式扫掠"这两种扫掠功能，而"变化扫掠"和其他扫掠工具命令的应用也类似，且在实体建模里也已经有所介绍，在此不再赘述。

1. 扫掠

"扫掠"工具命令通过沿一个或多个引导线扫掠截面来创建体，使用各种方法控制沿着引导线的形状。

在功能区"曲面"选项卡的"曲面"面板中单击"扫掠"按钮，打开图 6-45 所示的"扫掠"对话框。利用该对话框分别定义截面、引导线（最多 3 条）、脊线、截面选项和公差设置等。有关该"扫掠"对话框的介绍可以参阅本书实体建模的相关内容，采用"扫掠"命令创建曲面片体的方法和创建实体特征的方法是基本一样的。在这里只重点地介绍在创建扫掠曲面的过程中，引导线和截面选项的应用设置。

● 引导线：NX 10.0 只允许最多选择 3 条引导线。引导线数目不同，要求用户设置的参数也将不同。

● 截面选项：在"截面选项"选项组中，"截面位置"下拉列表框用来设置截面在扫掠过程中的位置。指定截面时，"截面位置"下拉列表框可供选择的截面位置选项有"沿引导线任何位置"和"引导线末端"。对齐方法有"参数""弧长"和"根据点"；定位方法包括"固定""面的法向""矢量方向""另一曲线""一个点""角度规律"和"强制方向"；缩放方法包括"恒定""倒圆功能""另一曲线""一个点""面积规律"和"周长规律"，选择不同的缩放方法，所要定义的参数或参照等会有所不同，例如当选择缩放方法为"面积规律"时，需要设置其规律类型以及相应的值，如图 6-46 所示。

图 6-45 "扫掠"对话框

图 6-46 设置缩放方法

下面通过一个简单的操作实例，介绍如何使用"扫掠"命令来创建曲面片体。

① 假设已经存在着图 6-47 所示的两条曲线（配套源文件为"bc_6_slqm.prt"）。在功能区的"曲面"选项卡的"曲面"面板中单击"扫掠"按钮，打开"扫掠"对话框。

② 指定截面曲线。在"选择条"工具栏的"曲线规则"下拉列表框中选择"相切曲线",接着在模型窗口中单击图6-48所示的曲线,注意相切曲线的开始方向。

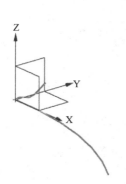

图6-47 假设已经存在的曲线

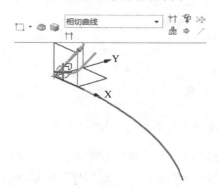

图6-48 指定截面线串

③ 在"引导线（最多 3 条）"选项组中单击"引导线"按钮，选择另一根圆弧线作为引导线,如图6-49所示。

④ 在"截面选项"选项组的"截面位置"下拉列表框中选择"沿引导线任何位置"选项,从"对齐"下拉列表框中选择"参数"选项,定位方法为"固定","缩放"选项为"倒圆功能","倒圆功能"选项为"线性",并设置开始值（起点值）为"1",结束值（终点值）为"3.5",如图6-50所示。

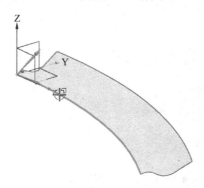

图6-49 指定引导线

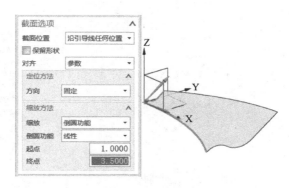

图6-50 设置截面选项

⑤ 在"设置"选项组中,从"体类型"下拉列表框中选择"片体"选项,取消勾选"沿引导线拆分输出"复选框,而引导线和截面（表区域）的重新构建选项为"无",如图6-51所示。

⑥ 在"扫掠"对话框中单击"确定"按钮,完成创建的曲面如图6-52所示。

2. 样式扫掠

使用"样式扫掠"功能可以创建精确、光滑的一流质量曲面（A 级曲面）。请看下面一个应用"样式扫掠"功能的范例。

① 打开"bc_6_ysslqm.prt"部件文件,该文件中存在着图6-53所示的草图曲线和曲线特征。

图 6-51　在"设置"选项组中进行设置

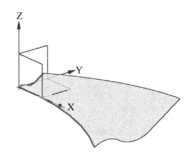

图 6-52　完成创建扫掠曲面

2 在功能区"曲面"选项卡的"曲面"面板中单击"更多"|"样式扫掠"按钮 ，系统弹出图 6-54 所示的"样式扫掠"对话框。

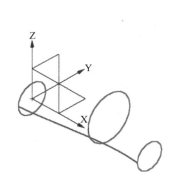

图 6-53　已有曲线

图 6-54　"样式扫掠"对话框

3 在"类型"选项组的"类型"下拉列表框中选择"1 条引导线串"。

？说明：样式扫掠的类型选项有"1 条引导线串""1 条引导线串，1 条接触线串""1 条引导线串，1 条方位线串"和"2 条引导线串"。用户可以在以后的自学、工作中慢慢熟悉这些类型的差异特点。

4 选择截面曲线 1，单击鼠标中键；接着选择截面曲线 2，单击鼠标中键；再选择截面曲线 3，单击鼠标中键确认，如图 6-55 所示。注意各起点箭头的方位。

5 展开"引导曲线"选项组，单击"引导线"按钮 ，在绘图区单击图 6-56 所示的一条曲线作为引导曲线。

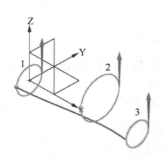

图 6-55　选择 3 组截面曲线

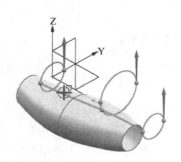

图 6-56　选择引导曲线

⑥　展开"扫掠属性"选项组，从"过渡控制"下拉列表框中选择"混合"选项，从"固定线串"下拉列表框中选择"引导线和截面"选项（其初始默认选项为"引导线"），从"截面方位"下拉列表框中选择"平移"选项，如图 6-57 所示。注意选择不同的扫描属性选项时，可观察其所预览的对应曲面效果有什么变化。

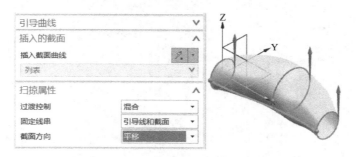

图 6-57　设置扫掠属性

⑦　在"形状控制"选项组和"设置"选项组中设置的选项及参数如图 6-58 所示。

⑧　在"样式扫掠"对话框中单击"确定"按钮，完成创建的 A 级曲面效果如图 6-59 所示（图中调整了视角）。

图 6-58　设置形状控制选项等

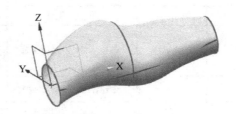

图 6-59　样式扫掠出来的曲面

6.3.5 剖切曲面

创建剖切曲面，其实就是用二次曲线构造技术定义的截面创建曲面。亦可将剖切曲面看作是扫掠曲面的一种。

要创建剖切曲面，则可以在功能区"曲面"选项卡的"曲面"面板中单击"更多"|"剖切曲面"按钮 🐾，或者在上边框条上单击"菜单"按钮 菜单(M)· 并选择"插入"|"扫掠"|"截面"命令，系统弹出图 6-60 所示的"剖切曲面"对话框，从"类型"选项组的"类型"下拉列表框中选择所需的一个选项来设定剖切曲面的类型（如"二次曲线""圆形""三次"或"线性"），接着根据所选类型进行相应的参数设置和相关对象选择，以创建满足设计要求的一个剖切曲面。下面介绍剖切曲面的类型、脊线和阶次设置等相关实用知识。

图 6-60 "剖切曲面"对话框

1. 剖切曲面的类型

剖切曲面的类型如表 6-2 所示。

表 6-2 剖切曲面的类型

序 号	类 型	功能用途	说 明
1	二次曲线	创建各类二次剖切曲面	从"类型"下拉列表框中选择"二次曲线"时，还需要在"模式"选项组的下拉列表框中选择"肩""Rho""高亮显示""四点-斜率"或"五点"选项，即指定二次剖切曲面的模式，选择不同的模式则定义的内容会有所不同
2	圆形	创建各类圆形剖切曲面	圆形剖切曲面的模式主要有"三点""两点-半径""两点-斜率""半径-角度-圆弧""中心半径""相切半径"
3	三次	创建各类三次剖切曲面	三次剖切曲面的模式有"两个斜率"和"圆角桥接"
4	线性	创建线性剖切曲面	线性剖切曲面不需要设置模式，而只选择起始面进行斜率控制，以及设定截面控制选项和参数等即可

2．脊线和阶次设置等

对于剖切曲面，用户需要了解其脊线和阶次设置等内容。

- 脊线：脊线和构造曲面的几何体元素一起控制着曲面的形状和尺寸，在脊线的每个点处都存在一个垂直于脊线的平面，起始边和结束边等构建曲面的几何体要素与脊线的垂直平面产生交点。在"脊线"选项组中既可以按设定的矢量来定义脊线，也可以按选定的曲线来定义脊线。

图6-61 "设置"选项组

- 阶次设置等：在"剖切曲面"对话框中展开"设置"选项组，如图6-61所示。在该选项组中，可以设置 U 向次数（U 向阶次）、V 向次数（V 向阶次）和相应公差。"U 向次数"有"二次""三次"和"五次"之分，由用户根据设计要求来选定；在"V 向次数"的"重新构建"下拉列表框中可以选择"无""次数和公差"或"自动拟合"；在"公差"子选项组中可设置"G0（位置）"公差、"G1（相切）"公差和"G2（曲率）"公差，通常采用系统默认的公差值即可。

6.3.6 N 边曲面

使用"N 边曲面"命令可以创建由一组端点相连曲线封闭的曲面，在创建过程中可以进行形状控制等设置。创建 N 边曲面的典型示例如图6-62所示。

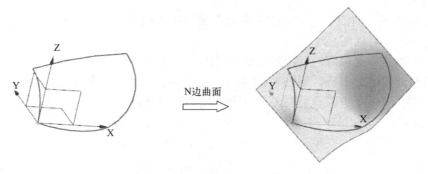

图6-62 N 边曲面的典型创建示例

在功能区"曲面"选项卡的"曲面"面板中单击"更多"|"N 边曲面"按钮 ，打开图6-63 所示的"N 边曲面"对话框。在"N 边曲面"对话框的"类型"下拉列表框中可以选择"已修剪"选项或"三角形"选项。当选择"已修剪"选项时，选择用来定义外部环的曲线组（串）不必闭合；而当选择"三角形"选项时，选择用来定义外部环的曲线组（串）必须封闭，否则系统提示线串不封闭。

图 6-63   "N 边曲面"对话框

需要用户注意的是，在创建"已修剪"类型的 N 边曲面时，可以进行 UV 方位设置，以及可以在"设置"选项组中勾选"修剪到边界"复选框，从而将边界外的曲面修剪掉。而在创建"三角形"类型的 N 边曲面时，"设置"选项组中的"修剪到边界"复选框换成了"尽可能合并面"复选框。

下面通过简单实例让读者在操作中理解和掌握创建 N 边曲面的典型方法和步骤。源文件为"bc_6_nbqm.prt"。

① 在功能区"曲面"选项卡的"曲面"面板中单击"更多"|"N 边曲面"按钮 ，打开"N 边曲面"对话框。

② 在"类型"选项组的下拉列表框中选择"已修剪"选项。

③ 选择外环的曲线链。如图 6-64 所示，分别选择曲线 1、曲线 2 和曲线 4。

④ 分别在"UV 方位"选项组和"形状控制"选项组中设置相关的选项及参数，如图 6-65 所示。

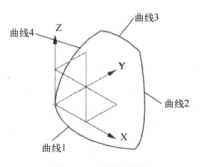

图 6-64   曲线示例

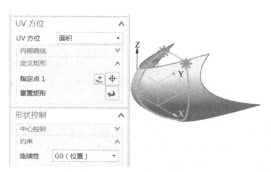

图 6-65   设置 UV 方位和形状控制选项

⑤ 展开"设置"选项组，勾选"修剪到边界"复选框，此时预览效果如图 6-66 所示。

⑥ 在"N 边曲面"对话框中单击"确定"按钮。

说明：如果在该操作实例的步骤③中，依次选择曲线 1、曲线 2、曲线 3 和曲线 4 来定义外部环，则最后得到的 N 边曲面如图 6-67 所示。读者应该注意对比两者生成的 N 边曲面效果有什么变化。

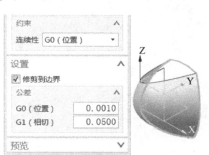 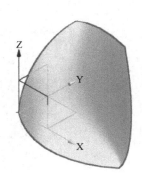

图 6-66　修剪到边界　　　　图 6-67　由 4 条边创建的 N 边曲面

6.4　曲面的其他创建方法

本节要介绍的曲面的其他几种创建方法包括"规律延伸""延伸曲面""轮廓线弯边""偏置曲面""可变偏置""修剪片体"和"修剪与延伸"等。

6.4.1　规律延伸

规律延伸是指动态地或基于距离和角度规律，从基本片体创建一个规律控制的延伸曲面。距离（长度）和角度规律既可以是恒定的，也可以是线性的，还可以是其他规律的，如三次、根据方程、根据规律曲线和多重过渡等。

"规律延伸"命令的应用是比较灵活的。在功能区"曲面"选项卡的"曲面"面板中单击"规律延伸"按钮 ，系统弹出"规律延伸"对话框，如图 6-68 所示。下面简要地介绍该对话框各选项及参数设置。

1. 规律延伸的类型、基本轮廓及参考

"基本轮廓"选项组用于选择基本曲线轮廓，该基本轮廓作为始边。在"类型"选项组中可以指定类型为"面"或"矢量"。当选择"面"选项时，之后要选择的参考对象为参考面，即需要在"参考面"选项组中单击"面"按钮 ，然后选择参考面；当选择"矢量"选项时，之后要选择的参考对象为参考矢量，即需要在"参考矢量"选项组中使用矢量构造器等来定义参考矢量。

如果需要，可以展开"脊线"选项组，从"方法"下拉列表框中将默认的脊线方法由"无"更改为"曲线"选项或"矢量"选项。如果从"方法"下拉列表框中选择"曲线"选

项，则需要选择脊线轮廓，并指定其方向，脊线轮廓用来控制曲线的大致走向；如果从"方法"下拉列表框中选择"矢量"选项，则需要通过矢量构造器或相应矢量工具指定矢量来定义脊线。

图 6-68   "规律延伸"对话框

　　另外，在定义基本轮廓、参考对象（参考面或参考矢量）和脊线轮廓时，用户要特别注意其方向设置。

2．定义长度规律和角度规律

　　在"长度规律"选项组选择规律类型，如图 6-69 所示，可供选择的长度规律类型选项有"恒定""线性""三次""根据方程""根据规律曲线"和"多重过渡"等。根据所选的长度规律类型选项，设置相应的参数。

　　在"角度规律"选项组中选择角度规律选项，如图 6-70 所示，可供选择的角度规律类型选项包括"恒定""线性""三次""根据方程""根据规律曲线"和"多重过渡"。根据所选的角度规律类型选项，设置相应的参数。

图 6-69   设置长度规律

图 6-70   设置角度规律

3．设置相反侧延伸

　　在"相反侧延伸"选项组中，可以从"延伸类型"下拉列表框中选择"无""对称"或"非对称"选项，如图 6-71 所示，以定义相反侧延伸情况。

4. 设置其他

在"设置"选项组和"预览"选项组中还可以设置其他的相关选项，如图 6-72 所示。

图 6-71 设置相反侧延伸类型　　　　　　　图 6-72 设置其他

下面是应用规律延伸的一个典型操作实例（练习文件为"bc_6_glys.prt"）。

① 在功能区"曲面"选项卡的"曲面"面板中单击"规律延伸"按钮 ，打开"规律延伸"对话框。

② 在"类型"选项组的下拉列表框中选择"面"选项，接着选择图 6-73 所示的边线作为基本轮廓，注意其方向。

③ 在"参考面"选项组中单击"面"按钮 ，选择图 6-74 所示的参考面，注意其相应的方向。

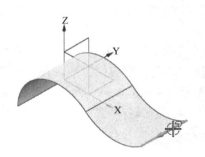

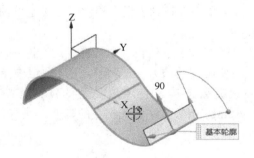

图 6-73 指定基本轮廓　　　　　　　图 6-74 选择参考面

④ 在"长度规律"选项组中，从"规律类型"下拉列表框中选择"线性"选项，输入起点值为"20"，终止值为"30"，如图 6-75 所示。

⑤ 在"角度规律"选项组中，从"规律类型"下拉列表框中选择"恒定"选项，并设置恒定值为"300"，如图 6-76 所示。在"相反侧延伸"选项组的"延伸类型"下拉列表框中选择"无"选项。

⑥ 此时，预览效果如图 6-77 所示。在"规律延伸"对话框中单击"确定"按钮，创建的规律延伸曲面如图 6-78 所示。

图 6-75　设置长度规律

图 6-76　设置角度规律

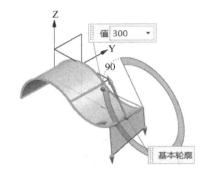

图 6-77　效果预览

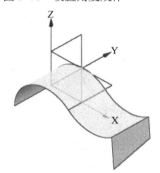

图 6-78　完成规律延伸

6.4.2　延伸曲面

利用"延伸曲面"工具命令，可以从基本片体创建延伸片体。在功能区"曲面"选项卡的"曲面"面板中单击"更多"|"延伸曲面"按钮 ，弹出"延伸曲面"对话框，在该对话框的"类型"下拉列表框中提供了用于延伸曲面的两种类型选项，即"边"和"拐角"。

1. 边

在"类型"下拉列表框中选择"边"选项时，需要选择靠近边的待延伸曲面（系统自动就近判断要延伸的边），在"延伸"选项组中指定延伸方法及其相应的参数，在"设置"选项组中设置公差值。使用该类型的延伸曲面的典型示例如图 6-79 所示（操练文件为"bc_6_ysqmpt.prt"），注意此类型的延伸方法有"相切"和"圆弧"两种。

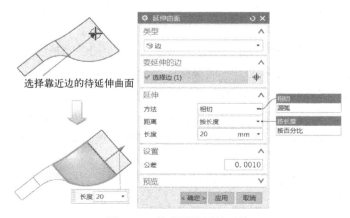

图 6-79　从曲面边开始延伸

2．拐角

在"类型"下拉列表框中选择"拐角"选项时，需要选择靠近拐角的待延曲面（系统自动判断选择要延伸的拐角），并在"延伸"选项组中设置相关参数，如图 6-80 所示，然后单击"确定"按钮或"应用"按钮，即可完成创建一个延伸曲面。

图 6-80　采用"拐角"类型的延伸曲面操作示例

6.4.3　轮廓线弯边

使用系统提供的"轮廓线弯边"命令（该命令对应着"轮廓线弯边"按钮 🗔），可以创建具备光顺边细节、最优化外观形状和斜率连续性的一流质量曲面（A 级曲面）。下面以一个简单范例来介绍"轮廓线弯边"命令的应用。

① 打开"bc_6_lkxwb_x.prt"部件文件，该文件中存在着一个旋转曲面。

② 在功能区"曲面"选项卡的"曲面"面板中单击"更多"|"轮廓线弯边"按钮 🗔，打开"轮廓线弯边"对话框，如图 6-81 所示。

③ 在"类型"选项组的"类型"下拉列表框中选择"基本尺寸"选项。

④ 选择图 6-82 所示的边线作为基本曲线。

图 6-81　"轮廓线弯边"对话框

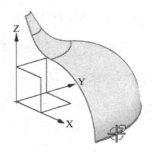

图 6-82　选择基本边线

⑤ 在"基本面"选项组中单击"面"按钮 🗔，选择旋转曲面作为基本面。

⑥ 展开"参考方向"选项组，从"方向"下拉列表框中选择"面法向"选项（可供选择的选项有"面法向""矢量""垂直拔模"和"矢量拔模"），注意相关的默认方向，此时系统弹出警报信息：管道侧可能错误，尝试反转侧。在"参考方向"选项组中单击"反转弯边侧"按钮 🗔，警报信息消失，此时如图 6-83 所示。

⑦ 展开"弯边参数"选项组，设置图 6-84 所示的弯边参数。

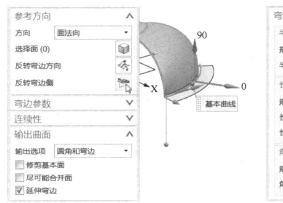

图 6-83　设置参考方向

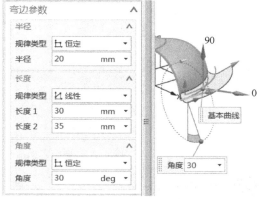

图 6-84　设置弯边参数

⑧ 展开"连续性"选项组，设置图 6-85 所示的连续性参数。

⑨ 在"输出曲面"选项组和"设置"选项组中设置图 6-86 所示的参数和选项。

图 6-85　设置连续性参数

图 6-86　设置输出曲面选项等

⑩ 在"轮廓线弯边"对话框中单击"确定"按钮，完成结果如图 6-87 所示。

❓ 说明：在设计中还可以在"输出曲面"选项组的"输出选项"下拉列表框中选择"仅管道"选项或"仅弯边"选项。输出选项不同，则最后得到的效果也不同，图 6-88 给出了另两种输出选项的完成效果。

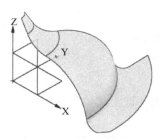

图 6-87 完成轮廓线弯边

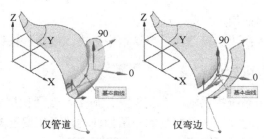

图 6-88 另两种输出选项的效果

6.4.4 偏置曲面

使用系统提供的"偏置曲面"命令，可以通过偏置一组面来创建体。偏置曲面的距离既可以是固定的也可以是变化的。偏置曲面的典型示例如图 6-89 所示。

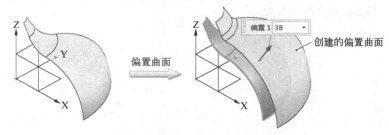

图 6-89 典型示例：创建偏置曲面

创建偏置曲面的方法和步骤简述如下。

① 在上边框条中单击"菜单"按钮 菜单(M)·并选择"插入"|"偏置/缩放"|"偏置曲面"命令，或者在功能区"曲面"选项卡的"曲面工序"面板中单击"偏置曲面"按钮，系统弹出图 6-90 所示的"偏置曲面"对话框。

图 6-90 "偏置曲面"对话框

② 为新集选择要偏置的面，并可以设置偏置方向和偏置距离。

③ 在"特征"选项组中设置输出选项，以及在"部分结果"选项组和"设置"选项组

中设置其他相关的选项或参数。

④ 在"偏置曲面"对话框中单击"确定"按钮。

6.4.5 可变偏置

使用系统提供的"可变偏置"命令，使面偏置一个距离，该距离可能在四个点处有所变化。下面通过一个典型范例介绍如何创建可变偏置的曲面。

① 打开"bc_6_kbpz.prt"部件文件，该文件中存在着一个拉伸曲面。

② 在上边框条中单击"菜单"按钮 菜单(M)·并选择"插入"|"偏置/缩放"|"可变偏置"命令，或者在功能区"曲面"选项卡的"曲面工序"面板中单击"更多"|"可变偏置"按钮，系统弹出图 6-91 所示的"可变偏置"对话框。

③ 系统提示选择要偏置的面。在模型窗口中单击拉伸曲面，如图 6-92 所示。

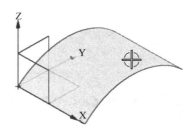

图 6-91 "可变偏置"对话框   图 6-92 选择要偏置的曲面

④ 在"偏置"选项组中设置"在 A 处偏置"的值为"25.4"，也可以在模型窗口中显示的输入框中进行设置，如图 6-93 所示。

⑤ 在"偏置"选项组中分别设置"在 B 处偏置"的值为"12.5"，"在 C 处偏置"的值为"30"，在 D 处的偏置值为 20，如图 6-94 所示。

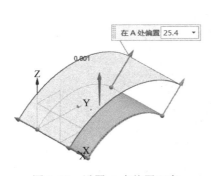

图 6-93 设置 A 点偏置距离   图 6-94 分别设置其他 3 处的偏置值

⑥ 在"设置"选项组中设置图 6-95 所示的选项及参数。注意在"方法"下拉列表框中除了"线性"选项之外，还有另外一个选项（即"三次"选项）供选择。

⑦ 单击"确定"按钮，完成该可变偏置曲面的创建，结果如图 6-96 所示。

图 6-95 在"设置"选项组中进行参数设置

图 6-96 创建可变偏置曲面

6.4.6 偏置面

使用系统提供的"偏置面"命令，可以从它们当前位置偏置一组面。其操作方法很简单，简述如下。

① 单击"菜单"按钮 菜单(M)· 并选择"插入"|"偏置/缩放"|"偏置面"命令，或者在功能区"曲面"选项卡的"曲面工序"面板中单击"更多"|"偏置面"按钮 ，系统弹出图 6-97 所示的"偏置面"对话框。

② 选择要偏置的面。

③ 在"偏置"选项组的"偏置"文本框中设置偏置距离，如果要反向偏置方向，那么单击"反向"按钮 。

④ 在"偏置面"对话框中单击"确定"按钮或"应用"按钮，完成偏置面操作。

图 6-98 给出了偏置面的典型示意，相当于将所选的曲面偏移了指定的距离。

图 6-97 "偏置面"对话框

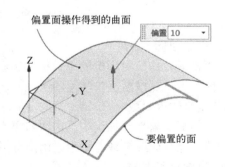

图 6-98 偏置面的典型示例

6.4.7 修剪片体

使用系统提供的"修剪片体"命令，可以用曲线、面或基准平面修剪片体的一部分。应用"修剪片体"功能的典型示例如图 6-99 所示，在该示例中，使用了位于曲面上的一条曲线来修剪曲面片体，该曲线一侧的曲面部分被修剪掉。

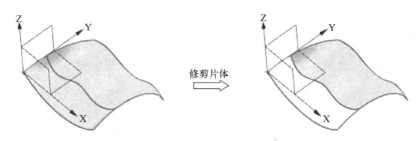

图 6-99　典型示例：修剪片体

要用曲线、面或基准平面修剪片体的一部分，那么可以单击"菜单"按钮 ☰ 菜单(M)·并选择"插入"|"修剪"|"修剪片体"命令，或者在功能区"曲面"选项卡的"曲面工序"面板中单击"修剪片体"按钮 ，系统弹出图 6-100 所示的"修剪片体"对话框，使用该对话框分别定义目标、边界对象、投影方向、区域和其他设置等，从而获得所需的曲面。在"修剪片体"对话框中进行的主要操作说明如下。

图 6-100　"修剪的片体"对话框

1．指定目标

在"修剪片体"对话框的"目标"选项组中单击"片体"按钮 时，系统提示选择要修剪的片体。用户在模型窗口（绘图区域）选择目标曲面片体即可。

2．定义边界对象

在"边界对象"选项组中单击"对象"按钮 ，选择边界对象，该边界对象可以是实体面、实体边缘、曲线或基准平面。用户可以根据设计情况设置允许目标边缘作为工具对象。

3．设定投影方向

在"投影方向"选项组中设定投影方向。常用的投影方向选项有"垂直于面""垂直于曲线平面"和"沿矢量"。

- "垂直于面"：指定投影方向垂直于指定的面，即投影方向为面的法向。
- "垂直于曲线平面"：指定投影方向垂直于曲线所在的平面。
- "沿矢量"：指定投影方向沿着指定的矢量方向。选择"沿矢量"选项时，可以使用矢量构造器等来构建合适的矢量。

4. 设置保持区域或舍弃区域

在"区域"选项组中，单击"区域"按钮 时可查看并指定要定义的区域，即指定要保持或舍弃的片体的区域。值得注意的是，系统会根据之前在选择要修剪的片体时单击片体的位置来指定要定义的区域。在该选项组中，具有两个单选按钮，即"保留"单选按钮和"舍弃"单选按钮。

● "保留"单选按钮：选择该单选按钮，则保留所选定的区域。
● "舍弃"单选按钮：选择该单选按钮，则舍弃（修剪掉）所选定的区域。

如图 6-101 所示，选择同样的曲面区域，而设置不同的区域处理选项，则得到不同的修剪结果。

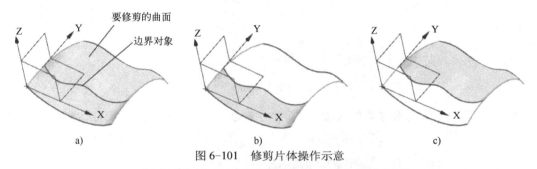

图 6-101 修剪片体操作示意

a) 指定的区域示意 b) 舍弃所选定的区域 c) 保留所选定的区域

5. 其他设置

在"设置"选项组中，可以勾选"保存目标"复选框来使目标曲面保留下来，还可以勾选"输出精确的几何体"复选框以及设置公差。

在"预览"选项组中单击"显示结果"按钮 ，可以查看将要完成的"修剪片体"操作效果。

6.4.8 修剪和延伸

使用系统提供的"修剪和延伸"命令，可以修剪或延伸一组边或面以与另一组边或面相交。使用该功能，可以令曲面延伸后将和原来的曲面形成一个整体，相当于原来曲面的大小发生了变化，而不是另外单独生成一个曲面。当然也可以设置作为新面延伸，而保留原有的面。即体输出方式可以有"延伸原片体""延伸为新面"和"延伸为新片体"。其中，"延伸为新面"方式用于创建一个新面附加到原面上，而不是与原面合并；"延伸为新片体"方式则用于创建一个新片体并与原片体分开。

单击"菜单"按钮 菜单(M)· 后选择"插入"|"修剪"|"修剪和延伸"命令，或者在功能区"曲面"选项卡的"曲面工序"面板中单击"修剪和延伸"按钮 ，系统弹出图 6-102 所示的"修剪和延伸"对话框。在"类型"选项组的"类型"下拉列表框中提供了两个类型选项（"显示快捷键"这个选项不算类型选项），即"直至选定"和"制作拐角"。下面介绍一下这两个类型选项的应用。

图 6-102 "修剪和延伸"对话框

● "直至选定"：选择该类型选项时，系统将把边界延伸到用户指定的对象处，如图 6-103 所示。通常也将要延伸到的对象称为工具对象（如工具面或工具边）。

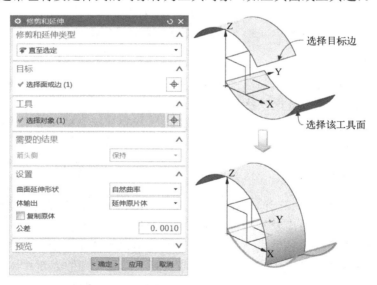

图 6-103 将目标曲面边界延伸到指定的对象处

● "制作拐角"：选择该类型选项，需要指定目标对象和工具对象（注意方向）等，如图 6-104 所示，将目标边延伸到刀具对象处形成拐角，系统会根据在"需要的结果"选项组中设定的箭头侧选项来决定拐角线指定一侧的刀具曲面是保持还是被删除。

在"设置"选项组的"曲面延伸形状"下拉列表框中可以选择 3 种延伸方法选项之一。这 3 种延伸方法选项为"自然曲率""自然相切"和"镜像"。

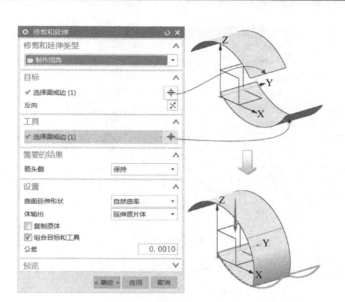

图 6-104 "制作拐角"延伸

- "自然曲率":指定系统以自然曲率的方式延伸曲面,即延伸带有小区域的 B 曲面,它在边界处曲率连续,随后相切至该区域外。
- "自然相切":指定系统以自然相切的方式延伸曲面,即延伸一个从边界开始相切的 B 曲面。
- "镜像":指定系统以镜像的方式延伸曲面,即通过对曲面的曲率连续形状进行镜像,延伸一个 B 曲面。

6.4.9 分割面

使用系统提供的"分割面"命令(其工具图标为"分割面"按钮),可以用曲线、面或基准平面将一个面分割为多个面。

分割面的操作方法和步骤如下。

① 在上边框条中单击"菜单"按钮 菜单(M)·并接着选择"插入"|"修剪"|"分割面"命令,或者从功能区"曲面"选项卡的"曲面工序"面板中单击"更多"|"分割面"按钮 ,系统弹出图 6-105 所示的"分割面"对话框。

② 选择要分割的面。

③ 在"分割对象"选项组的"工具选项"下拉列表框中选择"对象""两点定直线""在面上偏置曲面"或"等参数曲线"选项,并根据所选的工具选项来执行相应操作来在定义分割对象。

④ 在"投影方向"选项组中设置投影方向,如"垂直于面""垂直于曲线平面"或"沿矢量"。

⑤ 在"设置"选项组中设置是否隐藏分割对象,设置是否不要对面上的曲线进行投影,以及设置是否展开分割对象以满足面的边,还有就是设置公差值。

⑥ 预览满意后,在"分割面"对话框中单击"确定"按钮。

图 6-105 "分割面"对话框

6.5 编辑曲面

创建好曲面之后，一般还需要对曲面进行相应的修改编辑，从而获得满足设计要求的曲面造型效果。本节介绍一些较为常用的曲面编辑工具命令，包括"移动定义点""移动极点""使曲面变形""变换曲面""扩大""剪断曲面""边界""整修面""更改阶次""更改刚度""法向反向"和"光顺极点"等。

6.5.1 X 型

"X 型"命令（对应的工具图标为"X 型"按钮 ）用于编辑样条和曲面的极点和点。

在功能区"曲面"选项卡的"编辑曲面"面板中单击"X 型"按钮 ，打开图 6-106 所示的"X 型"对话框。该对话框提供"曲线或曲面""参数化""方法""边界约束""设置"和"微定位"这些选项组。其中，在"方法"选项组中又提供了 4 个方法选项卡，即"移动"选项卡、"旋转"选项卡、"比例"选项卡和"平面化"选项卡。利用该对话框选择要开始编辑的曲线或曲面，根据编辑要求选择极点、设置极点操控方式，定义参数化（阶次和补片），指定方法选项、边界约束、提取方法（"原始""最小有界"或"适合边界"）、特征保存方法（"相对"或"静态"）和微定位选项等，在"X 型"编辑状态下可以使用鼠标拖动选定极点或点的位置来编辑曲面，示例如图 6-107 所示。

6.5.2 I 型

"I 型"命令（对应的工具图标为"I 型"按钮 ）用于通过编辑等参数曲线来动态修改面。

在功能区"曲面"选项卡的"编辑曲面"面板中单击"I 型"按钮 ，系统弹出图 6-108 所示的"I 型"对话框。接着选择要编辑的面，并在"等参数曲线"选项组中指定方向选项（可供选择的选项有"U"和"V"）、位置选项（如"均匀""通过点"或"在点之间"）和"数量"值，并分别在其他选项组中设置等参数曲线形状控制、曲面形状控制、边界约束和微定位等。

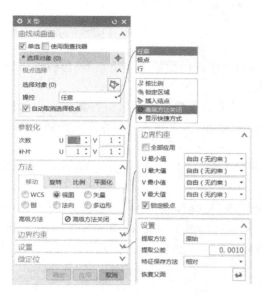

图 6-106 "X 型"对话框

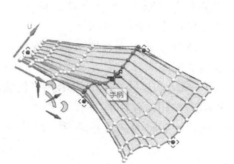

图 6-107 "X 型"编辑示例

在图 6-109 所示的典型示例中，等参数曲线的方向为"U"，其位置选项为"均匀"，"数量"值为"5"，而在"等参数曲线形状控制"选项组中，从"插入手柄"下拉列表框中选择"均匀"，将该相应的"数量"值更改为"4"，接着在图形窗口中选择所需的一条等参数曲线，并勾选"线性过渡"复选框，单击"手柄"按钮，使用手柄编辑所选等参数曲线，从而动态修改选定面，在使用手柄操作的过程中应该要特别注意相关选项和参数的设置。

图 6-108 "I 型"对话框

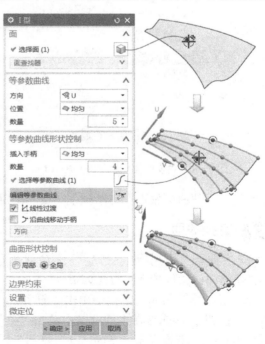

图 6-109 通过编辑等参数曲线动态修改面

6.5.3　使曲面变形

使用"使曲面变形"命令（其对应的工具为"使曲面变形"按钮🖾），可以通过拉长、折弯、倾斜、扭转和移位操作动态地修改曲面。

① 在"编辑曲面"面板中单击"更多"|"使曲面变形"按钮🖾，或者在上边框条中单击"菜单"按钮🔳 菜单(M)·并接着选择"编辑"|"曲面"|"变形"命令，系统弹出图 6-110 所示的"使曲面变形"对话框。

② 选择"编辑原片体"单选按钮或选择"编辑副本"单选按钮，接着在绘图窗口中选择要编辑的曲面。

③ 系统弹出图 6-111 所示的"使曲面变形"对话框。在"中心点控件"选项组中选择所需的单项按钮，使用相关滑块更改曲面片体形状。如果要切换 H 和 V，则单击"切换 H 和 V"按钮。如果对更改不满意，则单击"重置"按钮，回到更改前的曲面形状。

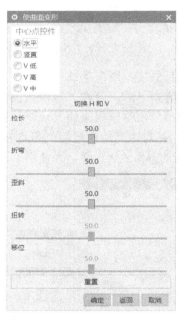

图 6-110　"使曲面变形"对话框（1）　　　图 6-111　"使曲面变形"对话框（2）

④ 在"使曲面变形"对话框中单击"确定"按钮。

6.5.4　变换曲面

"变换曲面"是指动态缩放、旋转或平移曲面。变换曲面的操作步骤和方法如下。

① 在"编辑曲面"面板中单击"更多"|"变换曲面"按钮🖾，或者在上边框条中单击"菜单"按钮🔳 菜单(M)·并接着选择"编辑"|"曲面"|"变换"命令，系统弹出图 6-112 所示的"变换曲面"

图 6-112　"变换曲面"对话框（1）

对话框。

② 选择"编辑原片体"单选按钮或"编辑副本"单选按钮。

③ 选择要编辑的面。

④ 系统弹出图 6-113 所示的"点"对话框,并提示定义变换基点(变换中心)。利用"点"对话框定义变换基点,完成定义变换基点后单击"点"对话框中的"确定"按钮。

⑤ 系统弹出图 6-114 所示的"变换曲面"对话框。在"选择控件"选项组中选择"缩放"单选按钮、"旋转"单选按钮或"平移"单选按钮,接着分别拖动滑块更改相应的参数值。

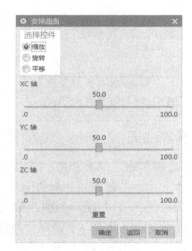

图 6-113 "点"对话框　　　　　图 6-114 "变换曲面"对话框(2)

⑥ 在"变换曲面"对话框中单击"确定"按钮。

6.5.5 扩大

执行"编辑曲面"面板中的"扩大"按钮，可以更改未修剪的片体或面的大小,即可以通过线性或自然的模式更改曲面的大小,得到的曲面可以比源曲面大,也可以比源曲面小。其操作方法和步骤简述如下。

① 在"编辑曲面"面板中单击"扩大"按钮，系统弹出图 6-115 所示的"扩大"对话框。

② 选择要扩大的曲面,则被选择的曲面以图 6-116 所示的形式显示,曲面上显示用于指示扩大方向的 4 个控制柄。

③ "设置"选项组提供了用于扩大曲面操作的两种模式选项,即"线性"和"自然"。选择"线性"单选按钮时,则按照线性规律扩大曲面;而当选择"自然"单选按钮时,则按照原来曲面的特征自然扩大来编辑曲面。如果只是编辑副本,那么需要勾选"编辑副本"复选框。在"调整大小参数"选项组中,可以设置 U 向起点、U 向终点、V 向起点和V 向终点的扩大百分比。可以单击"重置"按钮来重新调整大小参数。

④ 设置好扩大模式和大小参数后,单击"确定"按钮或"应用"按钮。

图 6-115 "扩大"对话框

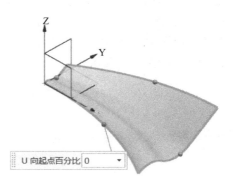

图 6-116 选择要扩大的曲面

6.5.6 剪断曲面

"剪断曲面"命令（其相应的工具图标为"剪断曲面"按钮 ⬙）的功能含义是在指定的边界几何体上（如指定点）分割曲面或剪断曲面中不需要的部分，该操作修改目标曲面的底层极点结构。图 6-117 所示为剪断曲面操作的一个典型示例，该示例显示沿曲线剪断的曲面，并且展示了输入曲面与剪断曲面特征的极点结构。

在"建模"应用模块中，在上边框条中单击"菜单"按钮 ☰菜单(M)·并选择"编辑"|"曲面"|"剪断曲面"命令，或者在功能区的"曲面"选项卡的"编辑曲面"面板中单击"更多"|"剪断曲面"按钮 ⬙，系统弹出图 6-118 所示的"剪断曲面"对话框。"剪断曲面"对话框中各选项的主要功能含义如下。

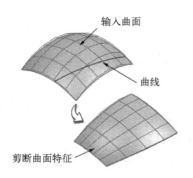

图 6-117 剪断曲面示例

图 6-118 "剪断曲面"对话框

1．"类型"选项组

"类型"选项组用于指定要剪断所选曲面的方法。在该选项组的"类型"下拉列表框中可选择以下选项之一。

- "用曲线剪断"：通过选择横越目标面的曲线或边来定义剪断边界。
- "用曲面剪断"：通过选择与目标面交叉并横越目标面的曲面来定义剪断边界。
- "在平面处剪断"：通过选择与目标面交叉并横越目标面的平面来定义剪断边界。
- "在等参数面处剪断"：通过指定沿 U 或 V 向的总目标面的百分比来定义剪断边界。

2．"目标"选项组

在"目标"选项组中单击"选择面"按钮 ⊕，接着选择要剪断的曲面。目标面必须是仅包含一个面的片体，并且未经修剪。

3．"边界"选项组

"边界"选项组用于定义剪断边界，注意为定义边界而选择的对象必须接触目标曲面的对侧。当选择"用曲线剪断"类型时，"边界"选项组提供"选择剪断曲线"按钮 ，用于选择曲线、边或一串曲线或边作为边界对象；当选择"用曲面剪断"类型时，"边界"选项组提供"选择剪断面"按钮 ⊕，用于选择面作为边界对象；当选择"在平面处剪断"类型时，"边界"选项组提供"平面对话框"按钮 和"平面"下拉列表框，用户可使用平面对话框或从"平面"下拉列表框中选择一种方法以指定平面作为边界对象；当选择"在等参数面处剪断"类型时，"边界"选项组提供图 6-119 所示的选项，选择 U 或 V 向并沿该向剪断所选曲面，可在"%U 向参数"或"%V 向参数"框中输入剪断百分比值，或拖动滑块。

图 6-119 "在等参数面处剪断"的"边界"选项组

4．"投影方向"选项组

选择"用曲线剪断"类型时，"剪断曲面"对话框提供了"投影方向"选项组，该选项组用于指定将边界曲线或边投影到目标面的矢量方向，投影方向的设置选项有"垂直于面""垂直于曲线平面"和"沿矢量"。

5．"整修控制"选项组

"整修控制"选项组用于通过沿剪断曲线方向调整控制点结构来修复美学方面不可接受的面，注意其他方向的控制点结构可能会发生变化。在该选项组的"整修方法"下拉列表框中可选择如下整修方法选项之一。注意整修操作是在每种整修方式的剪断方向上完成的，所有整修方法在剪断方向上均有效。

- "保持参数化"：在无整修的情况下产生剪断的曲面。剪断的曲面将具有与原曲面相同的阶次和补片结构。
- "阶次和补片数"：指定新曲面的阶次和补片数值。
- "阶次和公差"：指定新曲面的阶次值，以及将用于创建新边界的公差范围。在整修过程中，阶次按指定的保持固定。新的曲面就分成许多补片以满足指定的公差。

- "补片数和公差"：指定新曲面的补片值，以及将用于创建新边界的公差范围。在整修过程中，补片值固定为指定的，而新曲面的阶次经过修改，以符合指定的公差。

6. "设置"选项组

在"设置"选项组中可以设置以下内容。

- "分割"复选框：勾选该复选框，则保留目标曲面的两个区域，并对每个区域创建一个剪断曲面特征。如果要仅保留剪断曲面的选定部分，则取消勾选"分割"复选框。注意"分割"复选框在编辑剪断的曲面时不可用。
- "编辑副本"复选框：勾选此复选框时，创建所选目标面的副本，并对副本进行编辑，而不在原始面上进行。
- "切换区域"按钮 ：单击此按钮，可切换选择要保留的曲面区域。此按钮在"分割"复选框被勾选时不可用。

前面提到了"剪断曲面"操作修改目标曲面的底层极点结构，在这里特意以表 6-3 的形式给出了可用于剪断曲面的相关命令，注意这些命令功能的异同之处，尤其是否修改目标曲面的底层极点结构。

表 6-3　用于剪断曲面的相关命令的应用图例

序　号	图　例	说　明
1		原始曲面
2		"剪断曲面"命令修改目标曲面的底层极点结构
3		"修剪片体"命令不修改底层极点结构
4		"分割面"命令可创建两个面且不修改底层极点结构

下面介绍一个使用"剪断曲面"命令编辑曲面的简单范例。

① 在"快速访问"工具栏中单击"打开"按钮 ，弹出"打开"对话框，选择配套的素材部件文件"bc_6_jdqm.prt"，单击"OK"按钮。源文件中存在着一个曲面，该曲面中有一条横穿曲面的且位于曲面上的曲线。确保使用"建模"应用模块，选择现有的该曲面，在功能区"分析"选项卡的"显示"面板中单击"显示极点"按钮 ，如图 6-120 所示。

② 在上边框条中单击"菜单"按钮 并选择"编辑"|"曲面"|"剪断曲面"命令，或者在功能区"曲面"选项卡的"编辑曲面"面板中单击"更多"|"剪断曲面"按钮 ，系统弹出"剪断曲面"对话框。

③ 从"类型"下拉列表框中选择"用曲线剪断"选项，在模型窗口中单击现有曲面以将它选择为要剪断的曲面（作为目标曲面）。此时，"边界"选项组中的"选择剪断曲线"按钮 自动被选中，选择图 6-121 所示的曲线作为剪断曲线。

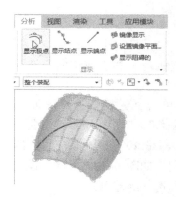

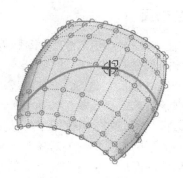

图 6-120　设置原始曲面显示极点　　　　　图 6-121　选择剪断曲线

④ 在"投影方向"选项组、"整修控制"选项组和"设置"选项组分别设置图 6-122 所示的选项。如果发现默认的要保留的曲面区域不是所需要的，那么可在"设置"选项组中单击"切换区域"按钮🔁，从而切换选择要保留的曲面区域。

⑤ 在"剪断曲面"对话框中单击"应用"按钮。

⑥ 从"类型"下拉列表框中选择"在等参数面处剪断"选项。

⑦ 选择要继续剪断的现有曲面，并在"边界"选项组中选择"U"单选按钮，在"%U 向参数"框中输入"61.8"；在"整修控制"选项组的"整修方法"下拉列表框中选择"保持参数化"选项，注意在"设置"选项组中切换所需的区域，如图 6-123 所示。

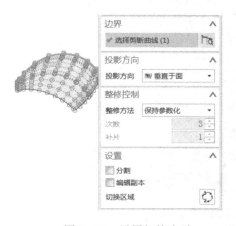

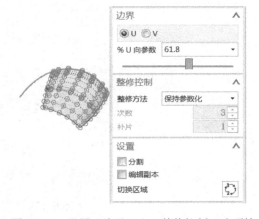

图 6-122　设置相关选项　　　　　图 6-123　设置"边界"和"整修控制"选项等

⑧ 在"剪断曲面"对话框中单击"确定"按钮，得到图 6-124 所示的结果。

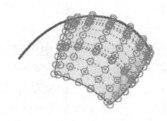

图 6-124　两次剪断曲面的结果

6.5.7 整修面

"整修面"命令（相应的工具图标为"整修面"按钮 ）用于改进面的外观，同时保留原先几何体的紧公差。

在功能区"曲面"选项卡的"编辑曲面"面板中单击"更多"|"整修面"按钮，或者在上边框条中单击"菜单"按钮 菜单(M)· 并选择"编辑"|"曲面"|"整修面"命令，系统弹出"整修面"对话框，整修面的类型选项有"整修（Refit）"和"拟合到目标"两种，不同的面整修类型则需要定义的对象和参数也将有所不同，如图 6-125 所示。设定整修面类型并选择要整修的面后，接着定义相关的整修控制参数和选项等即可。

图 6-125 "整修面"对话框

6.5.8 更改边

执行"更改边"命令（对应着"更改边"按钮 ），可以使用诸如匹配曲线或体的各种方法来修改曲面边。

在功能区"曲面"选项卡的"编辑曲面"面板中单击"更多"|"更改边"按钮 ，或者在上边框条中单击"菜单"按钮 菜单(M)· 并选择"编辑"|"曲面"|"更改边"命令，系统弹出图 6-126 所示的"更改边"对话框。选择"编辑原片体"单选按钮或"编辑副本"单选按钮，并选择要编辑的面后，系统弹出图 6-127 所示的对话框，同时系统提示选择要编辑的 B 曲面边。

图 6-126 "更改边"对话框（1）　　　　图 6-127 "更改边"对话框（2）

用户选择要编辑的边后，系统弹出图 6-128 所示的用于选择选项的"更改边"对话框。该对话框提供的用于更改边的选项按钮包括"仅边""边和法向""边和交叉切线""边和曲率"和"检查偏差"。下面简单地介绍这几个选项按钮的应用。

1. "仅边"按钮

"仅边"选项按钮用于仅更改曲面的边。单击该按钮，弹出图 6-129 所示的"更改边"对话框。用户可以从中选择匹配到曲线、到边、到体和到平面等几何对象上。选择不同的匹配选项，则打开相应的对话框来要求用户选择相应的几何对象。

图 6-128 "更改边"对话框（3）　　　　图 6-129 "更改边"对话框（4）

2. "边和法向"按钮

"边和法向"选项按钮用于更改曲面的边和法向。单击该按钮，弹出图 6-130 所示的"更改边"对话框。用户可以从中选择"匹配到边""匹配到体"或"匹配到平面"按钮进行相应定义。

3. "边和交叉切线"按钮

"边和交叉切线"选项按钮用于更改曲面的边和交叉切线。单击该按钮后，弹出图 6-131 所示的"更改边"对话框。可供选择的按钮选项有"瞄准一个点""匹配到矢量"和"匹配到边"。

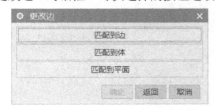

图 6-130 "更改边"对话框（5）　　　　图 6-131 "更改边"对话框（6）

4. "边和曲率"按钮

"边和曲率"选项按钮用于更改曲面的边和曲率。单击该按钮后，系统弹出图 6-132 所示的"更改边"对话框，并要求选择第二个面。选择第二个面后，再根据要求选择第二个边。系统将根据所选面和边来修改曲面边和曲率。

5．"检查偏差"

"检查偏差"选项按钮用于指定是否检查偏差。单击"检查偏差-否"按钮，则该按钮变为"检查偏差-是"按钮，表明指定要检查偏差，接着进行更改边的操作（如执行"仅边""边和法向""边和交叉切线"或"边和曲率"操作），完成更改边的操作后，系统打开图 6-133 所示的"信息"窗口，显示系统检查点的个数、平均偏差值、最大偏差值、产生最大偏差值的坐标等信息。

图 6-132　"更改边"对话框（7）

图 6-133　"信息"窗口

6.5.9　更改阶次

可以更改曲面的阶次，其操作方法和步骤简述如下。

① 在功能区"曲面"选项卡的"编辑曲面"面板中单击"更多"|"更改阶次"按钮 x^{x^3}，或者在上边框条中单击"菜单"按钮 菜单(M)· 并选择"编辑"|"曲面"|"阶次"命令，打开图 6-134 所示的"更改阶次"对话框。

② 在此"更改阶次"对话框中设定单选按钮（"编辑原片体"或"编辑副本"），并选择要编辑的曲面。

③ 系统弹出图 6-135 所示的"更改阶次"对话框。在该对话框中分别设置 U 向阶次和 V 向阶次。

图 6-134　"更改阶次"对话框（1）

图 6-135　"更改阶次"对话框（2）

④ 单击"确定"按钮。

6.5.10　更改刚度

"更改刚度"命令（对应着"更改刚度"按钮 ）用于通过更改曲面的阶次来修改曲面形状。"更改刚度"的操作步骤简述如下。

① 在功能区"曲面"选项卡的"编辑曲面"面板中单击"更多"|"更改刚度"按钮

，或者在上边框条中单击"菜单"按钮 菜单(M)·并选择"编辑"|"曲面"|"刚度"命令，系统弹出图6-136所示的"更改刚度"对话框。

❷ 选择"编辑原片体"单选按钮或"编辑副本"单选按钮，接着选择要编辑的曲面。

❸ 系统弹出图6-137所示的用于编辑参数的"更改刚度"对话框。在该对话框中分别设置U向次数和V向次数参数值。

图6-136 "更改刚度"对话框　　　图6-137 用于编辑参数的"更改刚度"对话框

❹ 单击"确定"按钮，从而达到修改曲面形状的目的。

6.5.11 法向反向

"法向反向"功能用于反转片体的曲面法向，其操作方法和步骤简述如下。

❶ 在功能区"曲面"选项卡的"编辑曲面"面板中单击"更多"|"法向反向"按钮，或者在上边框条中单击"菜单"按钮 菜单(M)·并选择"编辑"|"曲面"|"法向反向"命令，系统弹出图6-138所示的"法向反向"对话框。

❷ 在提示下选择要反向的片体，此时绘图区的片体显示曲面法向，如图6-139所示。可单击对话框中的"显示法向"按钮。

图6-138 "法向反向"对话框　　　图6-139 显示曲面法向

❸ 单击"确定"按钮或"应用"按钮，确认即可反向法向。

6.5.12 光顺极点

使用"光顺极点"命令（对应着"光顺极点"按钮），可以通过计算选定极点对于周围曲面的恰当位置，修改极点分布。下面结合示例介绍如何使用光顺极点来修改曲面。

❶ 在功能区"曲面"选项卡的"编辑曲面"面板中单击"光顺极点"按钮，或者在上边框条中单击"菜单"按钮 菜单(M)·并选择"编辑"|"曲面"|"光顺极点"命令，系统弹出图6-140所示的"光顺极点"对话框。

❷ 选择一个要使极点光顺的曲面。如果只是要移动选定的极点，那么还需要在"极点"选项组中勾选"仅移动选定的"复选框，接着选择要移动的极点，如图6-141所示。

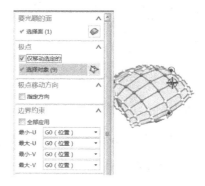

图 6-140 "光顺极点"对话框　　　　　图 6-141　仅移动选定的

③ 在"极点移动方向"选项组中可勾选"指定方向"复选框，并定义方向矢量。

④ 在"边界约束"选项组中设置"最小-U""最大-U""最小-V"和"最大-V"的边界约束条件，接着在"光顺因子"选项组中设置光顺因子参数，在"修改百分比"选项组中修改百分比参数。

⑤ 在"光顺极点"对话框中单击"应用"按钮或"确定"按钮。

6.5.13　编辑曲面的其他工具命令

在"编辑曲面"面板中还提供了其他一些工具命令（有些工具命令需要通过设置才显示在面板中），这些工具命令的功能含义如下。

- "匹配边"按钮 ：修改曲面，使其与参考对象的共有边界几何连续。
- "边对称"按钮 ：修改曲面，使之与其关于某个平面的镜像图像实现几何连续。
- "整体变形"按钮 ：使用由函数、曲线或曲面定义的规律使曲面区域变形。
- "编辑 U/V 向"按钮 ：修改 B 曲面几何体的 U/V 向。
- "全局变形"按钮 ：在保留其连续性与拓扑时，在其变形区或补偿位置创建片体。
- "替换边"按钮 ：修改或替换曲面边界。
- "剪断为补片"按钮 ：将 B 曲面分割为自然补片。
- "局部取消修剪和延伸"按钮 ：取消对片体某一部分的修剪，或延伸面或删除片体上的内孔。

6.6　曲面加厚

由曲面创建实体的一个典型命令便是"加厚"，使用"加厚"工具命令，可以通过为一组面增加厚度来创建实体。曲面加厚的典型示例如图 6-142 所示。

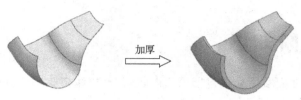

图 6-142　典型示例：曲面加厚

由曲面加厚创建实体的一般方法及步骤如下。

① 首先创建好所需的曲面（片体）。然后在上边框条中单击"菜单"按钮 ▤ 菜单(M)· 并选择"插入"|"偏置/缩放"|"加厚"命令，系统弹出图 6-143 所示的"加厚"对话框。

② 选择要加厚的面。可以通过在绘图区域指定对角点的方式框选要加厚的多片面。

③ 在"厚度"选项组中设置偏置 1 厚度和偏置 2 厚度。可以根据设计要求单击"反向"按钮 ⊠ 来更改加厚方向。利用"区域行为"选项组可指定要冲裁的区域、不同厚度的区域。

④ 在"布尔"选项组、"Check Mate（显示故障数据）"选项组和"设置"选项组等进行相应操作，如图 6-144 所示。

图 6-143　"加厚"对话框

图 6-144　其他设置操作

⑤ 在"加厚"对话框中单击"确定"按钮或"应用"按钮，完成曲面加厚操作。

❓ 说明：在创建加厚实体特征的过程中，如果将偏置 1 厚度和偏置 2 厚度设置为相等，则系统会弹出图 6-145 所示的"警报"信息。注意偏置值可以为负值。

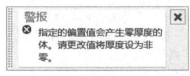

图 6-145　警报信息

6.7 曲面进阶知识

本节简要介绍的曲面实用功能包括"四点曲面""整体突变""填充曲面""缝合""取消缝合"和"桥接曲面"。

6.7.1 四点曲面

"四点曲面"是通过指定 4 个拐角来创建曲面,其创建的曲面通常被称为"四点曲面"。"四点曲面"命令的快捷键为〈Ctrl+4〉,其对应的工具按钮为 ▱(位于"曲面"面板中)。

创建四点曲面的操作方法和步骤简述如下。

① 在功能区"曲面"选项卡的"曲面"面板中单击"四点曲面"按钮 ▱,系统弹出图 6-146 所示的"四点曲面"对话框。

② 指定点 1。

③ 指定点 2。

④ 指定点 3。

⑤ 指定点 4。

⑥ 此时,曲面预览如图 6-147 所示。在"四点曲面"对话框中单击"确定"按钮,从而完成四点曲面的创建。

图 6-146 "四点曲面"对话框

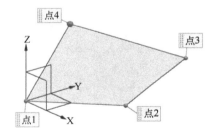

图 6-147 指定 4 个点创建曲面

6.7.2 整体突变

"整体突变"按钮 用于通过拉长、折弯、倾斜、扭转和移位操作动态创建曲面。注意"整体突变"工具命令与之前介绍的"使曲面变形"工具命令的区别,前者用于动态创建曲面,而后者则主要用于动态修改曲面。

下面结合简单示例介绍如何使用"整体突变"按钮 来创建一个曲面。

① 在功能区"曲面"选项卡的"曲面"面板中单击"更多"|"整体突变"按钮 ,或者在上边框条中单击"菜单"按钮 菜单(M)·并选择"插入"|"曲面"|"整体突变"命令,系统弹出图 6-148 所示的"点"对话框。

② 定义矩形顶点 1 和矩形顶点 2。

③ 系统弹出"整体突变形状控制"对话框,如图 6-149 所示。在该对话框中选择控件的

单选按钮（如"水平""竖直""V左""V右"和"V中"），以及设置阶次（三次或五次）。

图 6-148 "点"对话框

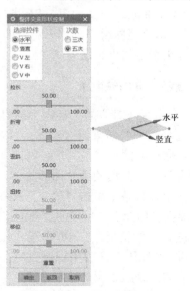

图 6-149 "整体突变形状控制"对话框

④ 在指定相关控制（控件）单选按钮的情况下，为其设置相应的拉长、折弯、倾斜、扭转和移位参数（注意有些参数在某种控制单选按钮下不可用）。如果对整体突变形状控制不满意，那么可以单击"重置"按钮，以重新开始进行整体突变形状控制设置。

⑤ 在"整体突变形状控制"对话框中单击"确定"按钮。最后创建的曲面参考效果可以如图 6-150 所示。

6.7.3 填充曲面

"填充曲面"按钮 ◈ 用于根据一组曲线或边（包括它们的组合）来创建曲面，其方法步骤是在功能区"曲面"选项卡的"曲面"面板中单击"填充曲面"按钮 ◈，弹出图 6-151 所示的"填充曲面"对话框，接着选择曲线链作为边界，并进行形状控制和默认边连续性设置等，然后单击"应用"按钮或"确定"按钮即可通过边界创建填充曲面。

图 6-150 创建曲面示例：整体突变

图 6-151 "填充区面"对话框

填充曲面的形状控制方法有"无""充满""拟合至曲线"和"拟合至小平面体"。其中，"无"选项表示曲面无更多约束，"充满"选项表示通过沿曲面指定点的局部法向拖动曲面来修改曲面，"拟合至曲线"选项表示将曲面拟合至选定的曲线，"拟合至小平面体"选项表示将曲面拟合至选定的小平面体。

6.7.4 缝合与取消缝合

"缝合"命令（对应的工具为"缝合"按钮📖）用于通过将公共边缝合在一起来组合片体，或通过缝合公共面来组合实体；"取消缝合"命令（对应着"取消缝合"按钮📖）则用于取消缝合体中的面。

要缝合具有公共边的两个曲面片体，则可以按照如下的方法步骤来进行。

① 在上边框条中单击"菜单"按钮 🔳 菜单(M)· 后选择"插入"|"组合"|"缝合"命令，或者在功能区"曲面"选项卡的"曲面工序"面板中单击"缝合"按钮📖，系统弹出图 6-152 所示的"缝合"对话框。"类型"选项组的"类型"下拉列表框提供了"片体"和"实体"这两个选项。"片体"选项用于通过将公共边缝合在一起来组合片体，而"实体"选项用于通过缝合公共面来组合实体。在这里，将类型选项设置为"片体"。

② 选择目标片体。

③ 选择工具片体。

④ 在"设置"选项组中设置是否输出多个片体，以及设置缝合公差。

⑤ 在"缝合"对话框中单击"确定"按钮。

取消缝合面的操作很简单，即在上边框条中单击"菜单"按钮 🔳 菜单(M)· 并选择"插入"|"组合"|"取消缝合"命令，或者在功能区"曲面"选项卡的"曲面工序"面板中单击"更多"|"取消缝合"按钮📖，弹出图 6-153 所示的"取消缝合"对话框，接着从"工具选项"下拉列表框中选择"面"选项，并在图形窗口中选择要从体取消缝合的面，然后在"设置"选项组中设置是否保持原先的，以及设置输出选项（如"对应相连面的一个体"或"每个面对应一个体"），最后单击"确定"按钮或"应用"按钮。

图 6-152 "缝合"对话框

图 6-153 "取消缝合"对话框

6.7.5 桥接曲面

单击"桥接"按钮 ，可以创建合并两个面的片体，该片体是依据用户指定的两组主面和侧面上的曲线等来构建的，可以将桥接曲面看作是两个片体之间的一个过渡曲面。创建桥接曲面的典型示例如图 6-154 所示。下面通过该典型示例介绍如何创建桥接曲面，该典型范例所用到的示例源文件为"bc_6_qjqx.prt"。

图 6-154　创建桥接曲面

① 在功能区"曲面"选项卡的"曲面"面板中单击"桥接"按钮 ，或者在上边框条中单击"菜单"按钮 菜单(M)· 并选择"插入"|"细节特征"|"桥接"命令，系统弹出图 6-155 所示的"桥接曲面"对话框。

② 此时系统提示选择靠近边的面或选择一条边。在该提示下选择图 6-156 所示的一条曲面边以完成选择边 1。

图 6-155　"桥接曲面"对话框

图 6-156　选择一条曲面边

③ 系统自动切换至选择边 2 的状态。在图形窗口中选择边 2，如图 6-157 所示，注意边 2 和边 1 的曲线方向要一致。

④ 在"桥接曲面"对话框中展开"约束"选项组，分别设置"连续性""相切幅值"（注意观察"相切幅值"对桥接曲面形状的影响）和"流向"等方面选项及参数，如图 6-158所示。

知识点拨：边 1 和边 2 的"流向"可以为"未指定""等参数"或"垂直"。当从"流向"子选项组的"边 1 和 2"下拉列表框中选择"未指定"选项时，曲面的等参数方向不受任何特定方向的约束；当选择"等参数"选项时，曲面的等参数方向遵循输入曲面的等参数方向；当选择"垂直"选项时，曲面的等参数方向垂直于输入曲线或边。

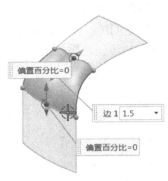

图 6-157 选择边 2

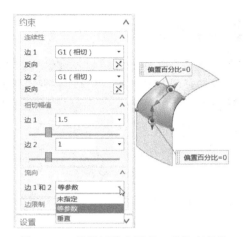

图 6-158 设置桥接曲面的一些约束条件

⑤ 在"约束"选项组中展开"边限制"子选项组，选择"边 1"选项卡，将"起点百分比"的值设置为"0"，"终点百分比"的值默认为"100"，将"偏置百分比"的值设置为"0"；边 2 的边限制也一样；展开"设置"选项组，从"引导线"的"重新构建"下拉列表框中选择"无"选项，接受默认的公差值，如图 6-159 所示。

⑥ 单击"桥接曲面"对话框中的"确定"按钮，完成创建该桥接曲面的效果如图 6-160 所示。

图 6-159 设置边限制

图 6-160 完成创建桥接曲面

6.8 曲面综合实战案例

前面介绍了曲面建模的相关基础知识，使读者对曲面有了基本了解。为了让读者更好地掌握曲面的应用知识和提高曲面设计能力，本节介绍一个典型的曲面综合应用实例。

本曲面综合应用实例要完成的曲面模型为一个饮料瓶子，如图 6-161 所示，它由若干个曲面片体组成。

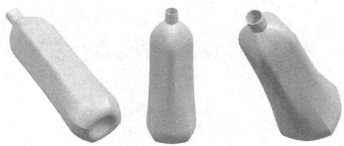

图 6-161　饮料瓶子

下面介绍该饮料瓶子的曲面模型的建模过程。

1. 新建所需的文件

① 在"快速访问"工具栏中单击"新建"按钮□，或者按〈Ctrl+N〉快捷键，系统弹出"新建"对话框。

② 在"模型"选项卡的"模板"列表中选择名称为"模型"的模板（主单位为毫米），在"新文件名"选项组的"名称"文本框中输入"bc_6r_fl_ylpz"，并指定要保存到的文件夹。

③ 在"新建"对话框中单击"确定"按钮。

2. 使用"高级"角色

在资源条中单击"角色"标签💃以打开角色资源板导航窗口，从 Content 角色库下选择"高级"角色。

3. 创建拉伸片体

① 在功能区"主页"选项卡的"特征"面板中单击"拉伸"按钮⚄，打开"拉伸"对话框。

② 在"拉伸"对话框的"截面"选项组中单击"绘制截面"按钮⚄，弹出"创建草图"对话框。

③ 将草图类型选项设为"在平面上"，平面方法选项为"现有平面"，在模型窗口中选择基准坐标系中的 XC-YC 坐标面，其他采用默认设置，单击"确定"按钮，进入草图模式。

④ 绘制图 6-162 所示的草图，注意相关约束，单击"完成"按钮🏁。

⑤ 返回到"拉伸"对话框，将方向矢量选项设置为"ZC 轴"ᶻᶜ↑，并分别设置开始距离值为"0"，结束距离值为"50"，布尔选项为"无"，拔模选项为"无"，偏置选项为"无"，体类型为"片体"，此时预览如图 6-163a 所示。

⑥ 在"拉伸"对话框中单击"确定"按钮，创建的拉伸片体如图 6-163b 所示。

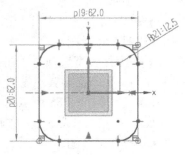

图 6-162　绘制草图

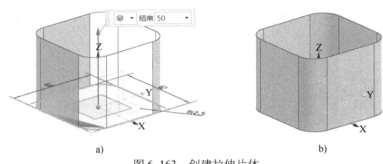

图 6-163 创建拉伸片体

a) 预览效果 b) 完成拉伸片体

4. 创建基准平面

① 在"特征"面板中单击"基准平面"按钮□，打开"基准平面"对话框。

② 从"类型"下拉列表框中选择"按某一距离"选项，选择 XC-YC 面作为平面参考，在"偏置"选项组中输入偏置距离为"95"，设置"平面的数量"为"1"，在"设置"选项组中勾选"关联"复选框，如图 6-164 所示。

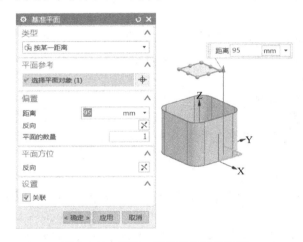

图 6-164 按某一距离创建基准平面

③ 单击"基准平面"对话框中的"确定"按钮。

5. 创建一个草图

① 在功能区"主页"选项卡的"直接草图"面板中单击"草图"按钮▦，系统弹出"创建草图"对话框。

② 草图类型选项为"在平面上"，将平面方法更改为"现有平面"，选择刚创建的基准平面作为草图平面，其他设置采用默认设置，单击"确定"按钮，进入直接草图模式。

③ 绘制图 6-165 所示的一个圆。

④ 单击"完成草图"按钮▦。此时，可以按〈End〉键调整视角。

6. 再创建草图

① 在功能区"主页"选项卡的"直接草图"面板中单击"草图"按钮▦，系统弹出"创建草图"对话框。

② 从"草图类型"下拉列表框中选择"在平面上",从"草图平面"选项组的"平面方法"下拉列表框中选择"现有平面",接着指定 XC-ZC(即 XZ 面)作为草图平面,单击"确定"按钮,进入直接草图模式。

③ 绘制图 6-166 所示的一个圆弧,注意其几何约束和尺寸约束。

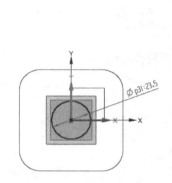

图 6-165 绘制一个圆

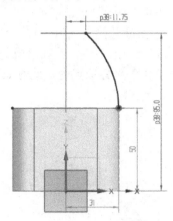

图 6-166 绘制一个圆弧

④ 单击"完成草图"按钮 ▓ 。此时,可按〈End〉键将视角调整为正等轴测视图。

7. 创建镜像曲线

① 在功能区中切换至"曲线"选项卡,接着从"派生曲线"面板中单击"镜像曲线"按钮 ,系统弹出"镜像曲线"对话框。

② 选择上步骤在指定草图平面内绘制的圆弧作为要镜像的曲线。

③ 从"镜像平面"对话框的"镜像平面"选项组的"平面(刨)"下拉列表框中选择"现有平面"选项,单击"平面或面"按钮 ,在基准坐标系中选择 YC-ZC 面,如图 6-167 所示。

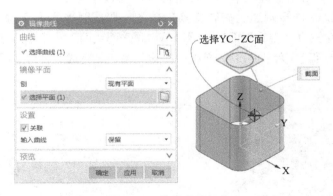

图 6-167 镜像曲线操作

④ 在"设置"选项组中,勾选"关联"复选框,并从"输入曲线"下拉列表框中选择"保留"选项。

⑤ 在"镜像曲线"对话框中单击"确定"按钮,创建镜像曲线的效果如图 6-168 所示。

8. 创建另外两条曲线

① 直接按〈Ctrl+T〉快捷键，或者在上边框条中单击"菜单"按钮 ，并选择"编辑"|"移动对象"命令，弹出"移动对象"对话框。

② 选择要移动的对象，接着在"变换"选项组的"运动"下拉列表框中选择"角度"选项，设置旋转角度为"90"deg（°），并在"结果"选项组中选择"复制原先的"单选按钮，设置"距离/角度分割"值为"1"，"非关联副本数"为"1"，然后激活"变换"选项组中的"指定矢量"选项，选择 Z 轴，或选择"ZC 轴"图标选项 ，并利用"点对话框"按钮 来指定轴点位于坐标原点处，此时如图 6-169 所示。

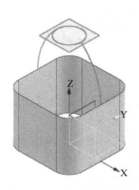

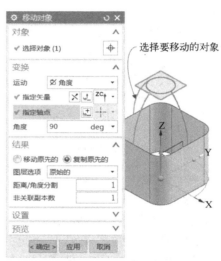

图 6-168　完成镜像曲线　　　　　　　图 6-169　旋转移动对象-复制原先的

③ 在"移动对象"对话框中单击"确定"按钮。此时曲线如图 6-170 所示。

④ 在功能区"曲线"选项卡的"派生曲线"面板中单击"镜像曲线"按钮 ，打开"镜像曲线"对话框。选择刚通过旋转变换创建的一段圆弧作为要镜像的曲线，从"平面（刨）"下拉列表框中选择"现有平面"选项，单击"平面或面"按钮 ，选择 XC-ZC 坐标平面，"输入曲线"选项默认为"保留"，单击"确定"按钮。完成的镜像曲线如图 6-171 所示。

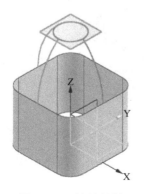

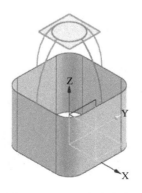

图 6-170　旋转复制　　　　　　　　　图 6-171　完成镜像曲线

9. 使用"通过曲线网格"命令创建曲面

① 在功能区中切换至"曲面"选项卡，接着从该选项卡的"曲面"面板中单击"通过曲线网格"按钮，系统弹出"通过曲线网格"对话框。

② 选择草图圆作为第一主曲线，在"主曲线"选项组中单击"添加新集"按钮，在拉伸片体上边缘的合适位置处单击以定义第 2 主曲线（可巧用位于绘图区域上方的曲线规则下拉列表框来设置曲线规则，例如选择"相切曲线"等），并注意应用"指定原始曲线"按钮和"反向"按钮，以确保指定两条主曲线的原点方向一致，如图 6-172 所示。

③ 在"交叉曲线"选项组中单击"交叉曲线"按钮，按照顺序依次选择 3 条圆弧线作为交叉曲线，注意每选择完一个交叉曲线时，可单击鼠标中键确定。此时，模型预览如图 6-173 所示。

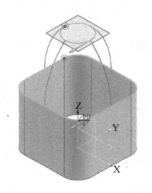
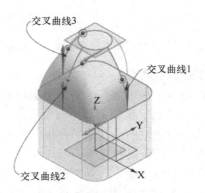

图 6-172　指定两条主曲线　　　　图 6-173　选择 3 条交叉曲线

④ 在"连续性"选项组中，从"最后主线串"下拉列表框中选择"G1（相切）"选项，然后在"面"按钮被按下的状态下，在曲面模型中单击拉伸曲面片体，如图 6-174 所示。

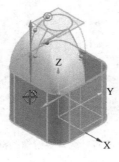

图 6-174　设置连续性选项

⑤ 设置输出曲面选项，以及在"设置"选项组的"体类型"下拉列表框中选择"片体"选项，如图 6-175 所示。

⑥ 在"通过曲线网格"对话框中单击"确定"按钮。可以将之前创建的基准平面隐藏

起来，此时曲面模型效果如图 6-176 所示。

图 6-175　设置输出曲面选项和体类型等

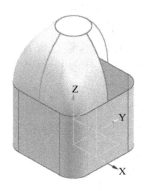

图 6-176　曲面模型效果

10. 创建镜像特征

①　在功能区中切换至"主页"选项卡，从"特征"面板中单击"更多"|"镜像特征"按钮♫，系统弹出"镜像特征"对话框。

②　选择"通过曲线网格"特征作为要镜像的特征，如图 6-177 所示。可以在部件导航器和图形窗口中指定要镜像的特征。

③　在"镜像平面"选项组的"平面（刨）"下拉列表框中选择"现有平面"，单击"平面"按钮□，选择 XC-ZC 坐标面（即 XZ 面）作为镜像平面。

④　单击"镜像特征"对话框中的"确定"按钮，得到的镜像特征结果如图 6-178 所示。

图 6-177　选择要镜像的特征

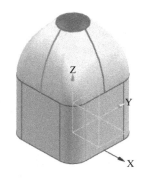

图 6-178　镜像特征

11. 绘制用于构建瓶子下部的一个草图曲线

①　在上边框条中单击"菜单"按钮📝菜单(M)·并选择"插入"|"在任务环境中绘制草图"命令，系统弹出"创建草图"对话框。

②　草图类型选项为"在平面上"，平面方法为"现有平面"，在基准坐标系中选择 XC-ZC 坐标平面作为草图平面，其他设置采用默认设置，单击"确定"按钮，进入草图模式。

③　绘制图 6-179 所示的一段相切曲线。

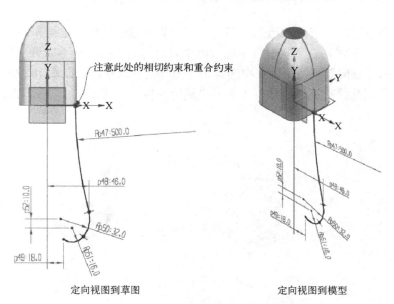

注意此处的相切约束和重合约束

定向视图到草图　　　　　　　　　定向视图到模型

图 6-179　绘制一段相切曲线

④ 在"草图"面板中单击"完成"按钮🏁。

12. 阵列生成所需的曲线

① 在"特征"面板中单击"更多"|"阵列几何特征"按钮，或者在上边框条中单击"菜单"按钮 ▤ 菜单(M)▾ 并选择"插入"|"关联复制"|"阵列几何特征"命令，系统弹出"阵列几何特征"对话框。

② 从"阵列定义"选项组的"布局"下拉列表框中选择"圆形"选项。

③ 在选择条的"曲线规则"下拉列表框中选择"相切曲线"，接着单击图 6-180 所示的相切曲线作为要形成阵列的几何对象。

④ 在"阵列定义"选项组的"旋转轴"子选项组的"指定矢量"下拉列表框中选择"ZC 轴"图标选项 ，单击"点对话框"按钮，弹出"点"对话框，参考坐标类型为"绝对-工作部件"，设置"X"为"0"，"Y"为"0"，"Z"为"0"，单击"确定"按钮，设置示意如图 6-181 所示。

图 6-180　选择要形成阵列的对象

图 6-181　定义旋转轴

⑤ 在"角度方向"子选项组的"间距"下拉列表框中选择"数量和节距"选项，输入数量为 2，节距角为 90，在"辐射"子选项组中取消勾选"创建同心成员"复选框，在"方向"子选项组的"方向"下拉列表框中选择"遵循阵列"选项，如图 6-182 所示。

⑥ 在"阵列几何特征"对话框中单击"确定"按钮，完成创建的曲线效果如图 6-183 所示。

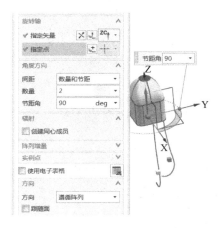

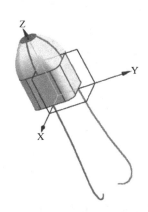

图 6-182　设置角度方向等　　　　　　　图 6-183　完成实体几何体创建

13．创建旋转片体

① 在"特征"面板中单击"旋转"按钮，弹出"旋转"对话框。

② 在"截面"选项组中单击"绘制截面"按钮，弹出"创建草图"对话框，从"草图类型"下拉列表框中选择"在平面上"选项，在"草图平面"选项组的"平面方法"下拉列表框中选择"自动判断"选项，选择 XC-ZC 坐标面作为草图平面，单击"确定"按钮。

③ 绘制图 6-184 所示的一段圆弧，注意相关约束。单击"完成"按钮，完成草图绘制。

④ 选择"ZC 轴"图标选项 定义旋转轴矢量，单击"点对话框"按钮并利用弹出的"点"对话框设置点参考坐标类型为"绝对-工作部件"，设置"X"为"0"，"Y"为"0"，"Z"为"0"，然后单击"确定"按钮。

⑤ 在"限制"选项组、"布尔"选项组、"偏置"选项组和"设置"选项组中分别设置图 6-185 所示的选项及参数。

⑥ 单击"确定"按钮，完成该旋转曲面的创建。此时可将基准坐标系等基准特征隐藏。

14．使用"通过曲线网格"命令创建曲面

① 在"曲面"面板中单击"通过曲线网格"按钮，弹出"通过曲线网格"对话框。

② 在选择条中将曲线规则设置为"单条曲线"，依次选择 3 条曲线（A、B、C）定义主曲线 1，定义好主曲线 1 后单击鼠标中键确认；接着选择主曲线 2，单击鼠标中键。注意两条主曲线中显示的箭头方位，如图 6-186 所示。

③ 在"交叉曲线"对话框中单击"交叉曲线"按钮，将曲线规则设为"相连曲线"，选择交叉曲线 1，单击鼠标中键确认，接着选择交叉曲线 2，单击鼠标中键确认。注意

它们的选择位置，如图 6-187 所示。

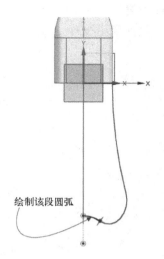

图 6-184 绘制一段圆弧

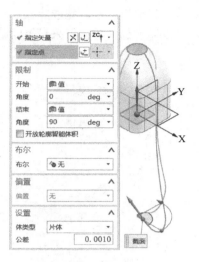

图 6-185 设置相关限制选项等

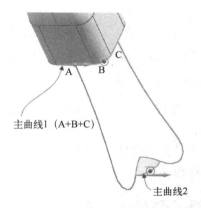

图 6-186 指定两条主曲线

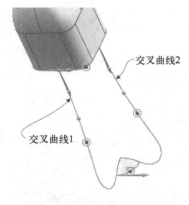

图 6-187 指定两条交叉曲线

④ 在"连续性"选项组的"第一主线串"下拉列表框中选择"G1（相切）"选项，接着选择相应的相切面，如图 6-188 所示。从"第二主线串"下拉列表框中选择"G1（相切）"选项，单击对应的"面"按钮 ，接着单击旋转曲面，如图 6-189 所示。第一交叉线串和最后交叉线串的连续性选项均为"G0（位置）"。

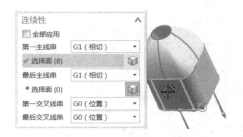

图 6-188 定义第一主线串的相切面

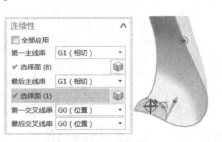

图 6-189 设置最后主线串的 G1

⑤ 在"通过曲线网格"对话框中分别设置其他图 6-190 所示的参数和选项。

⑥ 单击"确定"按钮，完成此操作步骤得到的曲面效果如图 6-191 所示。

此时，可以通过部件导航器来设置隐藏相关的曲线（包括草图线）。

图 6-190　设置其他选项及参数　　　　图 6-191　通过曲线网格创建的曲面效果

15．缝合曲面

① 在功能区"曲面"选项卡的"曲面工序"面板中单击"缝合"按钮 📖，弹出图 6-192 所示的"缝合"对话框。

② 从"类型"选项组的"类型"下拉列表框中选择"片体"选项。

③ 分别指定目标片体和工具片体，如图 6-193 所示。

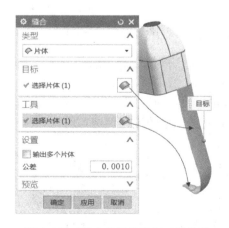

图 6-192　"缝合"对话框　　　　图 6-193　指定目标片体和工具片体

④ 在"设置"选项组中确保取消勾选"输出多个片体"复选框，接受默认的公差值。

⑤ 单击"确定"按钮，完成此次缝合操作。

16. 旋转复制曲面

① 在功能区中切换至"主页"选项卡，接着在该选项卡的"特征"面板中单击"更多"|"阵列几何特征"按钮，系统弹出"阵列几何特征"对话框。

② 从"阵列定义"选项组的"布局"下拉列表框中选择"圆形"选项。

③ 选择上步骤缝合的曲面作为要生成阵列实例的对象。

④ 在"阵列定义"选项组的"旋转轴"子选项组的"指定矢量"下拉列表框中选择"ZC 轴"图标选项，单击位于"指定点"标签右侧的"点对话框"按钮，弹出"点"对话框，设置参考坐标类型为"绝对-工作部件"，设置"X"为"0"，"Y"为"0"，"Z"为"0"，单击"确定"按钮，返回到"阵列几何特征"对话框。

⑤ 在"角度方向"子选项组的"间距"下拉列表框中选择"数量和跨距"选项，设置"数量"为"4"，"跨角"为"360"，在"辐射"子选项组中取消勾选"创建同心成员"复选框，在"方向"子选项组中的"方向"下拉列表框中选择"遵循阵列"选项，在"设置"选项组中勾选"关联"复选框和"复制螺纹"复选框，如图 6-194 所示。

⑥ 单击"确定"按钮。此时曲面效果如图 6-195 所示（图中以带边着色模式显示模型）。

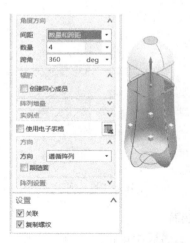 

图 6-194　设置相关选项及参数　　　图 6-195　曲面效果

17. 规律延伸

① 在功能区中切换至"曲面"选项卡，接着从该选项卡的"曲面"面板中单击"规律延伸"按钮，系统弹出"规律延伸"对话框。

② 设置曲线规则为"相切曲线"，选择要延伸的基本曲线轮廓，如图 6-196 所示。

③ 在"规律延伸"对话框中，从"类型"选项组的"类型"下拉列表框中选择"矢量"选项，接着在"参考矢量"选项组的"指定矢量"下拉列表框中选择"ZC 轴"图标选项，然后分别设置长度规律、角度规律和相反侧延伸类型，如图 6-197 所示。

④ 在"设置"选项组中设置图 6-198 所示的选项。

⑤ 在"规律延伸"对话框中单击"确定"按钮，完成规律延伸得到的曲面效果如图 6-199 所示。

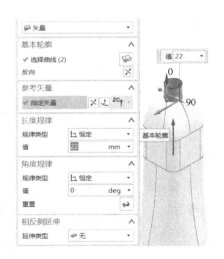

图 6-196　选择基本曲线轮廓　　　　　图 6-197　规律和延伸类型设置

图 6-198　其他设置选项　　　　　图 6-199　规律延伸的结果

18．将所有片体曲面缝合成一个单独的片体曲面

❶ 在功能区"曲面"选项卡的"曲面工序"面板中单击"缝合"按钮 📖，打开"缝合"对话框。

❷ "类型"选项为"片体"，接着选择拉伸曲面片体作为"目标片体"，然后选择其他全部的片体作为"工具片体"，在"设置"选项组中不勾选"输出多个片体"复选框。

❸ 单击"确定"按钮，完成将所有片体缝合成一个片体。

此时，可单击"着色"按钮 🔵 以设置使用着色模式显示模型。

19．加厚片体得到实体模型

❶ 在"曲面工序"面板中单击"加厚"按钮 📖，弹出"加厚"对话框。

❷ 系统提示选择要加厚的面，在该提示下单击缝合后的曲面模型。

❸ 在"厚度"选项组中设置"偏置 1"为"1.2"，"偏置 2"为"0"，单击"反向"按钮 X 以设置向内侧加厚，如图 6-200 所示。

❹ 单击"加厚"对话框中的"确定"按钮。

为了获得较佳的模型显示效果，可以隐藏缝合特征，最终获得的效果如图 6-201 所示。

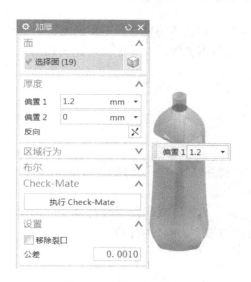

图6-200 设置加厚厚度　　　　　图6-201 加厚效果

20. 保存文档

单击"保存"按钮 █，或者按〈Ctrl+S〉快捷键，在指定的文件夹目录中保存当前模型文件。

6.9 本章小结

曲面设计在现代产品的造型设计中具有不可忽视的地位。对于专业造型与结构设计师而言，必须要掌握好曲面设计的相关技能和技巧。

本章首先介绍的内容是曲面基础知识，包括曲面的基本概念、分类和整体设计方法等。接着重点介绍的曲面知识有由点构面、由线构面、曲面的其他创建方法、编辑曲面、曲面加厚及其他几个曲面实用功能（"四点曲面""整体突变""填充曲面""缝合""取消缝合"和"桥接曲面"），最后介绍一个曲面综合应用范例。

由点构面的命令主要包括"通过点""从极点""拟合曲面"和"快速造面"等；由线构面的命令主要包括"艺术曲面""通过曲线组""通过曲线网格""扫掠""剖切曲面"和"N边曲面"命令等；而在"曲面的其他创建方法"一节中则重点介绍了"规律延伸""延伸曲面""轮廓线弯边""偏置曲面""可变偏置""偏置面""修剪片体""修剪和延伸""分割面"等创建方法命令的应用；在"编辑曲面"一节中介绍的内容包括"X型"、"I型""使曲面变形""变换曲面""扩大""剪断曲面""整修面""更改边""更改阶次""更改刚度""法向反向"和"光顺极点"等。此外，要了解和掌握"加厚""四点曲面""整体突变""填充曲面""缝合""取消缝合""桥接曲面"和一些形状分析命令等应用。有关曲面和曲线的形状分析工具命令位于功能区的"分析"选项卡中，有兴趣的读者可以认真去钻研一下。曲面与曲线形状分析在实际设计工作中也比较重要，需要用户多加注意和学习。

在 NX 10.0 中，还提供了"NX 创意塑型"工具按钮 █，单击此按钮，则可以启用

"NX 创意塑型"任务环境，利用该任务环境可以很方便地进行 NX 创意塑型设计工作。

在学习本章知识的同时，别忘记了认真复习曲线的相关创建与编辑知识，因为曲面的构建通常离不开曲线的搭建。

6.10　思考练习

1）曲面的基本概念有哪些？

2）由点构面的方法主要有哪几种？它们分别具有怎么样的应用特点？

3）由线构面的典型方法主要有哪些？

4）什么是 N 边曲面？如何创建 N 边曲面？可以举例说明 N 边曲面的创建步骤。

5）如何在指定曲面上进行移动定义点或极点的编辑操作？

6）如何进行等参数修剪/分割操作？

7）举例说明曲面加厚的方法步骤。

8）在什么情况下可以使用"缝合"功能？

9）上机练习：设计一个图 6-202 所示的料斗曲面模型，然后可以将其加厚成实体。要求尺寸由练习者根据模型效果自己确定。

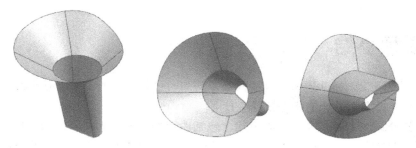

图 6-202　设计料斗曲面模型

10）上机练习：要求应用"通过曲线组"命令工具来完成图 6-203 所示的手机主体初始曲面，具体尺寸自行确定。

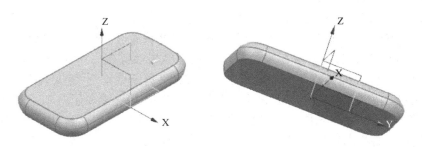

图 6-203　手机初始曲面

11）上机练习：参照本章曲面综合实战案例，在 NX 10.0 中创建图 6-204 所示的瓶子曲面造型，具体尺寸自行确定。

图 6-204　瓶子曲面造型

12）课外进阶上机：按照图 6-205 所示的轿车外壳曲面来自行建模，具体尺寸由练习者根据效果图确定。

图 6-205　轿车外壳

第7章 装配设计

本章导读：

　　装配设计同样是一个产品造型与结构设计师需要重点掌握的内容。通过装配设计可以将设计好的零件组装在一起形成零部件或完整的产品模型，还可以对装配好的模型进行间隙分析、重量管理等操作。本章将结合典型范例来介绍装配设计，主要内容包括装配设计基础、装配配对设计、组件应用、间隙分析、爆炸视图、装配顺序应用等，最后还将介绍两个装配综合应用范例。

7.1 装配设计基础

　　一个产品通常由若干个零部件组成，这便涉及装配设计，所谓的装配设计从常规意义上来说，就是将零部件通过配对条件在产品各零部件之间建立合理的约束关系，确定相互之间的位置关系和连接关系等。

　　在深入介绍装配设计的应用知识之前，先在本节介绍装配设计的最基础的知识，包括如何新建装配文件，初步了解装配设计界面，理解相关的装配术语和常见的装配方法等。

7.1.1 新建装配文件与装配界面简介

　　在 NX 10.0 中，可以使用专门的装配模块来进行装配设计。

　　启动运行 UG NX 10.0 后，单击"新建"按钮 ⬜，系统弹出"新建"对话框。在"模型"选项卡的"模板"选项组中选择名称为"装配"的模板，单位为 mm，如图 7-1 所示，并在"新文件名"选项组中指定新文件名和要保存到的文件夹（即指定保存路径），单击"确定"按钮，从而新建一个装配文件。

　　新装配文件的设计工作界面如图 7-2 所示。该工作界面由标题栏、功能区、上边框条、状态栏、导航器和绘图区域（绘图区域也称"模型窗口"）等部分组成。装配工具及命令基本集中在功能区的"装配"选项卡中，"装配"选项卡主要包括"关联控制"面板、"组件"面板、"组件位置"面板、"常规"面板、"爆炸图"面板、"间隙分析"面板和"更多"库列表。

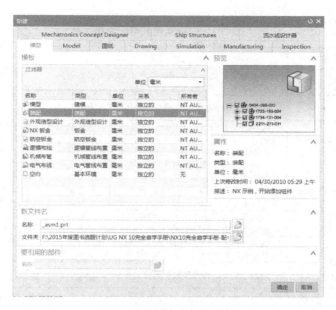

图 7-1 "新建"对话框

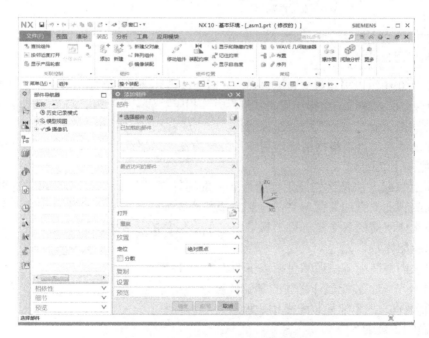

图 7-2 新装配设计模式下的工作界面

7.1.2 装配术语

　　为了更好地学习装配设计知识，在本小节简要地介绍一些装配术语，如装配体、子装配体、组件与组件对象、自顶向下建模、自下而上建模、上下文中设计、配对条件和应用集。相关的常见装配术语如表 7-1 所示。

表 7-1　一些常用的装配术语

序　号	术语名称	定　义	备　注
1	装配体	把单独零件或子装配部件按照设定关系组合而成的装配部件	任何一个.prt文件都可以看作是装配部件或子装配部件
2	子装配体	在上一级装配中被当作组件来使用的装配部件	一个装配体中可以包含若干个子转配体
3	组件与组件对象	组件是指在装配模型中指定配对方式的部件或零件的使用，每一个组件都有一个指针指向部件文件，即组件对象；组件对象是用来链接装配部件或子装配部件到主模型的指针实体	组件可以是子装配部件，也可以是单个零件；组件对象记录着部件的诸多信息，如名称、图层、颜色和配对关系等
4	自顶向下建模	首先规划装配结构，在装配部件自顶向下设计子装配部件和零件等，可在装配级中对组件部件进行编辑或创建	任何在装配级上对部件的更改都会自动反映到相关组件中，保持设计一致性
5	自下而上建模（自底向上）	先对部件和组件进行单独创建和编辑，然后将它们按照一定的关系装配成子装配部件或装配部件	在零件级上对部件进行改变会自动更新到装配体中
6	上下文中设计	当装配部件中某组件设置为工作组件时，可以对其在装配过程中对组件几何模型进行创建和编辑	主要用于在装配过程中参考其他零部件的几何外形进行设计
7	配对条件	用来定位一组件在装配中的位置和方位	配对通常由在装配部件中两组件之间特定的约束关系来完成
8	引用集	指要装入到装配体中的部分几何对象；引用集可以包含零部件的名称、原点、方向、几何对象、基准、坐标系等信息	在装配过程中，由于部件文件包括实体、草图、基准特征等许多图形数据，而装配部件中只需要引用部分数据，因而采用引用集的方式把部分数据单独装配到装配部件中

7.1.3　装配方法基础

在 NX 10.0 中可以采用虚拟装配方式，只需通过指针来引用各零部件模型，使装配部件和零部件之间存在着关联性，这样当更新零部件时，相应的装配文件也会跟着一起自动更新。

典型的装配设计方法思路主要有两种，一种是自底向上装配，另一种则是自顶向下装配。在实际设计中，可以根据情况选用哪种装配方法，或者两种装配设计方法混合应用。

1. 自底向上装配

自底向上装配方法是指先分别创建最底层的零件（子装配件），然后再把这些单独创建好的零件装配到上一级的装配部件，直到完成整个装配任务为止。通俗一点来理解，就是首先创建好装配体所需的各个零部件，接着将它们以组件的形式添加到装配文件中以形成一个所需的产品装配体。

采用自底向上装配方法通常包括以下两大设计环节。

● 设计环节一：装配设计之前的零部件设计。

● 设计环节二：零部件装配操作过程。

2. 自顶向下装配

自顶向下装配设计主要体现为从一开始便注重产品结构规划，从顶级层次向下细化设计。这种设计方法适合协作能力强的团队采用。自顶向下装配设计的典型应用之一是先新建一个装配文件，在该装配中创建空的新组件，并使其成为工作部件，然后按上下文中设计的设计方法在其中创建所需的几何模型。

在装配文件中创建的新组件可以是空的，也可以包含加入的几何模型。在装配文件中创建新组件的一般方法如下。

1️⃣ 在功能区"装配"选项卡的"组件"面板中单击"新建"按钮 ，系统弹出图 7-3 所示的"新组件文件"对话框。

图 7-3 "新组件文件"对话框

2️⃣ 指定模型模板（如以选择名为"装配"的模板为例），设置名称和文件夹后，单击 "确定"按钮，系统弹出"新建组件"对话框，如图 7-4 所示。

3️⃣ 为新组件选择对象，也可以根据实际情况或设计需要不做选择以创建空组件。另外，可以设置是否添加定义对象。

4️⃣ 展开"设置"选项组，如图 7-5 所示：在"组件名"文本框中可指定组件名称；从 "引用集"下拉列表框中选择一个引用集选项；从"图层选项"下拉列表框中指定用于组件 安放的图层（"原始的""工作的"或"按指定的"）；在"组件原点"下拉列表框中选择 "WCS"选项或"绝对坐标系"选项，以定义采用工作相对坐标还是采用绝对坐标系；"删除 原对象"复选框则用于设置是否删除原先的几何模型对象。

图 7-4 "新建组件"对话框

图 7-5 在"设置"选项组中设置

5️⃣ 在"新建组件"对话框中单击"确定"按钮。

7.2 装配约束

在装配设计过程中，可以使用"装配约束"功能，通过指定约束关系在装配中重定位组件。装配约束可用来限制装配组件的自由度，根据装配约束限制自由度的多少，通常可以将装配组件分为完全约束和欠约束两种典型的装配状态。另外在某些情况下还可存在着过约束的特殊情况。

在功能区"装配"选项卡的"组件"面板中单击"添加"按钮 ，或者在上边框条中单击"菜单"按钮 并选择"装配"|"组件"|"添加组件"命令，弹出"添加组件"对话框，选择要添加的部件文件，在"放置"选项组的"定位"下拉列表框中选择"通过约束"选项，如图 7-6 所示，其他可采用默认设置，单击"应用"按钮或"确定"按钮，此时系统弹出图 7-7 所示的"装配约束"对话框。利用该对话框，选择约束类型，并根据该约束类型来指定要约束的几何体等。下面以在装配体中添加已设计好的模型部件为例，结合图例介绍各种装配约束类型的应用方法等。

图 7-6 "添加组件"对话框

图 7-7 "装配约束"对话框

7.2.1 "接触对齐"约束

"接触对齐"约束用于使两个组件彼此接触或对齐，是最为常见的约束类型之一。

在"装配约束"对话框的"类型"下拉列表框中选择"接触对齐"选项，此时在"要约束的几何体"选项组的"方位"下拉列表框中，提供了"首选接触""接触""对齐"和"自动判断中心/轴"这些方位选项，如图 7-8 所示。

● "首选接触"：用于当接触和对齐解都可能时显示接触约束。选择对象时，系统提供的方位方式首选为接触。此为默认选项。

图 7-8 选择"接触对齐"约束类型

● "接触":用于约束对象使其曲面法向在反方向上。选择该方位方式时,指定的两个相配合对象接触(贴合)在一起。如果要配合的两对象是平面,则两平面贴合且默认法向相反,此时用户可以单击"撤销上一个约束"按钮⊠进行反向切换设置,约束效果如图 7-9a 所示;如果要配合的两对象是圆柱面,则两圆柱面以相切形式接触,用户可以根据实际情况通过单击"撤销上一个约束"按钮⊠来设置是外相切还是内相切,得到的接触约束情形可以如图 7-9b 所示。

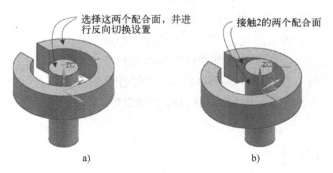

a)　　　　　　　　　　　　b)

图 7-9 "接触对齐"约束的接触示例

a) 接触约束的情形 1　b) 接触约束的情形 2

● "对齐":用于约束对象使其曲面法向在相同的方向上。选择该方位方式时,将对齐选定的两个要配合的对象。对于平面对象而言,将默认选定的两个平面共面并且法向相同,同样可以进行反向切换设置。对于圆柱面,也可以实现面相切约束。还可以对齐中心线。用户可以总结或对比一下"接触"与"对齐"方位约束的异同之处。

● "自动判断中心/轴":选择该方位方式时,可根据所选参照曲面来自动判断中心/轴,实现中心/轴的接触对齐,如图 7-10 所示。

图 7-10 "接触对齐"的"自动判断中心/轴"方位约束示例

7.2.2 "中心"约束

"中心"约束用于使一对对象之间的一个或两个对象居中，或使一对对象沿另一个对象居中。从"装配约束"对话框的"类型"下拉列表框中选择"中心"选项时，该约束类型的子类型包括"1 对 2""2 对 1"和"2 对 2"，如图 7-11 所示。

- "1 对 2"：在后两个所选对象之间使第一个所选对象居中。
- "2 对 1"：使两个所选对象沿第三个所选对象居中。
- "2 对 2"：使两个所选对象在两个其他所选对象之间居中。

图 7-11 选择"中心"约束类型

7.2.3 "胶合"约束

在"装配约束"对话框的"类型"下拉列表框中选择"胶合"选项，如图 7-12 所示，此时可以为"胶合"约束选择要约束的几何体或拖动几何体。使用"胶合"约束相当于将组件"焊接"在一起，使它们作为刚体移动。"胶合"约束只能应用于组件，或组件和装配级的几何体；其他对象不可选。

7.2.4 "角度"约束

"角度"约束用于装配约束组件之间的角度尺寸，该约束可以在两个具有方向矢量的对象之间产生，角度是两个方向矢量的夹角，初始默认时逆时针方向为正。"角度"约束的子类型有"3D 角"和"方向角度"，前者用于在未定义旋

图 7-12 选择"胶合"约束类型

转轴的情况下设置两个对象之间的角度约束，后者使用选定的旋转轴设置两个对象之间的角度约束。

当设置"角度"约束的子类型为"3D 角"时，需要选择两个有效对象（在组件和装配体中各选择一个对象，如实体面），并设置这两个对象之间的角度尺寸，如图 7-13 所示。当设置"角度"约束的子类型为"方向角度"时，需要选择 3 个对象，其中一个对象可为轴或边。

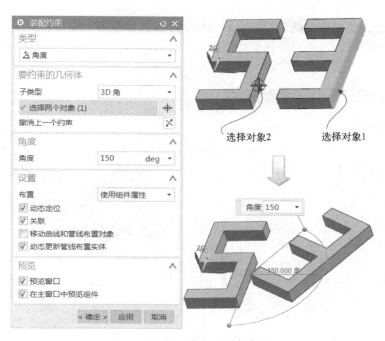

图 7-13 "角度"约束示例

7.2.5 "同心"约束

　　"同心"约束用于约束两个组件的圆形边或椭圆形边，以使中心重合，并使边的平面共面。采用"同心"约束的示例如图 7-14 所示，从"装配约束"对话框的"类型"下拉列表框中选择"同心"类型后，分别在添加的组件中选择一个端面圆（圆对象）和在装配体原有组件中选择一个端面圆（圆对象）。

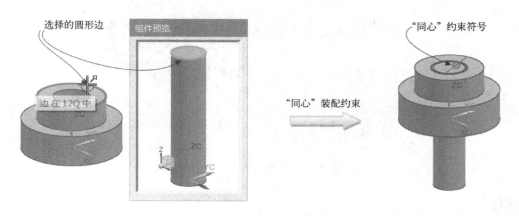

图 7-14 "同心"约束的示例

7.2.6 "距离"约束

　　"距离"约束通过指定两个对象之间的最小距离来确定对象的相互位置。选择该约束类型选项时，在选择要约束的两个对象参照（如实体平面、基准平面等）后，需要输入这两个对象之间的最小距离，距离可以是正数，也可以是负数。采用"距离"约束的示例如图 7-15 所示。

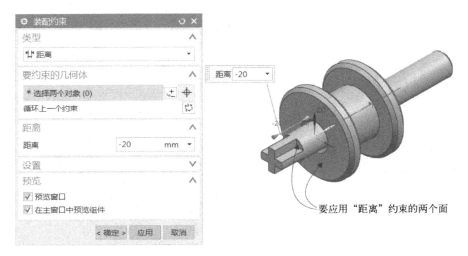

图 7-15　示例："距离"约束

7.2.7　"平行"约束

"平行"约束将两个对象的方向矢量定义为相互平行。如图 7-16 所示，该示例中选择两个实体面来定义方式矢量平行。

图 7-16　示例："平行"约束

7.2.8　"垂直"约束

"垂直"约束是配对约束组件的方向矢量垂直。该约束类型和"平行"约束类型类似，只是方向矢量不同而已。应用"垂直"约束的示例如图 7-17 所示。

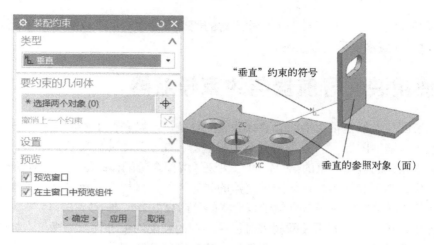

图 7-17　示例："垂直"约束

7.2.9 　"固定"约束

"固定"约束用于将组件在装配体中的当前指定位置处固定。在需要隐含的静止对象时，"固定"约束会很有用；如果没有固定的节点，整个装配可以自由移动。在"装配约束"对话框的"类型"下拉列表框中选择"固定"选项时，此时系统提示为"固定"选择对象或拖动几何体。选择对象即可在当前位置处固定它，固定的几何体会显示固定符号，如图 7-18 所示。

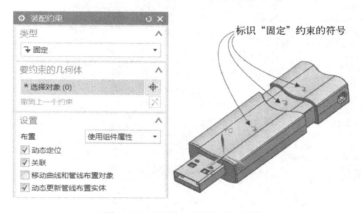

图 7-18　示例："固定"约束

7.2.10 　"对齐/锁定"约束

"对齐/锁定"约束将两个对象（所选对象要一致，如圆柱面对圆柱面，圆边线对圆边线、直边线对直边线等）快速对齐/锁定。例如，使用该约束可以使选定的两个圆柱面的中心线对齐，或者使选定的两个圆边共面且中心对齐。

7.2.11 　"等尺寸配对"约束

使用"等尺寸配对"约束可以使所选的有效对象实现等尺寸配对，例如，可以将半径相等的两个圆柱面结合在一起。对于等尺寸配对的两个圆柱面，如果以后半径变为不等，则该"等尺寸配对"约束将变为无效状态。

7.3 使用装配导航器与约束导航器

NX 的装配导航器是很实用的。要打开装配导航器，则在位于绘图窗口左侧的资源条中单击"装配导航器"图标 ，从而打开装配导航器。在设计中使用装配导航器，可以直观地查阅装配体中相关的装配约束的信息，可以快速了解整个装配体的组件构成等信息。图 7-19 为某装配文件的装配导航器，在装配导航器的装配树中，以树节的形式显示了装配部件内部使用的装配约束（装配约束子节点位于装配树的"约束"节点之下）。

在设计中，用户可以利用装配树来对已经存在的装配约束进行一些操作，如重新定义、反向、抑制、隐藏和删除等。例如，在某一个装配文件的装配导航器中，展开装配树的"约束"树节点，接着右击其中一个"对齐"约束，则弹出一个快捷菜单，从中可以选择"重新定义""反向""抑制""重命名""隐藏""删除""特定于布置""在布置中编辑"等命令之一进行相应操作。

另外，在位于绘图窗口左侧的资源条中单击"约束导航器"图标 ，可打开约束导航器来查看约束信息，如图 7-20 所示，在约束导航器中也可以使用右键快捷菜单来对所选约束进行相关操作。

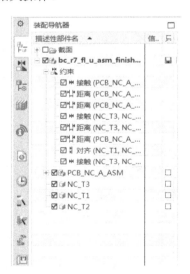

图 7-19　装配导航器

图 7-20　打开约束导航器

7.4 组件应用

在装配模式下的组件应用包括这些内容：新建组件、添加组件、镜像装配、阵列组件、移动组件、替换组件、装配约束、新建父对象、显示自由度、显示和隐藏约束、设置工作部件与显示部件等。下面介绍这些中常用的组件应用知识。

7.4.1 新建组件

在装配模式下可以新建一个组件，该组件可以是空的，也可以加入复制的几何模型。通常在自顶向下装配设计中进行新建组件的操作。

在一个装配文件中，如果要新建一个组件，那么可按照以下简述的步骤进行。

① 在功能区"装配"选项卡的"组件"面板中单击"新建"按钮 ，系统弹出"新组件文件"对话框。

② 在该对话框中指定模型模板，设置名称和文件夹等，然后单击"确定"按钮，弹出"新建组件"对话框。

③ 此时，可以为新组件选择对象，也可以根据实际情况或设计需要不作选择以创建空组件。接着在"新建组件"对话框的"设置"选项组中分别指定组件名、引用集、图层选项、组件原点等，如图 7-21 所示。

图 7-21 "新建组件"对话框

④ 在"新建组件"对话框中单击"确定"按钮。

7.4.2 添加组件

设计好相关的零部件之后，可以在装配环境下通过"添加组件"方式并定义装配约束等来装配零部件。

添加组件的典型操作方法说明如下。

① 在功能区"装配"选项卡的"组件"面板中单击"添加"按钮 ，系统弹出图 7-22 所示的"添加组件"对话框。"添加组件"对话框具有"部件"选项组、"放置"选项组、"复制"选项组、"设置"选项组和"预览"选项组。

② 使用"部件"选项组来选择部件。可以从"已加载的部件"列表框中选择部件（"已加载的部件"列表框中显示的部件为先前装配操作加载过的部件），也可以从"最近访问的部件"列表框中选择部件，还可以在"部件"选项组中单击"打开"按钮 ，接着利用弹出的"部件名"对话框选择所需的部件文件来打开。初始默认情况下，选择的部件将在单独的"组件预览"窗口中显示，如图 7-23 所示，这是由于"预览"选项组中的"预览"复

选框处于默认选中状态所致。

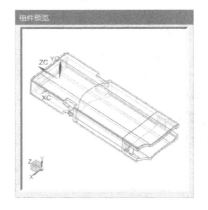

图 7-22 "添加组件"对话框　　　　　图 7-23 "组件预览"窗口

③ 在"放置"选项组中，从"定位"下拉列表框中选择要添加的组件定位方式选项，如图 7-24 所示。倘若在"定位"下拉列表框中选择"通过约束"选项，并单击"应用"按钮后，则系统将弹出"装配约束"对话框，需要用户定义约束条件。

通常对在新装配文件中添加的第一个组件采用"绝对原点"或"通过原点"方式定位。

如果需要，可以在"复制"选项组中，从"多重添加"下拉列表框中选择"无""添加后重复"或"添加后创建阵列"选项，如图 7-25 所示。

图 7-24 选择定位方式　　　　　图 7-25 设置多重添加选项

④ 在"设置"选项组中，选择引用集和安放图层选项，如图 7-26 所示。其中，图层选项有"原始的"、"工作的"和"按指定的"这 3 个选项："原始的"图层是指添加组件所在的图层；"工作的"图层是指装配的操作层；"按指定的"图层是指用户指定的图层。

图 7-26 选择引用集和安放的图层

⑤ 单击"应用"按钮或"确定"按钮，继续操作直到完成装配。

7.4.3 镜像装配

在装配设计模式下，可以很方便地创建整个装配或选定组件的镜像版本。在图 7-27 所示的装配示例中先装配好一个非标准的内六角螺栓，然后采用镜像装配的方法在装配体中装配好另一个规格相同的内六角螺栓。

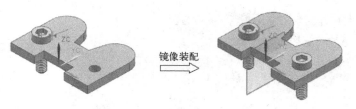

图 7-27 镜像装配示例

下面以上述镜像装配示例（装配源文件为"nc_7_jx_asm.prt"）为例辅助介绍镜像装配的典型方法及步骤。

① 单击"打开"按钮，系统弹出"打开"对话框，选择"nc_7_jx_asm.prt"文件，单击"OK"按钮。

② 在功能区中切换至"装配"选项卡，从"组件"面板中单击"镜像装配"按钮，系统弹出图 7-28 所示的"镜像装配向导"对话框。

图 7-28 "镜像装配向导"对话框（1）

③ 在"镜像装配向导"对话框中单击"下一步"按钮。

④ 系统提示选择要镜像的组件。在本例中选择已经装配到装配体中的第一个内六角螺栓，此时"镜像装配向导"对话框如图 7-29 所示。

图 7-29 "镜像装配向导"对话框（2）

⑤ 在"镜像装配向导"对话框中单击"下一步"按钮。

⑥ 系统提示选择镜像平面。由于没有所需的平面作为镜像平面，则在"镜像装配向导"对话框中单击图 7-30 所示的"创建基准平面"按钮 ▢，系统弹出"基准平面"对话框。在"基准平面"对话框的"类型"下拉列表框中选择"YC-ZC 平面"，接着设置距离为 0，如图 7-31 所示，然后单击"确定"按钮，从而创建所需的基准平面。

图 7-30　单击"创建基准平面"按钮　　　　　　　　　　图 7-31　创建基准平面

⑦ 在"镜像装配向导"对话框中单击"下一步"按钮，此时对话框进入"命名策略"设置页面，如图 7-32 所示，接受默认的命名规则和目录规则，单击"下一步"按钮。此时，"镜像装配向导"对话框进入"镜像设置"页面，如图 7-33 所示，同时系统提示选择要更改其初始操作的组件，本例直接单击"下一步"按钮。

图 7-32　"命名策略"设置页面　　　　　　　　　　图 7-33　"镜像设置"设置页面

⑧ "镜像装配向导"对话框变为图 7-34 所示，同时系统给出一个镜像装配结果。如果需要，用户可以单击"循环重定位解算方案"按钮 ▥，在几种镜像方案之间切换以获得满足设计要求的镜像装配效果。注意另外几个按钮的功能应用。在本例中直接单击"完成"按钮，获取满足设计要求的镜像组件，最终的装配结果如图 7-35 所示。

 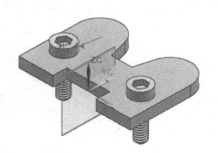

图 7-34 "镜像装配向导"对话框（镜像检查）　　　图 7-35 装配镜像结果

7.4.4 阵列组件

阵列组件是指将一个组件复制到指定的阵列中。该方法是快速地装配相同零部件的一种常用装配方法，它要求这些相同零部件的安装方位要具有某种的阵列参数关系。

要阵列组件，那么在功能区"装配"选项卡的"组件"面板中单击"阵列组件"按钮，弹出图 7-36 所示的"阵列组件"对话框，接着选择要形成阵列的组件，并进行相应的阵列定义和其他设置即可。阵列定义的布局主要有"参考""线性"和"圆形" 3 种，下面通过范例对这三种阵列布局进行扼要介绍。

图 7-36 "阵列组件"对话框

1. 参考

"参考"选项使用现有阵列的定义来定义布局。对于要阵列的源组件，在将其组装到装配体中时要与装配体中已有阵列建立有参考关联，这样才好使用"参考"布局来阵列组件。

一个典型的装配案例如图 7-37 所示，首先在新装配中以"绝对原点"的方式组装第一个组件，该组件的 4 个孔是用通过"圆形"阵列构建的，接着将一个螺栓组装到装配体的一个孔处（组装时参照了已有的圆形阵列），最后通过"阵列组件"的"参考"布局来快速参照现有阵列的定义完成其他 3 个螺栓的组装。

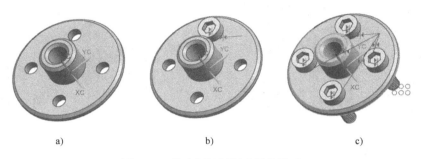

a)   b)   c)

图 7-37   从实例特征创建组件阵列

a) 在装配体组装第一个组件   b) 参照圆形阵列的孔组装第一个螺栓   c) 通过"阵列组件"装配其他螺栓

下面简要地介绍采用"参考"方法创建阵列组件的操作步骤。用户可以打开"bc_7_cjzjzl_1.prt"文件来辅助学习。

① 打开"bc_7_cjzjzl_1.prt"文件，接着在功能区"装配"选项卡的"组件"面板中单击"阵列组件"按钮，弹出"阵列组件"对话框。

② 在装配体中选择要形成阵列的组件，本例选择按照一定装配约束方式组装好的螺栓（组件）。

③ 在"阵列组件"对话框的"阵列定义"选项组的"布局"下拉列表框中默认选择"参考"选项，并在"设置"选项组中勾选"动态定位"复选框和"关联"复选框，如图 7-38 所示。

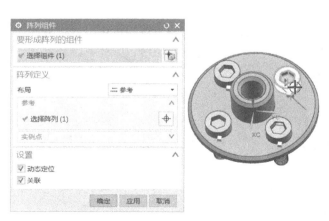

图 7-38   阵列组件（使用"参考"布局的情形）

④ 在"阵列组件"对话框中单击"确定"按钮，完成该组件阵列。

2. 线性

通过"线性"阵列组装组件的典型示例如图 7-39 所示。下面结合该示例（其练习模型文件为本书配套的"bc_7_cjzjzl_2.prt")介绍创建线性组件阵列的典型方法和步骤。

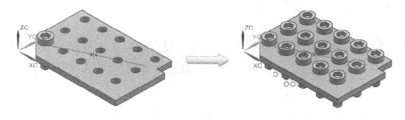

图 7-39 线性阵列组件

① 打开练习模型文件为"bc_cjzjzl_2.prt"。在该装配文件中已经将模板组件（要阵列的组件）添加到装配部件中，并建立其装配约束。在这里首先选中模板组件（要阵列的组件）。

② 在功能区"装配"选项卡的"组件"面板中单击"阵列组件"按钮，弹出"阵列组件"对话框。

③ 在"阵列定义"选项组的"布局"下拉列表框中选择"线性"选项，接着在"方向1"子选项组中选择"自动判断的矢量"图标选项，激活"指定矢量"收集器，选择一条边定义方向 1（注意设置其方向正确），其"间距"方式为"数量和节距"，"数量"为"5"，"节距"为"18"；接着在"方向 2"子选项组中勾选"使用方向 2"复选框，选择"自动判断的矢量"图标选项，在模型中选择所需的一条边定义方向 2，其"间距"方式为"数量和节距"，"数量"为"3"，"节距"为"20"，如图 7-40 所示。注意方向 1 和方向 2 的正确方向设置。

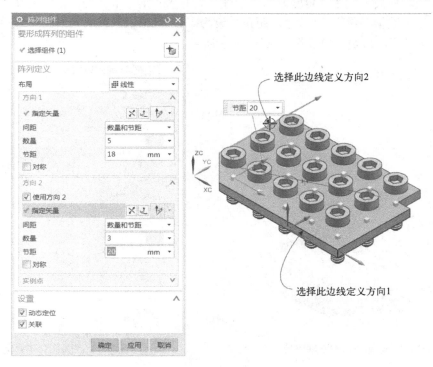

图 7-40 线性阵列定义

④ 在"设置"选项组中接受默认勾选"动态定位"复选框和"关联"复选框，然后单击"确定"按钮，完成阵列组件。

3.圆形

通过"圆形"布局阵列组件的典型示例如图 7-41 所示。下面结合该示例（其练习模型文件为本书配套的"bc_7_cjzjzl_3.prt"）介绍通过"圆形"布局阵列组件的典型方法和步骤。

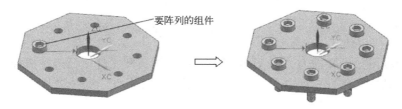

图 7-41　圆形阵列组件

① 打开练习模型文件"bc_7_cjzjzl_3.prt"，在该装配文件中已经将模板组件添加到装配部件中，并建立其装配约束。在这里选中螺栓作为模板组件（要阵列的组件）。

② 在功能区"装配"选项卡的"组件"面板中单击"阵列组件"按钮　，弹出"阵列组件"对话框。

③ 在"阵列定义"选项组的"布局"下拉列表框中选择"圆形"选项，接着在"旋转轴"子选项组的"指定矢量"下拉列表框中选择"曲线/轴矢量"图标选项　，选择图 7-42 所示的圆边以判断轴矢量。在"角度方向"子选项组的"间距"下拉列表框中选择"数量和节距"选项，将"数量"设为"8"，"节距角"设为"45"（deg），在"辐射"子选项组中确保取消勾选"创建同心成员"复选框，如图 7-43 所示。

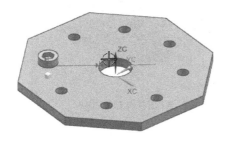

图 7-42　选择圆以判断轴矢量

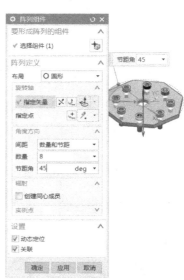

图 7-43　"圆形"阵列定义

④ 单击"确定"按钮，完成阵列组件。

7.4.5 编辑组件阵列

要对组件阵列进行编辑，那么较为直观的方法是在装配导航器中展开"组件图样"节点，从该节点下选择要编辑的组件阵列并单击鼠标右键，打开一个快捷菜单，如图 7-44 所示，利用该快捷菜单可以主该组件阵列进行"选择阵列成员""编辑""抑制""重命名""隐藏"和"删除"等操作。例如，从该快捷菜单中选择"删除"命令，弹出图 7-45 所示的"删除组件阵列"对话框，此时如果单击"是"按钮则删除组件阵列及其组件，如果单击"否"按钮则只删除组件阵列而不删除其组件。而"取消"按钮则用于取消删除组件阵列的当前操作。

图 7-44 右击组件阵列　　　　　　　　图 7-45 "删除组件阵列"对话框

7.4.6 移动组件

可以根据设计要求来移动装配中的组件，在进行移动组件操作时要注意组件之间的约束关系。

要移动装配中的组件，则在功能区"装配"选项卡的"组件位置"面板中单击"移动组件"按钮，系统弹出图 7-46 所示的"移动组件"对话框。

图 7-46 "移动组件"对话框

选择要移动的组件，接着在"变换"选项组的"运动"下拉列表框中可以选择"动态""通过约束""距离""角度""点到点""根据三点旋转""将轴与矢量对齐""CSYS 到 CSYS""增量 XYZ"或"投影距离"定义移动组件的运动类型。选择要移动的组件和运动类型后，根据所选运动类型选项来定义移动参数，同时用户可以在"复制"选项组中设置复制模式为"不复制""复制"或"手动复制"，以及在"设置"选项组中设置是否仅移动选定的组件，是否动态定位，如何处理碰撞动作等。

例如，在图 7-47 所示的示例中，将整个装配体（共 9 个组件）绕 YC 轴旋转 90°，其操作方法及步骤如下。

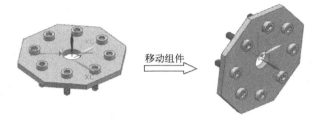

图 7-47　移动组件

① 在功能区"装配"选项卡的"组件位置"面板中单击"移动组件"按钮，系统弹出"移动组件"对话框。

② 在绘图区域选择该装配体（共 9 个组件）。

③ 在"移动组件"对话框的"变换"选项组的"运动"下拉列表框中选择"角度"选项。

④ 在"变换"选项组的"指定矢量"最右侧的下拉列表框中选择"YC 轴"的图标选项，接着在"角度"文本框中设置角度为"90"deg（°），如图 7-48 所示。

⑤ 在"复制"选项组和"设置"选项组设置的选项如图 7-49 所示。

图 7-48　定义旋转轴和绕轴的角度

图 7-49　相关设置

⑥ 单击"应用"按钮或"确定"按钮。完成移动组件的操作。

7.4.7　替换组件

可以将一个组件替换为另一个组件。下面通过一个典型的操作实例（源文件为"bc_7_thzj.prt"），介绍替换组件的一般方法及步骤。

①　在上边框条中单击"菜单"按钮 菜单(M)▾，接着选择"装配"|"组件"|"替换组件"命令，系统弹出图 7-50 所示的"替换组件"对话框。

②　在绘图区域选择要替换的组件。例如在图 7-51 所示的装配体中选择其中一个内六角螺栓作为要替换的组件。

图 7-50　"替换组件"对话框

图 7-51　选择要替换的组件

③　在"替换件"选项组中单击"选择部件"按钮 ，选择替换部件。如果在"替换件"选项组的"已加载的部件"列表中没有所要求的部件，则单击"预览"按钮 ，找到满足替换要求的部件来打开，在该范例中选择"BC_7_JX_d1.prt"短螺栓作为替换部件。

④　在"设置"选项组中勾选"维持关系"复选框，并设置组件属性，如图 7-52 所示。

⑤　在"替换部件"对话框中单击"确定"按钮，完成该替换部件的操作，原先那个长螺栓被替换成短螺栓了，如图 7-53 所示。

图 7-52　在"设置"选项组中的设置

图 7-53　替换效果一

说明：在本例中，如果在"设置"选项组中除了勾选"维持关系"复选框之外，还勾选"替换装配中的所有事例"复选框，那么最后得到的替换效果如图 7-54 所示，即所有长螺栓都被替换成短螺栓了。

替换装配中的所有事例

图 7-54　替换效果二（替换装配中的所有事例）

7.4.8　装配约束

在功能区"装配"选项卡的"组件位置"面板中单击"装配约束"按钮，或者在上边框条中单击"菜单"按钮 菜单(M) 并选择"装配"｜"组件位置"｜"装配约束"命令，系统弹出图 7-55 所示的"装配约束"对话框。利用该对话框，可以通过指定约束关系，相对于装配中的其他组件重定位组件。

图 7-55　"装配约束"对话框

7.4.9　新建父对象

使用"新建父对象"按钮，可以新建当前显示部件的父部件。新建父对象的操作步骤如下。

① 在上边框条中单击"菜单"按钮 菜单(M) 并选择"装配"｜"组件"｜"新建父对象"命令，或者在功能区"装配"选项卡的"组件"面板中单击"新建父对象"按钮，系统弹

出图 7-56 所示的"新建父对象"对话框。

图 7-56 "新建父对象"对话框

② 选择模板及其基准单位，并在必要时选择要引用的部件。还有就是在"新文件名"选项组中设定新文件名称和要保存到的文件夹。

③ 在"新建父对象"对话框中单击"确定"按钮，从而在当前显示部件创建了父部件，此时可以在装配导航器的树列表中看到父部件与当前显示部件的层级关系。

7.4.10 显示自由度

可以显示装配组件的自由度。其方法和步骤简述如下。

① 在上边框条中单击"菜单"按钮 菜单(M)▾并选择"装配"|"组件位置"|"显示自由度"命令，或者在功能区"装配"选项卡的"组件位置"面板中单击"显示自由度"按钮 ，系统弹出"组件选择"对话框，如图 7-57 所示。

② 选择要显示自由度的组件。

③ 单击"确定"按钮，即可显示该组件的自由度。显示组件自由度的示例如图 7-58 所示。

图 7-57 "组件选择"对话框

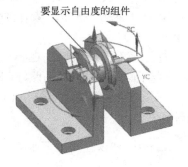

图 7-58 显示组件自由度的示例

要显示自由度的组件

7.4.11 显示和隐藏约束

在功能区"装配"选项卡的"组件位置"面板中单击"显示和隐藏约束"按钮 ，或者在上边框条中单击"菜单"按钮 菜单(M)·并选择"装配"│"组件位置"│"显示和隐藏约束"命令，系统弹出图 7-59 所示的"显示和隐藏约束"对话框。利用该对话框，选择装配对象（组件或约束），然后在"设置"选项组中选择"约束之间"单选按钮或"连接到组件"单选按钮，并设置是否更改组件可视性等。

图 7-59 "显示和隐藏约束"对话框

例如，在装配中选择一个约束符号，可见约束选项被设置为"约束之间"，并勾选"更改组件可见性"复选框，然后单击"应用"按钮，则只显示该约束控制的组件。

又例如，在装配中选择一个组件，设置其可见约束为"连接到组件"，并勾选"更改组件可见性"复选框，然后单击"应用"按钮，则显示所选组件及其约束（连接到）的组件。

7.4.12 工作部件与显示部件设置

在装配设计中，有时需要根据设计情况更改工作部件和显示部件。譬如要求显示部件为装配体，工作部件为要编辑的组件。

设置工作部件的一般方法步骤简述如下。

① 在上边框条中单击"菜单"按钮 菜单(M)·并选择"装配"│"关联控制"│"设置工作部件"命令，系统弹出图 7-60 所示的"设置工作部件"对话框。

② 从列表中或视图中选择已加载的部件。

③ 单击"确定"按钮，从而将所选的部件设置为工作部件。注意工作部件与非工作部件的显示是不同的。

要设置显示部件，可以先在装配中选择该部件，接着在上边框条中单击"菜单"按钮 菜单(M)·并选择"装配"│"关联控制"│"设置显示部件"命令。在显示部件中，可以在装配导航器中右击显示部件，如图 7-61 所示，接着从快捷菜单中选择"显示父项"，然后指定父项组件。

？说明：可以通过在导航器中使用右键快捷菜单来快速执行工作部件和显示部件的设置。

图 7-60 "设置工作部件"对话框

图 7-61 设置显示父项

7.4.13 记住约束

"记住约束"按钮 用于记住部件中的装配约束,以供在其他组件中重用。以后将记住装配约束的组件添加到相应装配中时,可以利用已记住的约束快速定位该组件。

在功能区"装配"选项卡的"组件位置"组中单击"记住约束"按钮 ,系统弹出图7-62 所示的"记住的约束"对话框,先选择要记住约束的组件,接着在选定组件上选择要记住的一个或多个约束,然后单击"应用"按钮或"确定"按钮。

在保存组件时,所选择的约束也将随着组件一起保存。在当前或其他装配中再次将此组件按照"通过约束"方式添加进去时,用户可以获得已记住的约束用以帮助定位组件,即NX 系统将弹出一个"重新定义约束"对话框,如图 7-63 所示,接着在装配中选择相应的配合对象来完成重定义装配约束。

图 7-62 "记住的约束"对话框

图 7-63 "重新定义约束"对话框

7.5 间隙分析

间隙分析在装配设计中是比较重要的,可以对装配情况进行合理性分析,判断有无干涉块以便修改或优化设计等。在"装配"应用模块功能区的"装配"选项卡中提供有一个"间隙分析"面板，如图 7-64 所示。下面介绍各个间隙分析工具命令的功能含义，如表 7-2 所示。

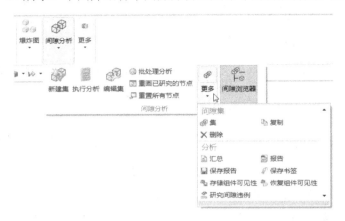

图 7-64 功能区"装配"选项卡的"间隙分析"面板

表 7-2 间隙分析工具表

序号	命令名称	按钮	功能含义或说明
1	新建集		创建一个新的间隙集
2	执行分析		对当前的间隙集运行间隙分析
3	编辑集		编辑当前间隙集的属性
4	批处理分析		执行批处理间隙分析
5	重画已研究的节点		重画正在研究的干涉对
6	重置所有节点		使模型的状态恢复到研究干涉节点之前的状态
7	间隙集-集		使现有间隙集中的一个变为当前间隙集
8	间隙集-复制		复制当前间隙集
9	间隙集-删除		删除一个或多个间隙集
10	汇总		生成当前间隙集的汇总
11	报告		生成汇总并列出间隙分析找到的干涉
12	保存报告		保存间隙分析报告到文件
13	保存书签		在书签文件中保存装配关联，包括组件可见性、加载选项和组件组
14	存储组件可见性		存储会话中组件的当前可见性
15	恢复组件可见性		将组件可见性返回到使用"存储组件可见性"命令保存的设置
16	研究间隙违例		使用线或点来演示已研究软干涉的间隙违例
17	间隙浏览器		以表格形式显示间隙分析的结果

例如，要创建一个新的间隙集，则单击"间隙分析"|"新建集"按钮 ，系统弹出"间隙分析"对话框，在"间隙集"选项组中指定间隙集名称，从"间隙介于"下拉列表框中选择"组件"或"体"，分别如图 7-65 和图 7-66 所示，接着设置"要分析的对象"集合，指定"异常"和"安全区域"等相关设置，然后单击"应用"按钮或"确定"按钮。

图 7-65 "间隙分析"对话框（1）   图 7-66 "间隙分析"对话框（2）

新建一个间隙集后，单击"间隙分析"|"执行分析"按钮 对当前的间隙集运行间隙分析，系统将会弹出一个"间隙浏览器"窗口显示间隙分析结果，如图 7-67 所示。如果先前创建有两个或多个间隙集，那么可以单击"间隙分析"|"更多"|"集"按钮 ，弹出图 7-68 所示的"设置间隙集"对话框，从现有间隙集中选择一个间隙集，单击"确定"按钮，则使所选间隙集变为当前间隙集，此时"间隙浏览器"窗口显示该间隙集的间隙分解结果。

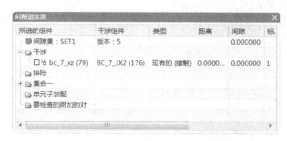

图 7-67 "间隙浏览器"窗口   图 7-68 "设置间隙集"对话框

7.6 爆炸视图

爆炸视图（简称"爆炸图"）是指将零部件或子装配部件从完成装配的装配体中拆开并形成特定状态和位置的视图。在下面的图例中，图 7-69a 为装配视图，图 7-69b 为爆炸图。爆炸图通常用来表达装配部件内部各组件之间的相互关系，指示安装工艺及产品结构等。好的爆炸视图有助于设计人员或操作人员清楚地查阅装配部件内各组件的装配关系。

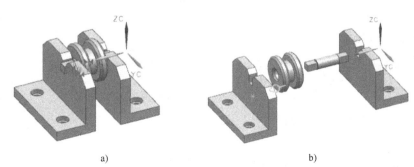

a)   b)

图 7-69 装配视图与爆炸视图

a) 装配视图 b) 爆炸视图

爆炸视图的操作工具命令基本上位于功能区"装配"选项卡的"爆炸图"面板中，各主要按钮选项的功能含义，如表 7-3 所示。

表 7-3 "爆炸图"面板中各主要按钮选项的功能含义

按钮	按钮名称	功能含义
	新建爆炸图	在工作视图中新建爆炸图，可以在其中重定义组件以生成爆炸图
	编辑爆炸图	重编辑定位当前爆炸图中选定的组件
	自动爆炸组件	基于组件的装配约束重定位当前爆炸图中的组件
	取消爆炸组件	将组件恢复到原先的未爆炸位置
	删除爆炸图	删除未显示在任何视图中的装配爆炸图
	隐藏视图中的组件	隐藏视图中选定的组件
	显示视图中的组件	显示视图中选定隐藏组件
	追踪线	在爆炸图中创建组件的追踪线以指示组件的装配位置

7.6.1 新建爆炸图

新建爆炸图的方法简述如下。

① 在功能区"装配"选项卡中单击"爆炸图"|"新建爆炸图"按钮，或者在上边框条中单击"菜单"按钮并选择"装配"|"爆炸图"|"新建爆炸图"命令，系统弹出图 7-70 所示的"新建爆炸图"对话框。

图 7-70 "新建爆炸图"对话框

② 在"新建爆炸图"对话框中的"名称"文本框中输入新的名称，或者接受默认名称。系统默认的名称是以"Explosion #"的形式表示的，#为从 1 开始的序号。

③ 在"新建爆炸图"对话框中单击"确定"按钮。

7.6.2 编辑爆炸图

编辑爆炸图是指重编辑定位当前爆炸图中选定的组件。对爆炸图中的组件位置进行编辑的操作方法如下。

① 在功能区"装配"选项卡中单击"爆炸图"|"编辑爆炸图"按钮 ，或者在上边框条中单击"菜单"按钮 并选择"装配"|"爆炸图"|"编辑爆炸图"命令，系统弹出图 7-71 所示的"编辑爆炸图"对话框。

图 7-71 "编辑爆炸图"对话框

② "编辑爆炸图"对话框提供了 3 个实用的单选按钮。使用这 3 个实用的单选按钮来编辑爆炸图。

- "选择对象"：选择该单选按钮，在装配部件中选择要编辑的爆炸位置的组件。
- "移动对象"：选择要编辑的组件后，选择该单选按钮，使用鼠标拖动移动手柄，连组件对象一同移动。可以使之向 X 轴、Y 轴或 Z 轴方向移动，并可以设置指定方向下的精确的移动距离。
- "只移动手柄"：选择该单选按钮，使用鼠标拖动移动手柄，组件不移动。

③ 编辑爆炸图满意后，在"编辑爆炸图"对话框中单击"应用"按钮或"确定"按钮。

7.6.3 创建自动爆炸组件

自动爆炸组件是基于组件的装配约束重定位当前爆炸图中的组件。创建自动爆炸图的方法步骤如下。

① 在功能区"装配"选项卡中单击"爆炸图"|"自动爆炸组件"按钮 ，或者在上边框条中单击"菜单"按钮 并选择"装配"|"爆炸图"|"自动爆炸组件"命令，系统弹出图 7-72 所示的"类选择"对话框。

② 选择组件并单击"确定"按钮后，弹出图 7-73 所示的"自动爆炸组件"对话框。在该对话框的"距离"文本框中输入组件的自动爆炸位移值。

③ 在"自动爆炸组件"对话框中单击"确定"按钮，完成创建自动爆炸组件。

用户也可以先选择要自动爆炸的组件，接着在功能区"装配"选项卡中单击"爆炸图"|"自动爆炸组件"按钮 ，或者在上边框条中单击"菜单"按钮 并选择"装配"|

"爆炸图" | "自动爆炸组件"命令，系统弹出"自动爆炸组件"对话框，从中设置距离值，单击"确定"按钮，从而完成自动爆炸组件操作。

图 7-72 "类选择"对话框

图 7-73 "自动爆炸组件"对话框

自动爆炸组件的示例如图 7-74 所示，4 个螺栓均自动爆炸偏离与之配合的盖状部件。

a)   b)

图 7-74 自动爆炸组件的示例

a) 自动爆炸组件之前 b) 自动爆炸组件之后

7.6.4 取消爆炸组件

取消爆炸组件是指将组件恢复到先前的未爆炸位置，其操作方法和步骤如下。

① 选择要取消爆炸状态的组件。

② 在功能区"装配"选项卡中单击"爆炸图" | "取消爆炸组件"按钮 ，或者在上边框条中单击"菜单"按钮 菜单(M)· 并选择"装配" | "爆炸图" | "取消爆炸组件"命令。则将所选组件恢复到先前的未爆炸位置（即原来的装配位置）。

也可以先执行"取消爆炸组件"命令再选择要取消爆炸状态的组件。

7.6.5 删除爆炸图

可以删除未显示在任何视图中的装配爆炸图，其方法和步骤如下。

① 在功能区"装配"选项卡中单击"爆炸图" | "删除爆炸图"按钮 ，或者在上边框条中单击"菜单"按钮 菜单(M)· 并选择"装配" | "爆炸图" | "删除爆炸图"命令，系统

弹出图 7-75 所示的"爆炸图"对话框。

❷ 在该对话框的爆炸图列表中选择要删除的爆炸图名称，单击"确定"按钮。

说明：*如果所选的爆炸图处于显示状态，则不能执行删除操作，系统会弹出图 7-76 所示的"删除爆炸图"对话框，提示在视图中显示的爆炸不能被删除，请尝试"信息"|"装配"|"爆炸"功能。*

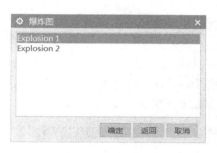

图 7-75 "爆炸图"对话框

图 7-76 "删除爆炸图"对话框

7.6.6 切换爆炸图

在一个装配部件中可以建立多个爆炸图，每个爆炸图具有各自唯一的名称。

当一个装配部件具有多个爆炸图时，便会涉及如何切换爆炸图。切换爆炸图的快捷方法是在功能区"装配"选项卡中打开"爆炸图"面板，接着从"工作视图爆炸"下拉列表框中选择所需的爆炸图名称，如图 7-77 所示。如果选择"（无爆炸）"选项，则返回到无爆炸时的装配方位视图效果。

图 7-77 切换爆炸图

7.6.7 创建追踪线

在爆炸图中创建组件的追踪线，有利于指示组件的装配位置和装配方式，尤其表示爆炸组件在装配或拆卸期间遵循的路径。在爆炸图中创建有追踪线的示例如图 7-78 所示。

在爆炸图中创建追踪线的方法步骤如下。

❶ 在功能区"装配"选项卡中单击"爆炸图"|"创建追踪线"按钮 ♫，或者在上边框条中单击"菜单"按钮 菜单(M) 并选择"装配"|"爆炸图"|"追踪线"命令，系统打开图 7-79 所示的"追踪线"对话框。

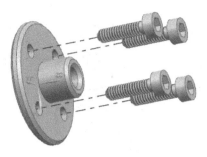

图 7-78 创建有追踪线的爆炸图　　　　　　　图 7-79 "追踪线"对话框

② 在组件中选择起点（使追踪线开始的点），例如选择如图 7-80a 所示的端面圆心。接着注意起始方向，如果默认的起始方向不是所需要的，那么在"起始方向"框内重定义起始方向，例如选择"-ZC 轴"图标选项 $^{-ZC}\downarrow$ 来定义起始方向矢量，如图 7-80b 所示。

图 7-80 指定追踪线的起始点和起始方向

a) 指定起始点　b) 指定起始方向矢量

③ 在"终止"选项组的"终止对象"下拉列表框中提供了"点"选项或"分量（组件）"选项。当选择"点"选项时，则指定另一点作为终点来定义追踪线；当选择"分量（组件）"选项（如果很难选择终点，则可以使用该选项来选择追踪线应在其中结束的组件）时，则由用户在装配区域中选择追踪线应在其中结束的组件，NX 将使用组件的未爆炸位置来计算终点的位置。指定终止位置时同样要注意终止方向（可通过单击"反向"按钮 ⊠ 进行方向切换），得到的终止参考效果如图 7-81 所示。

图 7-81 指定追踪线的终点及终止方向

④ 如果在所选起点和终点之间具有多种可能的追踪线，那么可以在"创建追踪线"对话框的"路径"选项组中通过单击"备选解"按钮 ⟳ 来选择满足设计要求的追踪线方案。

⑤ 在"创建追踪线"对话框中单击"应用"按钮或"确定"按钮，完成一条追踪线，如图 7-82 所示。可以继续绘制追踪线。

图 7-82　创建一个追踪线

7.6.8　隐藏和显示视图中的组件

在功能区"装配"选项卡中单击"爆炸图"|"隐藏视图中的组件"按钮 ▶◎，系统打开图 7-83 所示的"隐藏视图中的组件"对话框，接着在装配部件中选择要隐藏的组件，单击"应用"按钮或"确定"按钮，即可将所选部件隐藏。

在功能区"装配"选项卡中单击"爆炸图"|"显示视图中的组件"按钮 ▶◎，系统弹出图 7-84 所示的"显示视图中的组件"对话框。在该对话框的"要显示的组件"列表框中选择要显示的组件，单击"应用"按钮或"确定"按钮，即可将所选的隐藏组件显示出来。

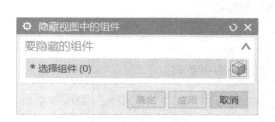

图 7-83　"隐藏视图中的组件"对话框 　　　　图 7-84　"显示视图中的组件"对话框

7.6.9　装配爆炸图的显示和隐藏

可以根据设计情况隐藏或显示工作视图中的装配爆炸图。

在上边框条中单击"菜单"按钮 ☰ 菜单(M)▾ 并选择"装配"|"爆炸图"|"隐藏爆炸图"

命令，则隐藏工作视图中的装配爆炸图，并返回到装配位置（状态）的模型视图。

在上边框条中单击"菜单"按钮 菜单(M)· 并选择"装配"|"爆炸图"|"显示爆炸图"命令，则显示工作视图中的指定装配爆炸图。

7.7 装配序列基础与应用

UG NX 10.0 提供了一个"装配序列"模块（任务环境），该模块用于控制组件装配或拆卸的顺序，并仿真组件运动。每个序列均与装配布置（即组件的空间组织）相关联。可以每次装配或拆卸一个组件或组件组，也可以在开始当前序列之前已经预装一组组件。

要进入"装配序列"任务环境，则在上边框条中单击"菜单"按钮 菜单(M)· 并选择"装配"|"序列"命令，或者在功能区"装配"选项卡的"常规"面板中单击"序列"按钮，"装配序列"任务环境的界面如图 7-85 所示。在"装配序列"任务环境中，在资源条区出现了一个序列导航器，该序列导航器用于显示各序列的基本信息。

图 7-85 "装配序列"任务环境

在"装配序列"任务环境中，从功能区"主页"选项卡的"装配序列"面板中单击"新建"按钮，开始新建任务，即新建装配序列。此时，用户应该要熟悉"装配序列"面板、"序列步骤"面板、"工具"面板、"回放"面板、"碰撞"面板和"测量"面板（这些面板均位于功能区的"主页"选项卡中）中的实用工具。

1."装配序列"面板

"装配序列"面板包含以下 3 个实用工具。

● "完成"按钮：完成序列，并退出装配序列任务环境。

- "新建"按钮 ：新建装配序列。
- "设置关联序列"下拉列表框：列出显示部件中的所有序列，并将选定的序列作为关联序列。

2. "序列步骤"面板

"序列步骤"面板主要包含以下工具按钮。

- "插入运动"按钮 ：为组件插入运动步骤，使其可以形成动画。单击此按钮，打开图7-86所示的"录制组件运动"工具栏。

图7-86 "录制组件运动"工具栏

- "装配"按钮 ：为选定组件按其选定的顺序创建单个装配步骤。
- "一起装配"按钮 ：在单个序列步骤中，将一套组件作为一个单元进行装配。
- "拆卸"按钮 ：为选定组件创建拆卸步骤。
- "一起拆卸"按钮 ：在单个序列步骤中，将选定的子组或一套组件作为一个单元进行拆卸。
- "记录摄像位置"按钮 ：将当前视图方位和比例作为一个序列步骤进行捕捉，以便回放此序列时，该视图将过渡到该摄像位置。这有利于清晰地展现比较细小的组件。
- "插入暂停"按钮 ：在此序列中插入一个暂停步骤，以便回放此序列时，该视图暂停在此步骤。
- "抽取路径"按钮 ：为选定的组件创建一个无碰撞抽取路径序列步骤，以便在起始和终止位置之间移动。间隙值将确保选定组件的运动路径避免与视图中其他可见组件碰撞。

3. "工具"面板

"工具"面板主要包含以下工具按钮。

- "删除"按钮 ：用于删除选定的顺序或顺序步骤。
- "捕捉布置"按钮 ：将装配组件的当前位置作为一个布置进行捕捉。
- "在序列中查找"按钮 ：在序列导航器中查找特定的组件。
- "显示所有序列"按钮 ：显示序列导航器中所有已显示部件的序列（仅在关闭时显示关联序列）。
- "运动包络体"按钮 ：通过连续序列运动步骤扫掠选定的对象（装配组件、实体、片体或组件中的小平面体），在显示部件（或新部件）中创建一个运动包络体。

4. "回放"面板

"回放"面板集中了用来显示装配序列和回放运动的工具命令。当工具按钮为灰色显示时，表示该工具按钮当前不可用。"回放"面板中各工具按钮或下拉列表框的功能含义。

- "设置当前帧"下拉列表框：显示按序列播放的当前帧，并转至所选定的或输入的帧。
- "倒回到开始"按钮 |◀◀：直接移动至序列中的第一帧。
- "前一帧"按钮 |◀：序列单步倒回到前一帧。
- "向后播放"按钮 ◀：反向播放序列中的所有帧。
- "向前播放"按钮 ▶：按前进顺序播放序列中的所有帧。
- "下一帧"按钮 ▶|：序列单步向前一帧。
- "快进到结尾"按钮 ▶▶|：直接移动至序列中的最后一帧。
- "导出至电影"按钮 ：导出序列帧到电影。
- "停止"按钮 ■：在当前可见帧停止序列回放。
- "回放速度"下拉列表框：该列表框用于控制回放的速度（数字越高，速度越快）。

5. "碰撞"面板

"碰撞"面板主要包含以下工具。

- "无检查"按钮 ：关闭动态碰撞检测并忽略任何碰撞。
- "高亮显示碰撞"按钮 ：在继续移动组件的同时高亮显示碰撞区域。
- "在碰撞前停止"按钮 ：在发生碰撞干涉之前停止运动。
- "认可碰撞"按钮 ：认可碰撞并允许运动继续。
- "检查类型"下拉列表框：指定对象类型以在运动期间用于间隙检测，可供选择的检查类型有"小平面/实体"和"快速小平面"。虽然"快速小平面"较快，但"小平面/实体"更精确。

6. "测量"面板

"测量"面板主要包含以下工具内容。

- "高亮显示测量"按钮 ：高亮显示测量违例需求，同时继续移动组件。
- "违例后停止"按钮 ：发生需求违例后立即停止移动，并高亮显示测量。
- "认可测量违例"按钮 ：认可测量需求违例并允许运动继续。
- "测量更新频率"下拉列表框：定义在运动期间测量尺寸显示的更新频率（以帧计）。

介绍了装配序列任务环境下各面板的相关工具按钮的功能含义之后，下面介绍装配序列应用的主要操作。

1）新建序列

在"装配序列"任务环境中，从功能区"主页"选项卡的"装配序列"面板中单击"新建"按钮 ，则创建一个新的序列，该序列以默认名称显示在"设置关联序列"下拉列表框中。

一个系列分为一系列步骤，每个步骤代表装配或拆卸过程中的一个阶段。

2）插入运动

在"序列步骤"面板中单击"插入运动"按钮 ，打开"录制组件运动"工具栏。利用该工具栏，结合设计要求和系统提示，将组件拖动或旋转成特定状态，从而完成插入运动操作。

3）记录摄像位置

记录摄像位置是很实用的一个操作，它可以将当前视图方位和比例作为一个序列步骤进行捕捉。通常把视图调整到较佳的观察位置并进行适当放大，此时在"序列步骤"面板中单击"记录摄像位置"按钮 ，从而完成记录摄像位置操作。

4）拆卸与装配

在"序列步骤"面板中单击"拆卸"按钮 ，系统弹出"类选择"对话框。从装配中选择要拆卸的组件，单击"确定"按钮，完成一个拆卸步骤。如果需要，继续使用同样的方法来创建其他的拆卸步骤。

装配步骤与拆卸步骤是相对的，两者的操作方法是类似的。要创建装配步骤，则在"序列步骤"面板中单击"装配"按钮 ，然后选择要装配的组件。

在单个序列步骤中，可以进行一起拆卸和一起装配等操作。以一起拆卸为例，首先选择要一起拆卸的多个组件，然后单击"序列步骤"面板中的"一起拆卸"按钮 即可。

5）回放装配序列

利用"回放"面板来进行回放装配序列的操作。例如：

❶ 在"装配序列"面板的"设置关联序列"下拉列表框中选定一个要回放的序列作为关联序列。

❷ 在"回放"面板的"回放速度"下拉列表框中设置回放速度，接着单击"倒回到开始"按钮 ，再单击"向前播放"按钮 以按前进顺序播放序列中的所有帧。可灵活执行"回放"面板中的其他功能按钮进行回放操作。

6）删除序列

对于不满意的序列，用户可以对其进行删除处理。

7.8 产品装配实战范例一

本节通过一个装配综合应用实例来帮助读者更好地掌握本章所学的装配知识。该装配综合应用实例要完成装配的模型效果如图 7-87 所示，该模型为一种简单造型的可伸缩的 USB 3.0 大容量优盘，该产品主要由电路板组件（含优盘 USB 3.0 接头）、前壳、中间壳和后壳 4 个部分构成，图中 1 为电路板组件（含优盘 USB 3.0 接头）、2 为前壳，3 为中间壳，4 为后壳。

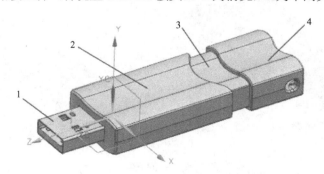

图 7-87　装配好的优盘产品

该优盘产品装配范例的操作过程如下。

7.8.1 零件设计

假设已经设计好了电路板组件（含优盘 USB 3.0 接头），如图 7-88 所示。

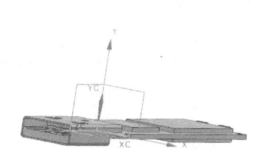

图 7-88　电路板组件（含优盘 USB 3.0 接头）

根据电路板组件的尺寸分别新建模型文件来设计该优盘的 3 个壳体零部件，具体的零件建模过程，在这里不作介绍，本书配套光盘里提供了已经建模好的 3 个壳体零件，分别如图 7-89（前壳零件）、图 7-90（中间壳零件）和图 7-91 后壳零件）所示。

图 7-89　前壳零件

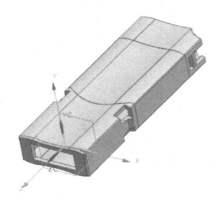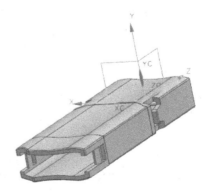

图 7-90　中间壳零件

图 7-91　后壳零件

7.8.2　装配设计

准备好装配体所需的零件之后，便可以开始装配设计了。首先新建一个装配文件，接着通过原点约束的方式添加电路板组件（含优盘接头）作为第一个组件，然后分别组装中间壳、前壳和后壳零件。下面介绍具体的装配设计过程。

1．新建一个装配文件

① 启动运行 UG NX 10.0 后，在界面上单击"新建"按钮🗋，打开"新建"对话框。

② 在"模型"选项卡的"模板"列表框中选择"装配"模板，其主单位为 mm（毫米）。

③ 指定新文件名为"bc_r7_fl_u_asm"，接着指定要保存到的文件夹（即指定保存路径）。

④ 单击"确定"按钮。

2．装配电路板组件

① 在弹出的"添加组件"对话框中单击"打开"按钮🖼，系统弹出"部件名"对话框。选择"PCB_NC_A_ASM.prt"（电路板组件）部件文件，单击"OK"按钮。

② 在"添加组件"对话框的"放置"选项组中，从"定位"下拉列表框中选择"绝对原点"选项；展开"设置"选项组，从"引用集"下拉列表框中选择"模型"选项，从"图层选项"下拉列表框中选择"原始的"选项，如图 7-92 所示。

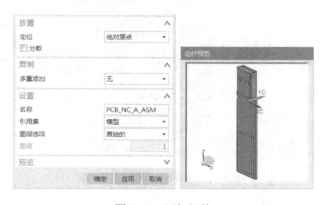

图 7-92　添加组件

③ 在"添加组件"对话框中单击"确定"按钮，完成装配电路板组件（含优盘 USB 3.0 接头）。

3．装配中间壳

① 在功能区中打开"装配"选项卡，接着从该选项卡的"组件"面板中单击"添加"

按钮🔳⁺，系统弹出"添加组件"对话框。

② 在"部件"选项组中单击"打开"按钮🔳，系统弹出"部件名"对话框。选择"NC_T3.prt"（中间壳零件）部件文件，单击"OK"按钮。

③ 中间壳零件显示在"组件预览"窗口中，展开"添加组件"对话框的"放置"选项组中，从"定位"下拉列表框中选择"通过约束"选项，如图7-93所示。

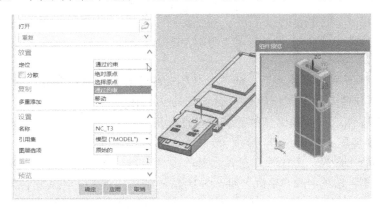

图7-93　设置添加组件的相关方面

④ 单击"确定"按钮，系统弹出"装配约束"对话框。

⑤ 选择装配约束类型选项为"接触对齐"，方位选项为"接触"，接着在电路板组件中选择一个要配对接触的面，并在中间壳零件中选择相接触的配对面，如图7-94所示（在这里，只勾选"预览窗口"复选框）。然后单击"应用"按钮。

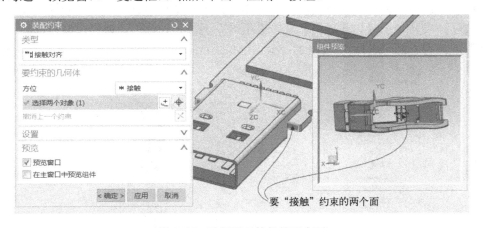

图7-94　选择配对接触的两个面

💬 说明：用户可以在"装配约束"对话框的"预览"选项组中，勾选"在主窗口中预览组件"复选框，以便在装配过程中动态预览每一步的装配约束过程效果。通常是否要勾选"在主窗口中预览组件"复选框，则要看装配体的复杂程度以及操作方便情况等。选择组件的约束对象时，也可以在"组件预览"窗口中进行选择操作。

6️⃣ 选择装配约束"类型"选项为"距离",接着分别选择图 7-95 所示的两个面(面 1 和面 2),并设置其"距离"为"0.1",然后单击"应用"按钮。

图 7-95 选择要距离约束的两个面

7️⃣ 定义第 3 组装配约束。选择该装配约束"类型"选项为"距离",接着分别选择 图 7-96 所示的要配合的两个面,并设置其"距离"为"0.05",然后单击"应用"按钮。

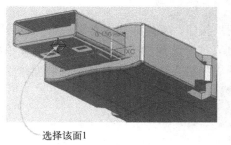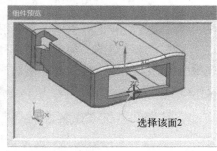

图 7-96 指定第三对装配约束的距离参照

8️⃣ 在"装配约束"对话框中单击"确定"按钮。完成该组件装配的效果如图 7-97 所示。

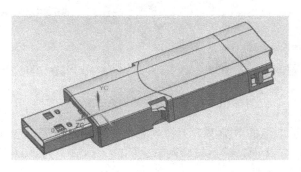

图 7-97 添加中间壳

4. 装配前壳

① 在功能区"装配"选项卡的"组件"面板中单击"添加"按钮🐾⁺，系统弹出"添加组件"对话框。

② 在"部件"选项组中单击"打开"按钮🗁，系统弹出"部件名"对话框。选择NC_T1（前壳零件）部件文件，单击"OK"按钮。

③ 前壳零件显示在"组件预览"窗口中，展开"添加组件"对话框的"放置"选项组，从"定位"下拉列表框中选择"通过约束"选项，其他默认，如图7-98所示。

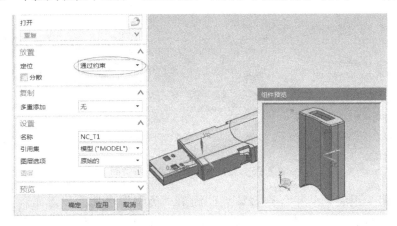

图7-98 组件预览及设置定位选项等

④ 在"添加组件"对话框中单击"应用"按钮，系统弹出"装配约束"对话框。

⑤ 在"类型"选项组的"类型"下拉列表框中选择"接触对齐"选项，在"要约束的几何体"选项组的"方位"下拉列表框中选择"接触"选项，接着分别在装配体中和前壳零件中选择要接触的配合面，如图7-99所示。然后单击"应用"按钮。

选择要"接触"约束的配合面

图7-99 设置要接触约束的参照对

⑥ 在"类型"选项组的"类型"下拉列表框中选择"距离"选项，接着在装配体中和前壳零件中选择相应的实体面，然后设置两者之间的"距离"为"0.05"，如图7-100所示，确认正确后单击"应用"按钮。

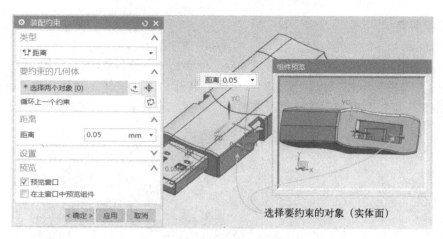

图 7-100　设置距离约束

　　⑦　确保在"类型"选项组的"类型"下拉列表框中的选择"距离"选项，接着在装配体中和前壳零件中选择相应的实体面，然后设置两者之间的"距离"为"0.05"，如图 7-101所示，确认正确后单击"应用"按钮。

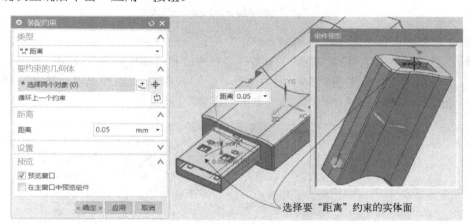

图 7-101　设置距离约束 2

　　⑧　在"装配约束"对话框中单击"确定"按钮。装配好前壳零件的装配体如图 7-102所示。

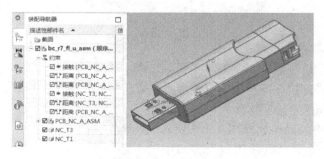

图 7-102　装配好前壳零件

5. 装配后壳

⓵ 返回到"添加组件"对话框。在"部件"选项组中单击"打开"按钮，系统弹出"部件名"对话框。选择"NC_T2"（后壳零件）部件文件，单击"OK"按钮。

⓶ 后壳零件显示在"组件预览"窗口中，展开"添加组件"对话框的"放置"选项组，从"定位"下拉列表框中选择"通过约束"选项，其他默认，如图 7-103 所示。

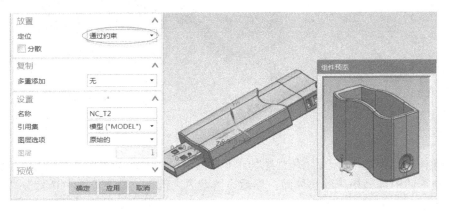

图 7-103　添加组件时的相关设置

⓷ 在"添加组件"对话框中单击"确定"按钮，系统弹出"装配约束"对话框。

⓸ 在"类型"选项组的"类型"下拉列表框中选择"接触对齐"选项，在"要约束的几何体"选项组的"方位"下拉列表框中选择"自动判断中心/轴"选项，接着选择要对齐约束的两个弧面，如图 7-104 所示，然后单击"应用"按钮。

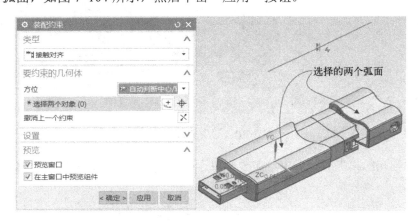

图 7-104　设置约束 1

⓹ 在"类型"选项组的"类型"下拉列表框中选择"接触对齐"选项，在"要约束的几何体"选项组的"方位"下拉列表框中选择"首选接触"选项，接着按照如下操作选择要约束的几何对象（在这里为实体面）。

● 在装配体的中间壳中选择图 7-105 所示的一个实体面。

● 将鼠标指针置于"组件预览"窗口中的合适位置（如要选择的配对对象面处）片刻，待出现 3 个小点时单击，弹出一个"快速拾取"对话框，在该对话框的列表中选择要配合的实体面并单击，如图 7-106 所示，然后单击"应用"按钮。

图 7-105　选择一个实体面

图 7-106　使用"快速拾取"对话框选择对象

⑥　在"装配约束"对话框中单击"确定"按钮。完成装配的 USB 3.0 优盘模型如图 7-107 所示。

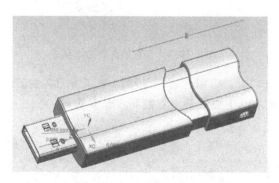

图 7-107　完成装配的 USB 3.0 优盘模型效果

6．保存文件

在"快速访问"工具栏中单击"保存"按钮 🖫，保存文件。

7.8.3　利用工作截面检查产品结构

可以编辑工作视图截面或者在没有截面的情况下创建新的截面。装配导航器列出所有现有截面。下面以其中一个方向的截面为例进行介绍。

①　在功能区中切换至"视图"选项卡，接着从"可见性"面板中单击"编辑截面"按钮 🖟，系统弹出"视图截面"对话框。

❓ **说明**："编辑截面"按钮 🖟 的功能用途是编辑工作视图截面，或者在没有截面的情况下创建新的截面。装配导航器列出所有现有截面。

②　从"类型"下拉列表框中选择"一个平面"选项（可供选择的类型选项包括"一个平面""两个平行平面"和"方块"）；在"名称"选项组中设置截面名；在"剖切平面"选项组中定义剖切平面，例如单击"设置平面至 X"按钮 🖾x，则得到图 7-108 所示的截面效果。

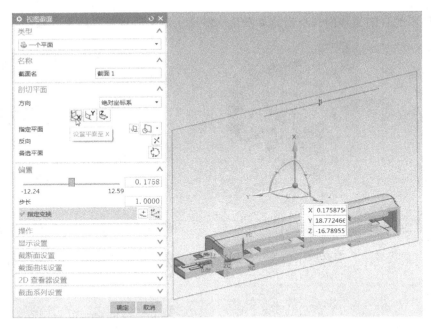

图 7-108 "查看截面"对话框

③ 展开"偏置"选项组，可以通过拖动滑块来获得动态的截面变化效果，如图 7-109 所示。也可以在相应的文本框中设置偏置参数和步长参数等。

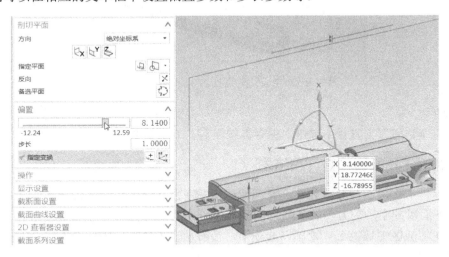

图 7-109 设置截面偏置参数（仅用于示意）

④ 在其他选项组进行相关设置。

⑤ 单击"确定"按钮。查看产品截面有助于分析产品内部结构（包括装配结构）。

⑥ 此时，"可见性"面板中的"剪切截面"按钮 处于被选中的状态（即该按钮被按下），而视图中的模型处于视图剖切状态，如图 7-110a 所示。单击"剪切截面"按钮 ，以取消启用视图剖切，即视图恢复到没有被剖切的状态，如图 7-110b 所示。

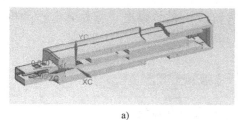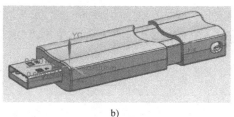

a)   b)

图 7-110　启用与关闭视图剖切状态

a) 启用视图剖切　b) 取消视图剖切

7.9　产品装配实战范例二

本实战综合范例侧重的知识点除了常规的使用配对条件之外，还包括创建组件阵列等。本实战范例要完成的产品整体效果如图 7-111 所示，该产品为固态电子硬盘盒产品。

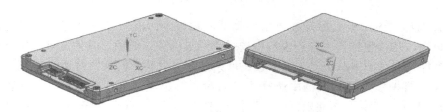

图 7-111　完成的整体效果

该产品的装配范例的操作过程如下。

1．新建一个装配文件

① 在 UG NX 10.0 的"快速访问"工具栏中单击"新建"按钮 ，或者在功能区的"文件"选项卡中选择"新建"命令，打开"新建"对话框。

② 在"模型"选项卡的"模板"列表框中选择"装配"模板，其主单位为 mm（毫米）。

③ 指定新文件名为"bc_r7_f2_asm"，接着指定要保存到的文件夹（即指定保存路径）。

④ 单击"确定"按钮。

2．装配铝制外壳 A

① 在弹出的"添加组件"对话框中单击"打开"按钮 ，系统弹出"部件名"对话框。选择"BC_7_R2_SSD_W1"部件文件，单击"OK"按钮。

② 在"添加组件"对话框的"放置"选项组中，从"定位"下拉列表框中选择"绝对原点"选项；展开"设置"选项组，从"引用集"下拉列表框中选择"模型（MODEL）"选项，从"图层选项"下拉列表框中选择"原始的"选项，如图 7-112 所示。

③ 在"添加组件"对话框中单击"确定"按钮。

3．将电路板装入铝制外壳 A 中

① 在功能区"装配"选项卡的"组件"面板中单击"添加"按钮 ，系统弹出"添加组件"对话框。

② 在"部件"选项组中单击"打开"按钮 ，系统弹出"部件名"对话框。选择
"BC_7_R2_SSD_PCB"部件文件，单击"OK"按钮。

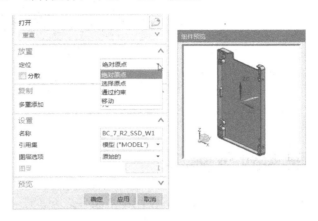

图 7-112　添加组件

③ 该部件（电路板）显示在"组件预览"窗口中，展开"添加组件"对话框的"放
置"选项组中，从"定位"下拉列表框中选择"通过约束"选项，其他选项采用默认设置。
在"添加组件"对话框中单击"应用"按钮，系统弹出"装配约束"对话框。

④ 从"类型"下拉列表框中选择"接触对齐"选项，从"方位"下拉列表框中选择
"首选接触"选项，接着在电路板部件中选择相接触的面 1，并在外壳 A 中选择要配对接触
的面 2，如图 7-113 所示（在这里，只勾选"预览窗口"复选框）。然后单击"应用"按钮。

图 7-113　定义接触对齐

⑤ 在"类型"下拉列表框中选择"接触对齐"选项，在"方位"下拉列表框中选择
"自动判断中心/轴"选项，先自动判断一对要对齐的中心轴，使用同样的方法再自动判断另
一对要对齐约束的中心轴，此时可以在"预览"选项组中增加勾选"在主窗口中预览组件"
复选框，预览效果如图 7-114 所示。

⑥ 在"装配约束"对话框中单击"确定"按钮。

4. 装配第 1 个螺钉用于拧紧电路板

① 返回到"添加组件"对话框，在"部件"选项组中单击"打开"按钮，系统弹出"部件名"对话框。选择"BC_7_R2_LD1"（螺钉 1 零件）部件文件，单击"OK"按钮。

② 螺钉 1 零件显示在"组件预览"窗口中，展开"添加组件"对话框的"放置"选项组，从"定位"下拉列表框中选择"通过约束"选项，其他默认，然后单击"确定"按钮。

③ 系统弹出"装配约束"对话框，在"类型"下拉列表框中选择"接触对齐"选项，在"要约束的几何体"选项组的"方位"下拉列表框中选择"接触"选项，接着分别在螺钉 1 零件和装配体的 PCB 板上选择要接触约束的配合面，如图 7-115 所示，单击"应用"按钮。

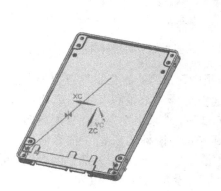
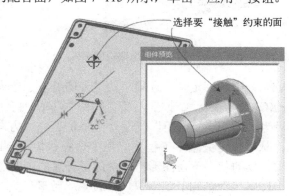

图 7-114　预览效果　　　　图 7-115　选择要接触的两个面

④ 在"类型"下拉列表框中选择"接触对齐"选项，在"要约束的几何体"选项组的"方位"下拉列表框中选择"自动判断中心/轴"选项，接着选择两个对象（指定自动判断的两个中心轴），如图 7-116 所示，然后单击"应用"按钮。

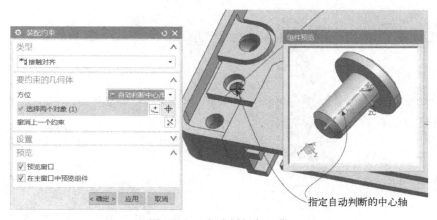

图 7-116　自动判断中心/轴

⑤ 在"装配约束"对话框中单击"确定"按钮，完成装配该螺钉 1 后的装配体如图 7-117 所示。

5. 创建组件阵列

① 选择螺钉 1 零件，在功能区"装配"选项卡的"组件"面板中单击"阵列组件"按钮，系统弹出"阵列组件"对话框。

② 在"阵列组件"对话框的"阵列定义"选项组中，从"布局"下拉列表框中选择"线性"选项，如图7-118所示。

图7-117 装配好一个用于拧紧电路板的螺钉   图7-118 "组件阵列"对话框

③ 在"阵列定义"选项组的"方向1"子选项组中，从"指定矢量"下拉列表框中选择"-XC轴"图标选项，从"间距"下拉列表框中选择"数量和节距"选项，将"数量"设为"2"，将"节距"值设为"60.8"；在"方向2"子选项组中勾选"使用方向2"复选框，从"指定矢量"下拉列表框中选择"自动判断矢量"图标选项，在激活"指定矢量"收集器的状态下在图形窗口中选择合适的一条边定义该方向矢量，并从"间距"下拉列表框中选择"数量和节距"选项，设置"数量"为"2"，设置"节距"值为"-74.8"（节距的正负需要根据实际方向矢量而定），如图7-118所示。

④ 在"阵列组件"对话框的"设置"选项组中勾选"动态定位"复选框和"关联"复选框，然后单击"确定"按钮，完成阵列组件的效果如图7-119所示。

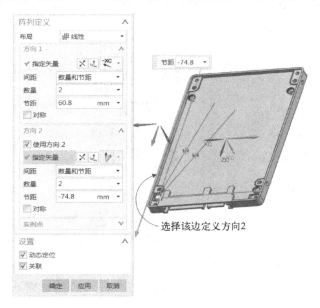

图7-119 创建线性阵列的方向定义与参数设置   图7-120 线性阵列组件

6. 装配铝制外壳B

① 在功能区"装配"选项卡的"组件"面板中单击"添加"按钮，系统弹出"添加

组件"对话框。

②　在"部件"选项组中单击"打开"按钮，系统弹出"部件名"对话框。选择"BC_7_R2_SSD_W2"(铝制外壳 B)部件文件，单击"OK"按钮。

③　铝制外壳 B 零件显示在"组件预览"窗口中，展开"添加组件"对话框的"放置"选项组中，从"定位"下拉列表框中选择"通过约束"选项，其他采用默认设置，单击"确定"按钮，系统弹出"装配约束"对话框。

④　在"类型"下拉列表框中选择"接触对齐"选项，在"要约束的几何体"选项组的"方位"下拉列表框中选择"接触"选项，在"组件预览"窗口中选择外壳 B 中的面 1，接着在装配体中选择面 2，如图 7-121 所示，然后在"装配约束"对话框中单击"应用"按钮。

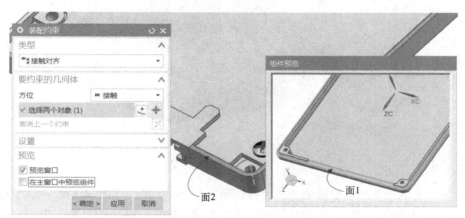

图 7-121　指定接触约束的面 1 和面 2

⑤　在"类型"下拉列表框中选择"接触对齐"选项，在"要约束的几何体"选项组的"方位"下拉列表框中选择"自动判断中心/轴"选项，先自动判断一对要对齐的中心轴（外壳 B 和外壳 A 中要配合的其中一对安装孔的轴线），使用同样的方法再自动判断另一对要对齐约束的中心轴（外壳 B 和外壳 A 中要配合的第二对安装孔的轴线）。

⑥　在"装配约束"对话框中单击"确定"按钮，效果如图 7-122 所示。

图 7-122　将外壳 B 装入装配体中的效果

7. 装配小螺栓

①　在功能区"装配"选项卡的"组件"面板中单击"添加"按钮，系统弹出"添加组件"对话框。接着在"部件"选项组中单击"打开"按钮，系统弹出"部件名"对话

框。选择"BC_7_R2_LD2"(小螺栓零件)部件文件,单击"OK"按钮。

② 小螺栓零件显示在"组件预览"窗口中,展开"添加组件"对话框的"放置"选项组,从"定位"下拉列表框中选择"通过约束"选项,其他默认,在"添加组件"对话框中单击"确定"按钮,系统弹出"装配约束"对话框。

③ 系统弹出"装配约束"对话框。在"类型"下拉列表框中选择"接触对齐"选项,在"要约束的几何体"选项组的"方位"下拉列表框中选择"接触"选项,接着依次选择要接触约束的面1和面2,如图7-123所示,单击"应用"按钮。

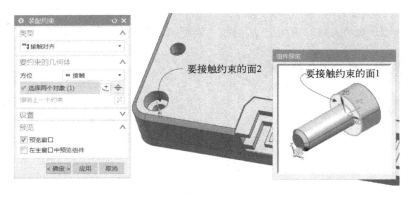

图 7-123   定义接触约束

④ 在"类型"下拉列表框中选择"接触对齐"选项,在"要约束的几何体"选项组的"方位"下拉列表框中选择"自动判断中心/轴"选项,接着选择两个对象(指定自动判断的两个中心轴),如图7-124所示。

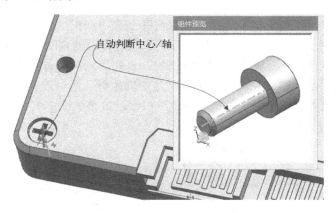

图 7-124   自动判断中心/轴

⑤ 在"装配约束"对话框中单击"确定"按钮。

8. 阵列组件

① 选择刚组装进来的小螺栓零件,在功能区"装配"选项卡的"组件"面板中单击"阵列组件"按钮 ,系统弹出"阵列组件"对话框。

② 在"阵列组件"对话框的"阵列定义"选项组中,从"布局"下拉列表框中选择"线性"选项。

③ 在"阵列定义"选项组的"方向 1"子选项组中选择"自动判断矢量"图标选项 ，在模型中选择边 1 定义方向 1 矢量，从其"间距"下拉列表框中选择"数量和节距"选项，设置"数量"为"2"，设置"节距"为"–62"；在"方向 2"子选项组中勾选"使用方向 2"复选框，选择"自动判断矢量"图标选项 并确保激活相应"指定矢量"收集器，在模型中选择边 2 定义方向 2 矢量，从其"间距"下拉列表框中选择"数量和节距"选项，设置"数量"为"2"，设置"节距"为"–93"，如图 7-125 所示。注意节距的正负需要结合预览情况而定。

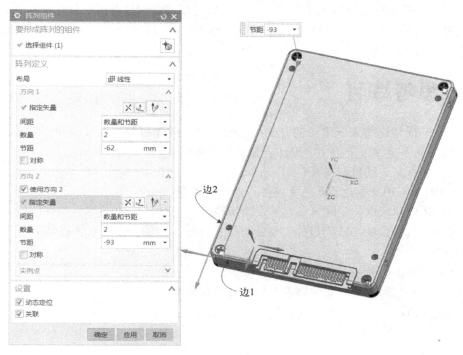

图 7-125 定义线性阵列

④ 在"阵列组件"对话框中单击"确定"按钮，创建线性的组件阵列效果如图 7-126 所示。

图 7-126 完成阵列组件

7.10　本章小结

一个产品或机械设备通常是由很多零件构成的，这就需要涉及零部件的装配设计。装配设计的方法主要分为这两种：自底向上装配和自顶向下装配。在实际设计中，会经常将这两种典型装配设计方法混合着灵活使用。UG NX 10.0 为用户提供了强大的装配功能。

本章重点介绍装配设计的相关知识，具体内容包括装配设计基础、使用配对条件、使用装配导航器、组件应用、间隙分析、爆炸视图、装配序列基础与应用等。在本章的最后还介绍了两个产品装配范例。

7.11　思考练习

1）请分别简述这些装配术语的含义：装配体与子装配部件、组件与组件对象、自顶而下建模、自下而上建模、上下文中设计、配对条件和引用集。

2）典型的装配方法包括哪些？

3）在 UG NX 10.0 中，装配约束主要有哪几种类型？

4）请简述创建镜像装配的典型方法及其步骤。

5）使用系统提供的"阵列组件"功能可以执行什么样的操作？系统提供了哪 3 种定义阵列的方式？

6）请简述替换组件的一般方法及其步骤。

7）什么是装配爆炸图？如何创建爆炸图以及如何编辑爆炸图？

8）上机练习：请自行设计一种铰链组件结构。

第8章 工程图设计

本章导读：

　　对于从事工程设计的人员来说，必须要掌握工程图设计的相关知识。在 UG NX 10.0 中，可以根据设计好的三维模型来关联地进行其工程图设计。若关联的三维模型发生设计变更了，那么其相应的二维工程图也会自动变更。

　　本章介绍的主要内容包括切换到工程制图模块、设置制图标准与首选项、工程图的基本管理操作、插入视图、编辑视图、修改剖面线、图样标注和工程图综合实战案例等。

8.1 "制图"应用模块切换

　　工程图在实际生产环节应用比较多。UG NX 10.0 的工程制图功能是比较强大的，使用该功能模块可以很方便地根据已有的三维模型来创建合格、准确的工程图。

　　完成三维模型（建模或装配）设计之后，在 UG NX 10.0 的基本操作界面中切换至"应用模块"选项卡，如图 8-1 所示。在功能区"应用模块"选项卡中单击"制图"按钮 ，即可快速地切换到"制图"功能模块。图 8-2 给出了刚进入"制图"应用模块的软件设计界面。注意了解功能区中出现的那些与制图相关的工具。

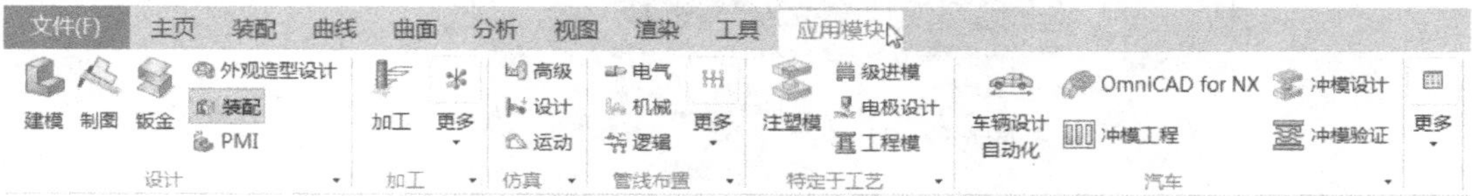

图 8-1　功能区的"应用模块"选项卡

　　另外，要从其他应用模块切换到"制图"应用模块，用户也可以在功能区的"文件"选项卡中选择"制图"选项即可。

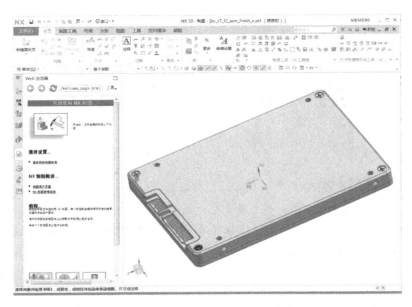

图 8-2　切换到"制图"应用模块

8.2　设置制图标准与首选项

　　工程图样要符合一定的制图标准，因此在"制图"应用模块中创建工程图样之前，需要设置好制图标准。有时，可能还需要更改与工程制图相关的首选项设置，以满足特定的设计环境要求。这些准备工作可使制图标准化，并可以在一定程度上提高设计效率。

8.2.1　制图标准设置

　　以将要加载的标准设置为 GB 为例。在"制图"应用模块界面的上边框条中单击"菜单"按钮 [图标] 菜单(M)▼，接着选择"工具"|"制图标准"命令，系统弹出图 8-3 所示的"加载制图标准"对话框，在"用户默认设置级别"选项组的"从以下级别加载"下拉列表框中选择"用户"或"出厂设置"等，并从"要加载的标准"选项组的下拉列表框中选择"GB"，然后单击"确定"按钮。

图 8-3　"加载制图标准"对话框

　　此外，在功能区中打开"文件"选项卡，从中选择"实用工具"|"用户默认设置"命令，打开"用户默认设置"对话框，选择"制图"节点下的"常规/设置"类别时，也可以

指定默认的制图标准，如图 8-4 所示。

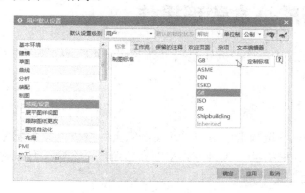

图 8-4　在"用户默认设置"对话框中设置制图标准

8.2.2　与制图相关的首选项设置和默认设置

用户可以对当前"制图"应用模块的默认工作流、图纸参数、注释和其他特性进行设置，其方法是在功能区的"文件"选项卡中选择"首选项"|"制图"命令，打开图 8-5 所示的"制图首选项"对话框，接着在该对话框的"继承"选项组中可以指定设置源（这里将设置源指定为"首选项"），以及在"查找"框下方的类别列表框中选择一个要设置的类别，并在右侧区域设置相应的内容即可。例如，设置源为"首选项"，从类别列表框中选择"常规/设置"节点下的"常规"类别，接着可以设置图纸页边界、表面粗糙度和焊接方面的标准，如图 8-6 所示。制图首选项设置将影响当前文件和在该文件中后续添加的视图。

图 8-5　"制图首选项"对话框

图 8-6　设置制图常规首选项

另外，从功能区"文件"选项卡中选择"实用工具"|"用户默认设置"命令，打开"用户默认设置"对话框，利用该对话框也可以定制制图方面的一些默认设置，包括"常规/设置""展开图样视图""跟踪图纸更改""图纸自动化"和"布局"。

8.3　工程图的基本管理操作

本节介绍的工程图基本管理操作包括"新建图纸页""打开图纸页""删除图纸页"和"编辑图纸页"等操作。

8.3.1　新建图纸页

在功能区的"主页"选项卡中单击"新建图纸页"按钮 ⬚，系统弹出图 8-7 所示的"图纸页"对话框。该对话框提供了 3 种方式来创建新图纸页，这 3 种创建方式分别为"使用模板"方式、"标准尺寸"方式和"定制尺寸"方式。

1."使用模板"

在"图纸页"对话框的"大小"选项组中选择"使用模板"单选按钮时，可以从对话框出现的列表框中选择系统提供的一种制图模板，如"A0++-无视图""A0+-无视图""A0-无视图""A1-无视图""A2-无视图"等。选择某制图模板时，可以在对话框中预览该制图模板的形式。

2."标准尺寸"

在"图纸页"对话框的"大小"选项组中选择"标准尺寸"单选按钮时，如图 8-8 所示，可以从"大小"下拉列表框中选择一种标准尺寸样式，如"A0-841×1189""A1-594×841""A2-420×594""A3-297×420""A4-210×297""A0+ -841×1635"或"A0++-841×2387"；可以从"比例"下拉列表框中选择一种绘图比例，或者选择"定制比例"来设置所需的比例；在"图纸页名称"文本框中输入新建图纸的名称，或者接受系统自动为新建图纸指定的默认名称；在"设置"选项组中，可以设置单位为毫米还是英寸，以及设置投影方式。投影方式分 ⬚◎（第一角投影）和 ◎⬚（第三角投影）。其中，第一角投影符合我国的制图标准。

图 8-7　"图纸页"对话框（使用模板）

图 8-8　标准尺寸

3. "定制尺寸"

在"图纸页"对话框的"大小"选项组中选择"定制尺寸"单选按钮时，由用户设置图纸高度、长度、比例、图纸页名称、单位和投影方式等，如图 8-9 所示。

图 8-9　定制尺寸

定义好图纸页后，在"图纸页"对话框中单击"确定"按钮。接下去便是在图纸上创建和编辑具体的工程视图了。

8.3.2 打开指定图纸页

当创建有多个图纸页后，在一些场合下可能需要打开现有的其他图纸页。

在部件导航器的"图纸"节点下列出了所创建的多个图纸页，其中标识有"（工作的-活动）"字样的图纸页是当前活动的工作图纸页。此时如果要打开其他图纸页作为新的工作图纸页，则在部件导航器中选择它并单击鼠标右键，弹出一个快捷菜单，如图 8-10 所示，然后从该快捷菜单中选择"打开"命令，该图纸页打开后变为工作活动图纸页。

图 8-10　打开指定图纸页

8.3.3 删除图纸页

要删除图纸页，通常可以在部件导航器中查找到要删除的图纸页标识，并右击该图纸页标识，此时弹出图 8-11 所示的快捷菜单，然后从该快捷菜单中选择"删除"命令。

图 8-11　删除选定的图纸页

8.3.4 编辑图纸页

可以编辑活动图纸页的名称、大小、比例、测量单位和投影角等，其方法简述如下。

❶ 在功能区"主页"选项卡中单击"编辑图纸页"按钮 ⬚，打开图 8-12 所示的"图纸页"对话框。

图 8-12　"图纸页"对话框

❷ 在"图纸页"对话框中进行相应的修改设置，如大小、名称、单位和投影方式等。

❸ 在"图纸页"对话框中单击"确定"按钮。

8.4 插入视图

新建图纸页后，便需要根据模型结构来考虑如何在图纸页上插入各种视图。插入的视图可以为基本视图、投影视图、局部放大图、剖视图、半剖视图、旋转剖视图、断开视图和局部剖视图等。

8.4.1 基本视图

基本视图可以是仰视图、俯视图、前视图、后视图、左视图、右视图、正等轴测视图和正二测视图等。下面介绍创建基本视图的一般方法和注意事项。

在功能区"主页"选项卡的"视图"面板中单击"基本视图"按钮🖿，系统弹出图 8-13 所示的"基本视图"对话框。在"基本视图"对话框中可以进行以下设置操作。

1. 指定要为其创建基本视图的部件

系统默认加载的当前工作部件作为要为其创建基本视图的零部件。如果想更改要为其创建基本视图的零部件，则需要用户在"基本视图"对话框中展开图 8-14 所示的"部件"选项组（或称选项区域），从"已加载的部件"列表或"最近访问的部件"列表中选择所需的部件，或者单击该选项组中的"打开"按钮🗁并接着从弹出的"部件名"对话框中选择所需的部件。

图 8-13 "基本视图"对话框

图 8-14 指定所需部件

2. 指定视图原点

可以在"基本视图"对话框的"视图原点"选项组中，设置放置方法选项，以及可以启用"光标跟踪"功能。其中放置方法选项主要有"自动判断""水平""竖直""垂直于直线"和"叠加"。

3．定向视图

在"基本视图"对话框中展开"模型视图"选项组，从"要使用的模型视图"下拉列表框中选择相应的视图选项（如"俯视图""前视图""右视图""后视图""仰视图""左视图""正等测图"或"正三轴测图"），即可定义要生成何种基本视图。

用户可以在"模型视图"选项区域中单击"定向视图工具"按钮，系统弹出图 8-15a 所示的"定向视图工具"对话框，利用该对话框可通过定义视图法向、X 向等来定向视图，在定向过程中可以在图 8-15b 所示的"定向视图"窗口选择参照对象及调整视角等。在"定向视图工具"对话框中执行某个操作后，视图的操作效果立即动态地显示在"定向视图"窗口中，以方便用户观察视图方向，调整并获得满意的视图方位。完成定向视图操作后，单击"定向视图工具"对话框中的"确定"按钮。

a)

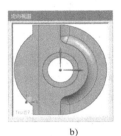
b)

图 8-15　定向视图

a)"定向视图工具"对话框　b)"定向视图"窗口

4．设置比例

在"基本视图"对话框的"缩放"选项组中的"比例"下拉列表框中选择所需的一个比例值，如图 8-16 所示，也可以从该下拉列表框中选择"比率"选项或"表达式"选项来定义比例。

5．设置视图样式

通常使用系统默认的视图样式即可。如果在某些特殊制图情况下，默认的视图样式不能满足用户的设计要求，那么可以采用手动的方式指定视图样式，其方法是在"基本视图"对话框中单击"设置"选项组中的"设置"按钮，系统弹出图 8-17 所示的"设置"对话框。在"设置"对话框中，用户在左窗格的列表中选择所需的类别，接着进行相关的参数设置。

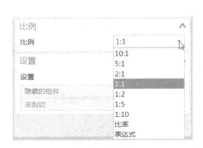

图 8-16　设置比例

图 8-17　"设置"对话框

设置好相关内容后，使用鼠标指针将定义好的基本视图放置在图纸页面上即可。

8.4.2　投影视图

可以从任何父图纸视图创建投影正交或辅助视图。在创建基本视图后，通常可以以基本视图为基准，按照指定的投影通道来建立相应的投影视图。

创建投影视图的一般方法和步骤简述如下。

① 在功能区"主页"选项卡的"视图"面板中单击"投影视图"按钮，系统弹出图 8-18 所示的"投影视图"对话框。

说明：在 NX 10.0 中，可以将对话框吸附到图形窗口的上边框、左边框和右边框等位置。注意相关对话框中出现的一些按钮，如"重置"按钮、"对话框选项"按钮和"关闭"按钮。当对话框悬浮于界面窗口时，双击对话框的标题栏则可以使对话框只显示标题栏，再次双击对话框标题栏使对话框活恢复正常情形。

② 此时可以接受系统自动指定的父视图，也可以单击"父视图"选项组中的"视图"按钮，从图纸页面上选择其他一个视图作为父视图。

③ 定义铰链线、设置视图样式、指定视图原点以及移动视图的操作。由于在前面一小节中已经介绍过设置视图样式和指定视图原点的知识，在这里便不再赘述。

下面着重介绍定义铰链线和移动视图的知识点。

1．铰链线

在"投影视图"对话框的"铰链线"选项组中，从"矢量选项"下拉列表框中选择"自动判断"选项或"已定义"选项。当选择"自动判断"选项时，系统基于在图纸页中的父视图来自动判断投影矢量方向，此时可以设置是否勾选"关联"复选框，以及设置是否反转投影方向；如果选择"已定义"选项，如图 8-19 所示，由用户手动定义一个矢量作为投影方向，此时也可以根据需要设置反转投影方向。

图 8-18　"投影视图"对话框

图 8-19　选择"已定义"矢量

2．移动视图

当指定投影视图的视图样式、放置位置等之后，如果对该投影视图在图纸页的放置位置不太满意，则可以在"投影视图"对话框的"视图原点"选项组的"移动视图"子选项区域中单击"视图"按钮 🖼，然后使用鼠标指针按住所选投影视图将其拖到图纸页的合适位置处释放，即可实现移动投影视图。

创建投影视图的典型示例如图 8-20 所示，其中图 8-20a 为基本视图，图 8-20b 则是由基本视图通过投影关系建立的投影视图。

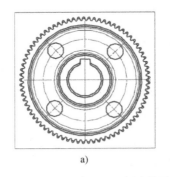 

a)   b)

图 8-20 创建投影视图的典型示例

a) 基本视图 b) 投影视图

8.4.3 局部放大图

可以创建一个包含图纸视图放大部分的视图，创建的该类视图常被称为"局部放大图"。在实际工作中，对于一些模型中的细小特征或结构，通常需要创建该特征或该结构的局部放大图。在图 8-21 所示的制图示例中，便应用了局部放大图来表达图样的细节结构。

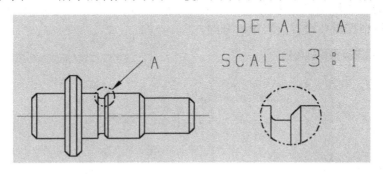

图 8-21 示例：应用局部放大图

在功能区"主页"选项卡的"视图"面板中单击"局部放大图"按钮 🔎，系统弹出图 8-22 所示的"局部放大图"对话框。

利用"局部放大图"对话框可以执行以下操作。

1．指定局部放大图边界的类型选项

在"类型"选项组的"类型"下拉列表框中选择一种选项来定义局部放大图的边界形状，可供选择的类型选项有"圆形""按拐角绘制矩形"和"按中心和拐角绘制矩形"，通常初始默认的类型选项为"圆形"。使用这些类型选项定义局部放大图边界形状的典型示例如图 8-23 所示。

图 8-22　"局部放大图"对话框

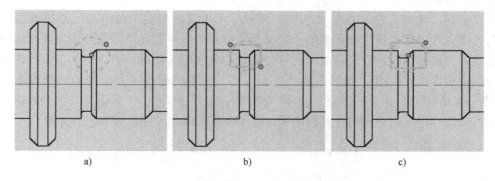

a) b) c)

图 8-23　定义局部放大图边界的 3 种类型

a)"圆形"　b)"按拐角绘制矩形"　c)"按中心和拐角绘制矩形"

2．设置放大比例值

在"比例"选项组的"比例"下拉列表框中选择所需的一个比例值，或者从中选择"比率"选项或"表达式"选项来定义比例。

3．定义父项上的标签

在"父项上的标签"选项组中，从"标签"下拉列表框中可以选择"无""圆""注释""标签""内嵌"或"边界"选项来定义父项上的标签。如图 8-24 所示的示例效果中给出了定义父项上的标签的 3 种典型效果。

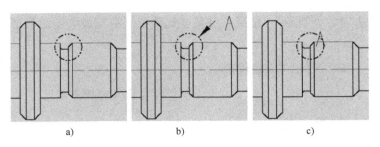

图 8-24　3 种典型效果：定义父项上的标签

a)"圆"　b)"标签"　c)"内嵌"

4. 定义边界和指定放置视图的位置

按照所选的类型为"圆形""按拐角绘制矩形"或"按中心和拐角绘制矩形"来分别在视图中指定点来定义放大区域的边界，系统会自动判断父视图。例如，将类型设为"圆形"时，则先在视图中单击一点作为放大区域的中心位置，然后指定另一点作为边界圆周上的一点。此时，系统提示：指定放置视图的位置。在图纸页中的合适位置处选择一点作为局部放大图的放置中心位置即可。

8.4.4　剖视图

可以从任何父图纸视图创建剖视图，包括简单剖视图、阶梯剖视图、半剖视图、旋转剖视图和点到点的剖视图。

在功能区"主页"选项卡的"视图"面板中单击"剖视图"按钮🔲，系统弹出"剖视图"对话框。在"截面线"选项组的"定义"下拉列表框中选择"动态"选项或"选择现有的"选项，当选择"动态"选项时，允许指定动态截面线，此时从"方法"下拉列表框选择"简单剖/阶梯剖""半剖""旋转"或"点到点"以开始创建指定方法类型的剖视图，此时"剖视图"对话框如图 8-25 所示；当选择"选择现有的"选项时，"剖视图"对话框如图 8-26 所示，此时选择用于剖视图的独立截面线，指定视图原点即可创建所需的剖视图。

图 8-25　"剖视图"对话框（1）

图 8-26　"剖视图"对话框（2）

对于指定动态截面线的情形，如果需要修改默认的截面线型（即剖切线样式），则可以在"设置"选项组中单击"设置"按钮，系统弹出图 8-27 所示的"设置"对话框。利用该对话框定制满足当前设计要求的截面线样式和视图标签。

图 8-27 "设置"对话框

下面结合操作实例并以"动态"定义为例，分别介绍如何创建简单全剖视图、阶梯剖视图、半剖视图和旋转剖视图。

1. 简单剖视图

使用"简单剖/阶梯剖"方法创建常见的全剖视图。请看下面的操作范例。

① 打开"BC_8_PST.PRT"文件，确保切换至"制图"应用模块。

② 在功能区"主页"选项卡的"视图"面板中单击"剖视图"按钮，弹出"剖视图"对话框。

③ 在"截面线"选项组的"定义"下拉列表框中选择"动态"选项，接着从"方法"下拉列表框中选择"简单剖/阶梯剖"选项。在"铰链线"选项组的"矢量选项"下拉列表框中默认选择"自动判断"选项。

④ "截面线段"选项组中的"指定位置"按钮被选中，在当前图纸页上仅有的一个视图（作为父视图）指定图 8-28 所示的圆心点作为截面线段位置，

⑤ 此时"视图原点"选项组中的"位置"按钮自动处于被选中的状态，其方向选项默认为"正交的"，在图形窗口中指定放置视图的位置，参考结果如图 8-29 所示。

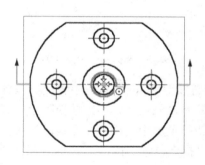

图 8-28 指定点作为截面线段位置

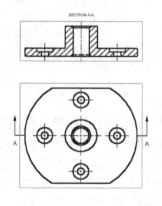

图 8-29 指定放置视图的位置

⑥ 在"剖视图"对话框中单击"关闭"按钮。

2. 阶梯剖视图

阶梯剖视图是由通过部件的多个剖切段组成，所有剖切段都与铰链线平行，并且通过折弯段相互附着。在 NX 10.0 中，创建阶梯剖视图与创建简单全剖视图类似，不同之处主要在于创建阶梯剖视图时需要指定其他的截面线段和转折位置等。

下面通过一个简单范例来介绍创建阶梯剖视图的典型操作步骤，该范例的实体模型效果如图 8-30 所示。

① 打开"BC_8_JTP.prt"配套文件，其"制图"应用模块的图纸页上已经有两个视图，如图 8-31 所示。

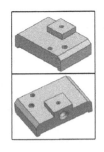

图 8-30 范例实体模型效果

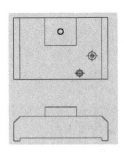

图 8-31 已有的两个视图

② 在功能区"主页"选项卡的"视图"面板中单击"剖视图"按钮，弹出"剖视图"对话框，接着从"截面线"选项组的"定义"下拉列表框中选择"动态"选项，从"方法"下拉列表框中选择"简单剖/阶梯剖"选项。

③ 在"铰链线"选项组的"矢量选项"下拉列表框中选择"自动判断"选项，勾选该"关联"复选框。此时可以在"父视图"选项组中单击"视图"按钮，在图纸页上选择如图 8-32 所示的视图作为父视图。

④ "截面线段"选项组中的"指定位置"按钮处于被选中的状态，在视图几何体上拾取图 8-33 所示的一个圆心作为支线 1 切割位置。

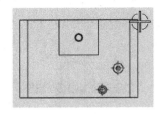

图 8-32 指定父视图

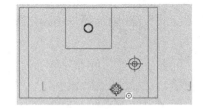

图 8-33 选择第一个点（圆心）

⑤ 移动鼠标指针来选择剖切方向（锁定与铰链线对齐），在本例中将鼠标指针移到父视图的右侧区域，接着单击鼠标右键，如图 8-34 所示，然后从弹出的快捷菜单中选择"与铰链线对齐"命令。再次单击鼠标右键并从弹出的快捷菜单中选择"截面线段"命令，或者在"剖视图"对话框的"截面线段"选项组中单击"指定位置"按钮，接着在父视图中选择下一个用于放置剖切段的点，如图 8-35 所示。

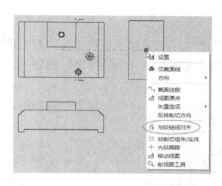

图 8-34 锁定对齐的操作

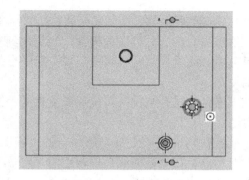

图 8-35 添加第二个剖切段位置

⑥ 添加所需的后续剖切位置。在本例中，捕捉并选择图 8-36 所示的中点来定义新的剖切段位置。

⑦ 在视图中拖动所需的截面线手柄并将它拖到新的适合位置处（修改剖切线转折位置），如图 8-37 所示。

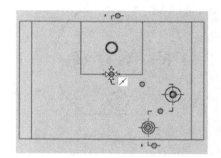

图 8-36 选择点以添加新的剖切段

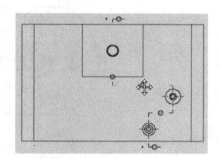

图 8-37 移动折弯段

⑧ 在"剖视图"对话框的"视图原点"选项组中单击"指定位置"按钮 🖰，接着将鼠标指针移动到所需位置处单击，从而放置该阶梯剖视图，完成效果如图 8-38 所示。最后关闭"剖视图"对话框。

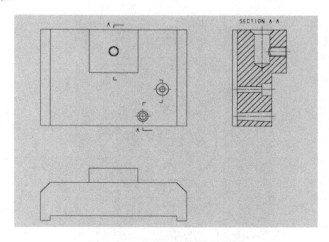

图 8-38 完成创建阶梯剖视图

3．半剖视图

这里先介绍半剖视图的概念：当机件具有对称平面时，在垂直于对称平面的投影面上，以对称中心线为界，一半画成剖视，另一半画成视图，这样组成一个内外兼顾的图形，称为半剖视图。

下面继续结合范例（范例原始文件为"BC_8_BPST.prt"）介绍创建半剖视图的典型操作方法。

❶ 在功能区"主页"选项卡的"视图"面板中单击"剖视图"按钮▢，打开"剖视图"对话框。在"截面线"选项组的"定位"下拉列表框中默认选择"动态"选项，从"方法"下拉列表框中选择"半剖"选项。需要时可以在"父视图"选项组中单击"视图"按钮▣，在图纸页上选择父视图。

❷ "截面线段"选项组中的"指定位置"按钮⊕被选中。在位于上边框条的"选择条"工具栏中单击"象限点"按钮◯，在视图中选择图 8-39a 所示的一个点作为截面线段位置，接着再选择图 8-39b 所示的一个点完成定义截面线段位置。

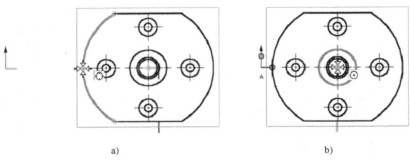

a)   b)

图 8-39　定义剖切位置和折弯位置

a) 定义截面线段 1　b) 定义截面线段 2

❸ 在图纸页上指定放置视图的位置（指定半剖视图的中心位置），从而完成创建半剖视图操作，如图 8-40 所示。

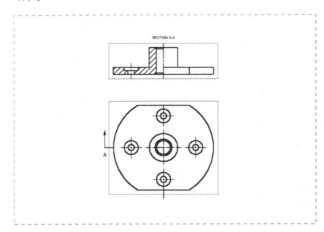

图 8-40　指定半剖视图的放置位置

④ 在"剖视图"对话框中单击"关闭"按钮。

4．旋转剖视图

可以从任何父图纸视图创建一个投影旋转视图，所创建的该投影旋转视图简称为旋转剖视图。旋转剖视图使用了两个相交的剖切平面（交线垂直于某一基本投影面）。旋转剖视图的示例如图 8-41 所示。

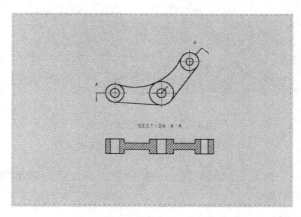

图 8-41 创建有旋转剖视图的工程图示例

下面结合典型示例来介绍创建旋转剖视图的典型操作方法及步骤。首先打开范例练习文件"BC_8_XZPST.PRT"，接着按照以下步骤来进行操作。

① 在功能区"主页"选项卡的"视图"面板中单击"剖视图"按钮，打开"剖视图"对话框。接着在"截面线"选项组的"定位"下拉列表框中默认选择"动态"选项，从"方法"下拉列表框中选择"旋转"选项。

② 在"铰链线"选项组的"矢量选项"下拉列表框中选择"自动判断"选项，勾选"关联"复选框。另外，如果当前图纸页中有多个视图时，可以使用"父视图"选项组在图纸页中选择父视图。

③ 定义旋转点。在"截面线段"选项组中指定所需的点捕捉工具，可以使用自动判断的点来定义旋转点，如图 8-42 所示。

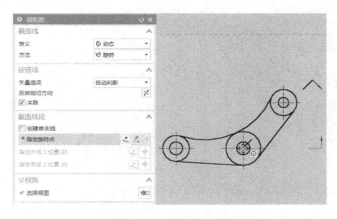

图 8-42 定义旋转点

④ 分别定义段的新位置 1（如图 8-43a 所示，即指定该点作为支线 1 切割位置）和新位置 2（如图 8-43b 所示，即指定该点作为支线 2 切割位置）。

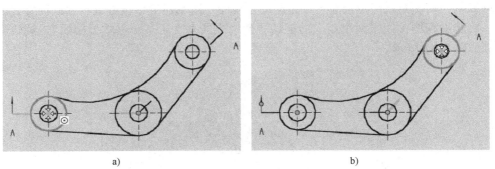

a)   b)

图 8-43　定义段的新位置

a) 定义段的新位置 1　b) 定义段的新位置 2

⑤ 指定放置视图的位置，结果如图 8-44 所示。确定该旋转剖视图的放置中心点后，便完成该旋转剖视图的创建。

5.“点到点”剖视图

在“剖视图”对话框的“截面线”选项组的“方法”下拉列表框中选择“点到点”选项时，可以创建点到点剖视图，它需要分别定义铰链线、截面线段和视图原点等，如图 8-45 所示。在定义截面线段时，可通过点构造器或点捕捉工具选项来指定剖切线的每个折弯处的位置点，NX 将按顺序连接这些点来创建剖切线的每个剖切段，在指定放置视图的位置时可以看到每个段的内容在剖切平面上被展开。

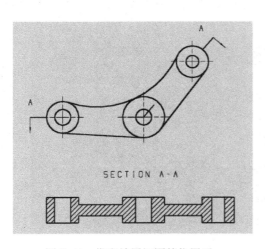

图 8-44　指定放置视图的位置后

图 8-45　“剖视图”对话框（点到点）

8.4.5 局部剖视图

可以通过在任何父图纸视图中移除一个部件区域来创建一个局部剖视图，所谓的局部剖视图实际上是使用剖切面局部剖开机件而得到的剖视图，如图 8-46 所示。

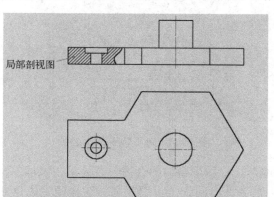

局部剖视图

图 8-46 创建局部剖视图

在 UG NX 10.0 中，在创建局部剖视图之前，需要先定义与视图关联的局部剖视边界。定义局部剖视边界的典型方法如下。可以使用范例练习文件"BC_8_JBPST.PRT"来辅助练习其操作。

① 在工程图中选择要进行局部剖视的视图，右击，接着从快捷菜单中选择"展开（扩展）"命令，从而进入视图成员模型工作状态。

② 通过"定制"命令将相关的曲线功能调用出来，例如单击"菜单"按钮 菜单(M) 并选择"工具"|"定制"命令，或者按〈Ctrl+1〉快捷键，系统弹出"定制"对话框，在"命令"选项卡的"类别"列表框中选择"菜单"下的"插入"子类别，接着从"项（命令）"列表框中选择"曲线"项并将它拖至所需位的位置处，如图 8-47 所示。然后单击"关闭"按钮以关闭"定制"对话框。

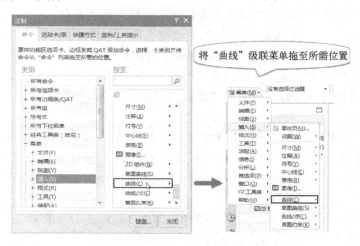

图 8-47 定制命令

单击"菜单"按钮 菜单(M)·，选择"插入"|"曲线"|"艺术样条"命令，弹出"艺术样条"对话框，在要建立局部剖切的部位绘制局部剖切的边界线，例如绘制图 8-48 所示的局部剖切的封闭边界线，在"艺术样条"对话框中单击"确定"按钮。

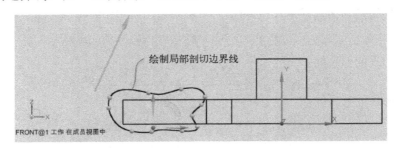

图 8-48　定义局部剖视边界

③ 完成创建边界线后，在图形窗口的合适位置处单击鼠标右键，然后再次从快捷菜单中选择"扩大（扩展）"命令，返回到工程图状态。这样便完成建立了与选择视图相关联的边界线。

下面继续结合练习范例来介绍创建局部剖视图的一般操作方法。

① 在功能区"主页"选项卡的"视图"面板中单击"局部剖视图"按钮，系统弹出图 8-49 所示的"局部剖"对话框。

说明：使用"局部剖"对话框，可以进行局部剖视图的创建、编辑和删除操作。

其中，创建局部剖视图的操作工具主要包括"选择视图"按钮、"指出基点"按钮、"指出拉伸矢量"按钮、"选择曲线"按钮和"编辑剖视边界"按钮。

② 在"局部剖"对话框中选择"创建"单选按钮，此时系统提示选择一个生成局部剖的视图。在该提示下选择一个要生成局部剖视图的视图。如果要将局部剖视边界以内的图形切除，那么可以勾选"切穿模型"复选框，注意通常不勾选该复选框。

③ 指出基点。选择要生成局部剖的视图后，"指出基点"按钮图标被激活。在图纸页上的关联视图（如相应的投影视图等）中指定一点作为剖切基点。

④ 指出拉伸矢量。指出基点位置后，"局部剖"对话框中显示的活动按钮和矢量下拉列表框如图 8-50 所示。此时在绘图区域中显示默认的投影方向。用户可以接受默认的方向，也可以使用矢量功能选项定义其他合适的方向作为投影方向。如果单击"矢量反向"按钮，则使要求的方向与当前显示的方向相反。指出拉伸矢量即投影方向后，单击鼠标中键继续下一个操作步骤。

⑤ 选择剖视边界曲线。指定基点和投影矢量方向后，"局部剖"对话框中的"选择曲线"按钮自动处于被选中的状态，同时出现"链"按钮和"取消选择上一个"按钮，如图 8-51 所示。本例中，在这里直接在视图中选择剖切边界线，而不用单击"链"按钮。

● "链"按钮：如果单击此按钮，系统弹出图 8-52 所示的"成链"对话框，系统出现"边界-选择链的起始曲线"的提示信息，在视图中选择链的起始曲线，接着在"边界-选择链的结束曲线"提示下选择链的结束曲线。在没有闭合的边界曲线时，适合使用此按钮。

图 8-49 "局部剖"对话框

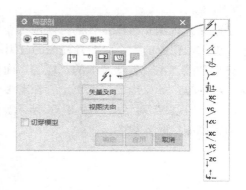

图 8-50 显示投影矢量的工具

● "取消选择上一个"按钮：用于取消上一次选择曲线的操作。

图 8-51 "局部剖"对话框

图 8-52 "成链"对话框

⑥ 编辑剖视边界。

指定所需剖视边界曲线后，"局部剖"对话框中的"修改边界曲线"按钮  被激活和处于被选中的状态，同时出现一个"捕捉作图线"复选框，如图 8-53 所示。如果用户觉得指定的边界线不太理想，则可以通过选择其中某一个边界点来对其进行编辑修改，如图 8-54所示。

图 8-53 编辑剖视边界

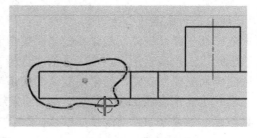

图 8-54 编辑剖视边界

⑦ 对剖视边界线满意之后，单击"局部剖"对话框中的"应用"按钮，则系统完成在选择的视图中创建局部剖视图。

利用"局部剖"对话框，还可以对选定的局部剖进行编辑或删除操作。

8.4.6 断开视图

　　创建断开视图是将图纸视图分解成多个边界并进行压缩，从而隐藏不感兴趣的部分，以此来减少图纸视图的大小。断开视图的应用示例如图 8-55 所示。

　　在功能区"主页"选项卡的"视图"面板中单击"断开视图"按钮，系统弹出"断开视图"对话框。如果当前图纸页上存在着多个视图，则需要选择成员视图。选择一个成员视图后，"断开视图"对话框如图 8-56 所示。断开视图的类型可以分为两种，即"常规"断开视图和"单侧"断开视图。

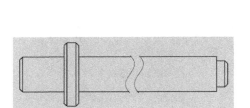

图 8-55　断开视图的应用示例

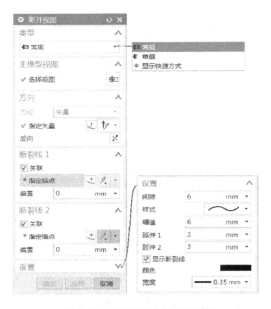

图 8-56　"断开视图"对话框

　　下面介绍一个轴断开视图的创建步骤。用户可以打开配套范例文件"BC_8_DKST.PRT"来辅助学习。

　　❶ 在功能区"主页"选项卡的"视图"面板中单击"断开视图"按钮，系统弹出"断开视图"对话框。

　　❷ 在"断开视图"对话框的"类型"下拉列表框中选择"常规"选项。

　　❸ "主模型视图"选项组中的"选择视图"按钮处于被选中的状态，选择现有的一个视图作为主模型视图。可采用默认的矢量方向。

　　❹ 定义断裂线 1。为了便于定义断裂线 1，可以巧妙地使用图 8-57 所示的选择条捕捉工具按钮，并注意在"断裂线 1"选项组中确保勾选"关联"复选框，设置"偏置"值为"0"，在轴轮廓边上捕捉合适的一点以定义断裂线 1，如图 8-58 所示。

图 8-57　快速设置捕捉模式

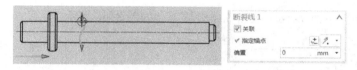

图 8-58　定义断裂线 1

⑤　定义断裂线 2。在"断裂线 2"选项组中确保勾选"关联"复选框，从"锚点"下拉列表框中选择"点在曲线/边上"图标选项✐，在"偏置"文本框中输入该"偏置"值为"0"，接着在轴轮廓边上选定一点来定义断裂线 2，如图 8-59 所示。

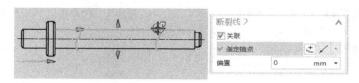

图 8-59　定义断裂线 2

⑥　在"设置"选项组中设置图 8-60 所示的参数。
⑦　单击"应用"按钮，创建断开视图的效果如图 8-61 所示。
⑧　在"断开视图"对话框中单击"关闭"按钮☒。

图 8-60　在"设置"选项组中设置相关参数

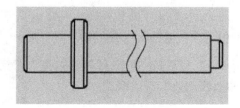

图 8-61　创建断开视图

8.4.7　展开的点和角度剖视图

使用"展开的点和角度剖视图"按钮，可以通过指定截面线段的位置和角度创建剖视图。下面以一个范例的形式介绍如何创建此类剖视图。

①　打开配套范例文件"BC_8_展开的点和角度剖视图.PRT"，该文件中现有图纸页上已有的基本视图如图 8-62 所示，其对应的实体模型如图 8-63 所示。

②　在"制图"应用模块功能区"主页"选项卡的"视图"面板中单击"展开的点和角度剖视图"按钮，打开图 8-64 所示的"展开剖视图-线段和角度"对话框。

③　"选择父视图"按钮处于当前操作步骤的选中状态，在视图列表或图形窗口中选择已有的一个视图作为父视图。

④　NX 自动切换至下一个操作步骤，即自动激活"定义铰链线"按钮，在对话框中确保勾选"关联铰链线"复选框，以自动判断矢量的方式选择图 8-65 所示的一条边，接着

根据实际情况单击"矢量反向"按钮以使矢量方向如图 8-66 所示。

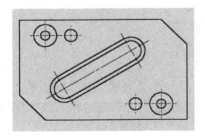

图 8-62　现有图纸页上已有的基本视图

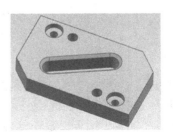

图 8-63　实体模型效果

图 8-64　"展开剖视图-线段和角度"对话框

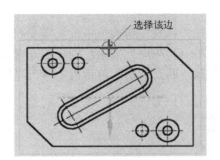

图 8-65　选择对象以自动判断矢量

⑤　在"展开剖视图-线段和角度"对话框中单击"应用"按钮，系统弹出图 8-67 所示的"截面线创建"对话框。

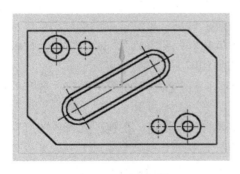

图 8-66　反向矢量

图 8-67　"截面线创建"对话框

⑥ 在"截面线创建"对话框中选择"剖切位置"单选按钮，从"选择点"下拉列表框中选择一个点构造图标选项，例如选择"自动判断的点"图标选项 ⁄，通过单击图 8-68 所示的圆以选取其圆心定义剖切位置 1，并在"截面线创建"对话框的"角度"文本框中输入角度值为"0"。接着在父视图中单击图 8-69 所示的圆以选择其圆心定义剖切位置 2，并在"截面线创建"对话框的"角度"文本框中输入角度值为"120"，按〈Enter〉键。

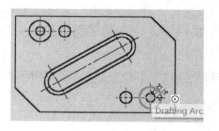

图 8-68 定义剖切位置点 1

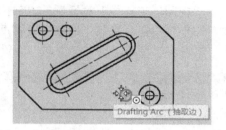

图 8-69 定义剖切位置点 2

再在父视图中单击图 8-70 所示的圆以选择其圆心定义剖切位置 3，并输入其角度值为"0"，如图 8-70 所示。

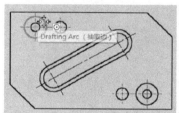

图 8-70 定义剖切位置点 3 及其角度

⑦ 在"截面线创建"对话框中单击"确定"按钮，返回到"展开剖视图-线段和角度"对话框，此时"放置视图"按钮 中 处于被选中的状态，如图 8-71 所示。

⑧ 指出图纸上剖视图的中心。本例在父视图的上方区域指定一点来放置视图，结果如图 8-72 所示。

图 8-71 "展开剖视图-线段和角度"对话框

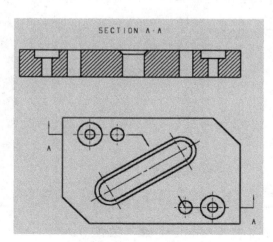

图 8-72 放置视图

8.4.8 视图创建向导

可以使用"视图创建向导"功能对图纸页添加一个或多个视图，这个比较适合 NX 初学者。在功能区"主页"选项卡的"视图"面板中单击"视图创建向导"按钮，系统弹出图 8-73 所示的"视图创建向导"对话框（开始提供的是"部件"设置页）。

利用"视图创建向导"对话框的"部件"设置页选择部件或装配用作视图的基础，接着单击"下一步"按钮，进入"选项"设置页，如图 8-74 所示，从中设置视图显示选项，然后单击"下一步"按钮，进入"方向"设置页。

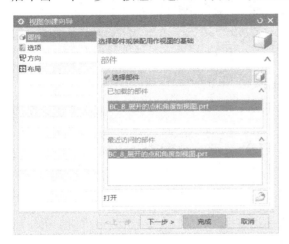

图 8-73　视图创建向导的"部件"设置页

图 8-74　视图创建向导的"选项"设置页

在"方向"设置页中指定父视图的方位等，如图 8-75 所示，单击"下一步"按钮，进入图 8-76 所示的"布局"设置页中进行视图布局设置（选择要投影的一个视图或多个视图），还可以进行留边等细节方面的设置，最后单击"确定"按钮，从而完成创建所需的工程视图。

图 8-75　视图创建向导的"方向"设置页

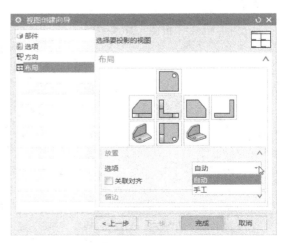

图 8-76　视图创建向导的"布局"设置页

8.4.9 创建截面线（剖切线）及其定义的剖视图

使用"截面线"按钮 ，可以创建基于草图的独立截面线（这里的截面线指剖切线），它可用于创建剖视图。在功能区"主页"选项卡的"视图"面板中单击"截面线"按钮 ，则进入截面线草图环境，此时功能区切换至"截面线"选项卡，如图 8-77 所示，接着利用该选项卡中的曲线工具和约束工具来绘制剖切线，然后单击"完成"按钮 。

图 8-77 功能区的"截面线"选项卡

下面的这个范例应用了剖切线，以及利用已有的剖切线创建剖视图。

① 打开配套范例文件"BC_8_PSTJMX.PRT"，该文件图纸页上已有的一个视图如图 8-78 所示。

② 在功能区"主页"选项卡的"视图"面板中单击"截面线"按钮 ，则进入截面线草图环境，默认选中"轮廓"按钮 ，绘制图 8-79 所示的两条相连的线段，

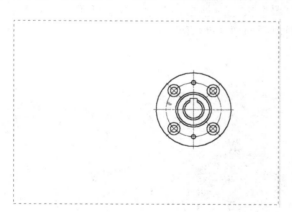

图 8-78 已有的一个视图

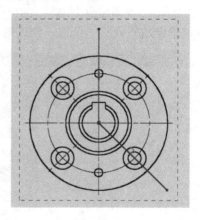

图 8-79 绘制两条相连的线段

③ 在功能区"截面线"选项卡的"草图"面板中单击"完成"按钮 ，创建的剖切线（截面线）如图 8-80 所示。同时 NX 10.0 弹出"截面线"对话框，在"剖切方法"选项组的"方法"下拉列表框中默认选择"点到点"选项，取消勾选"折叠剖"复选框（注意：此复选框用于设置截面线用于创建折叠或展开剖视图），在"设置"选项组中确保勾选"关联到草图"复选框（用于保持草图几何元素与截面线之间的关联），如图 8-81 所示，然后单击"确定"按钮。

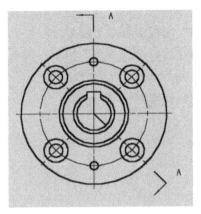

图 8-80 由独立草图生成的剖切线

图 8-81 "截面线"对话框

④ 在功能区"主页"选项卡的"视图"面板中单击"剖视图"按钮 ▣，弹出"剖视图"对话框。

⑤ 从"截面线"选项组的"定义"下拉列表框中选择"选择现有的"选项，如图 8-82 所示，接着选择之前刚创建的用于剖视图的独立截面线。

⑥ "视图原点"选项组中的"指定位置"按钮 ⬚ 被自动选中，在图纸页上移动鼠标指针来选定放置视图的位置，创建的点到点剖视图如图 8-83 所示。

图 8-82 "剖视图"对话框

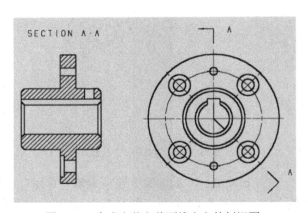

图 8-83 生成由独立截面线定义的剖视图

⑦ 在"剖视图"对话框中单击"关闭"按钮。

8.5 编辑视图基础

本节主要介绍编辑视图的基础命令操作，包括"移动/复制视图""对齐视图""视图边界"和"更新视图"。

8.5.1 移动/复制视图

使用系统提供的"移动/复制视图"命令，可以将视图移动或复制到另一个图纸页上，也可以将视图移动或复制到当前图纸页的其他有效位置处。

在功能区"主页"选项卡的"视图"面板中单击"移动/复制视图"按钮，弹出图 8-84 所示的"移动/复制视图"对话框。下面简要地介绍该对话框中各关键组成元素的主要功能及用法。

1. 视图列表框

视图列表框列出了当前图纸页上的视图名标识，用户可以从中选定要操作的视图，也可以在图纸页上选择要操作的视图。

2. 移动或复制按钮图标

移动或复制按钮图标介绍如下。

- "至一点"按钮 ：选择此按钮选项，则在图纸页（工程图纸）上指定了要移动或复制的视图后，通过指定一点的方式将该视图移动或复制到某指定点。
- "水平"按钮 ：选择此按钮选项，则沿水平方向来移动或复制选定的视图。
- "竖直"按钮 ：选择此按钮选项，则沿竖直方向来移动或放置选定的视图。
- "垂直于直线"按钮 ：选择此按钮选项，则需选定参考线，然后沿垂直于该参考线的方向移动或复制所选定的视图。
- "至另一图纸"按钮 ：在指定要移动或复制的视图后，选择该按钮选项，则系统会弹出图 8-85 所示的"视图至另一图纸"对话框，从该对话框中选择目标图纸，单击"确定"按钮，即可将所选的视图移动或复制到指定的目标图纸上。

图 8-84 "移动/复制视图"对话框　　　　图 8-85 "视图至另一图纸"对话框

3. "复制视图"复选框

"复制视图"复选框用于设置视图的操作方式是复制还是移动。如果勾选该复选框，则操作结果为复制视图，否则操作结果为移动视图。

4. "视图名"文本框

在"视图名"文本框中可以重指定视图名称。

5. "距离"复选框

"距离"复选框用于指定移动或复制的距离。如果勾选该复选框，则系统会按照在"距离"文本框中设定的距离值于规定的方向上移动或复制视图。

6. "取消选择视图"按钮

单击"取消选择视图"按钮，则取消用户先前选择的视图，以便重新进行视图选择操作。

在了解了"移动/复制视图"对话框各组成的功能含义后，下面总结利用该对话框进行移动或复制视图操作的一般方法及步骤。

① 在"移动/复制视图"对话框的视图列表框中或图纸页上选择要操作的视图。

② 勾选"复制视图"复选框或取消勾选"复制视图"复选框，以确定视图的操作方式是复制还是移动。

③ 选择所需要的移动或复制按钮图标以设置视图移动或复制的具体方式，然后根据提示将所选视图移动或放置到工程图中的指定位置。

8.5.2 对齐视图

可以根据设计要求，将图纸页上的相关视图对齐，从而使整个工程图图面整洁，便于用户读图。

在功能区"主页"选项卡的"视图"面板中单击"视图对齐"按钮，打开图 8-86 所示的"视图对齐"对话框，接着选择要调整操作的视图，并在"对齐"选项组"放置"子选项组的"方法"下拉列表框中选择"自动判断""水平""竖直""垂直于直线"或"叠加"选项，如图 8-87 所示，然后根据所选的方法选项进行相应的操作来将要操作的视图与参照位置点对齐。例如，当选择"自动判断"方法时，"对齐"选项组中的"位置"按钮处于活动状态，此时使用鼠标在图纸页上指定一点，即可将要操作的视图对齐放置到该位置（即指定放置视图的位置）。又例如，当选择"水平"方法时，还需从"对齐"下拉列表框中选择"对齐至视图""模型点"或"点到点"，这里以选择"对齐至视图"为例，然后在图纸页上选择水平对齐的参考视图，那么原先所选的要操作的视图与该参考视图水平对齐。

图 8-86 "视图对齐"对话框（1）

图 8-87 "视图对齐"对话框（2）

8.5.3 视图边界

使用"视图边界"命令，可以编辑图纸页上某一视图的视图边界。

在"制图"应用模块下，从功能区"主页"选项卡的"视图"面板中单击"视图边界"按钮◰，系统弹出图 8-88 所示的"视图边界"对话框。下面介绍该对话框中主要组成部分的功能含义。

图 8-88 "视图边界"对话框

1."视图"列表框

可以在"视图"列表框中选择要定义边界的视图。在进行定义视图边界操作之前，除了可以在视图列表框中选择视图之外，还可以直接在图纸页上选择视图。如果选择了不需要的视图，那么可以单击"重置"按钮以重新开始视图选择操作。

2."视图边界方式"下拉列表框

"视图边界方式"下拉列表框用于设置视图边界的类型方式，一共有以下 4 种类型方式。

● "自动生成矩形"：选择该选项时，单击"应用"按钮自动定义矩形视图边界。该选项是系统初始默认的视图边界方式选项。

● "手工生成矩形"：选择该选项时，通过在视图的适当位置处按下鼠标左键并拖动鼠标来生成矩形边界，释放鼠标左键后，形成的矩形边界便作为该视图的边界。如图 8-89 所示，使用鼠标分别指定点 1 和点 2 来定义视图的矩形边界。

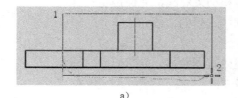
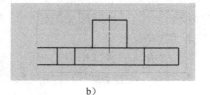

a)　　　　　　　　　　　　　b)

图 8-89 手工生成矩形

a）在点 1 按住鼠标左键并拖动鼠标到点 2 处释放　b）完成视图的矩形边界

- "由对象定义边界"：该方式的边界是通过选择要包围的对象来定义视图的范围。选择此选项时，系统出现"选择/取消选择要定义边界的对象"的提示信息。此时，用户可以使用对话框中的"包含的点"按钮或"包含的对象"按钮，在视图中选择要包含的点或对象。
- "断裂线/局部放大图"：该方式使用断裂线（截断线）或局部视图边界线来设置视图边界。选择要定义边界的视图后，接着选择此选项时，系统提示："选择曲线定义断裂线/局部放大图边界"。在提示下选择已有曲线来定义视图边界。用户可以使用"链"按钮来进行成链操作。

说明：要使用"断裂线/局部放大图"方式定义视图边界，应该在执行"视图边界"命令之前，先创建与视图关联的断裂线。创建与视图关联的断裂线的典型方法是在工程图中右击要定义边界的视图，接着从弹出的快捷菜单中选择"展开（扩展）"命令，进入视图成员工作状态。利用"曲线"级联菜单中的曲线工具（如"艺术样条"工具）在希望产生视图边界的位置创建合适的视图断裂线。然后再次从右键快捷菜单中选择"展开（扩展）"命令，返回到工程制图状态中。接着便可以执行"视图边界"命令并使用"断裂线/局部放大图"方式来定义视图边界了。在图 8-90 所示的示例中，便使用了"断裂线/局部放大图"方式定义视图边界。

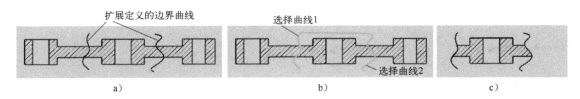

图 8-90　使用"断裂线/局部放大图"方式定义视图边界

a）扩展定义所需的曲线　b）注意选择曲线的位置　c）完成的视图边界

3. "锚点"按钮

使用"锚点"按钮，在视图中设置锚点，锚点是将视图边界固定在视图中指定对象相关联的点上，使视图边界会跟着指定点的位置变化而适应变化。用户需要了解到的是，如果没有指定锚点，那么当模型发生更改时，视图边界中的对象部分可能发生位置变化，这样视图边界中所显示的内容便有可能不是所希望的内容。

4. "链"按钮和"取消选择上一个"按钮

当选择"断裂线/局部放大图"方式选项时，激活这两个按钮。单击"链"按钮，弹出"成链"对话框，在提示下选择链的起始曲线和结束曲线，完成成链操作。

"取消选择上一个"按钮用于取消前一次所选择的曲线。

5. "边界点"按钮

"边界点"按钮用于通过指定边界点来更改视图边界。

6. "包含的点"按钮和"包含的对象"按钮

当选择"由对象定义边界"方式选项时，激活该两个按钮。"包含的点"按钮用于选择视图边界要包含的点；"包含的对象"按钮用于选择视图边界要包含的对象。

7. "重置"按钮

"重置"按钮用于重置视图边界，体现在重新选择要定义边界的视图。

8. "父项上的标签"下拉列表框

当在图纸页上选择局部放大图时激活该下拉列表框，如图 8-91 所示。该下拉列表框用于设置局部放大视图的父视图以何种方式显示边界（含标签）。

图 8-91 "父项上的标签"下拉列表框

8.5.4 更新视图

"更新视图"操作是指在选定视图中更新视图内容。

更新视图的方法步骤较为简单，即在功能区"主页"选项卡的"视图"面板中单击"更新视图"按钮，接着选择要更新的视图，然后单击"确定"按钮或"应用"按钮即可。允许选择所有过时视图，以及允许在选择所有过时视图时自动更新视图，如图 8-92 所示。

图 8-92 "更新视图"对话框

8.6 修改剖面线

在工程制图中，可以使用不同的剖面线来表示不同的材质及不同的零部件。在一个装配体的剖视图中，各零件（不同零件）的剖面线也应该有所区别。

修改剖面线的快捷操作方法如下（结合典型操作示例）。

① 在工程图中选择要修改的剖面线，接着右击，弹出一个快捷菜单，如图 8-93 所示。

② 从该快捷菜单中选择"编辑"命令，系统弹出图 8-94 所示的"剖面线"对话框。

③ 利用"剖面线"对话框，可以选择要排除的注释，并可以在"设置"选项组中进行

以下设置操作。

- 浏览并载入所需的剖面线文件（断面线定义文件）。
- 在"图样"下拉列表框中选择其中一种剖面线类型。
- 在"距离"文本框中输入剖面线的间距。
- 在"角度"文本框中输入剖面线的角度。

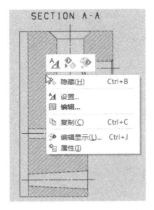

图 8-93　右击要修改的剖面线

图 8-94　"剖面线"对话框

- 单击"颜色"按钮 ████████，将打开图 8-95 所示的"颜色"对话框，利用"颜色"对话框设置一种颜色作为剖面线的颜色。
- 在"线宽"下拉列表框中选择当前剖面线的线宽样式选项。
- 在"边界曲线公差"文本框中输入边界曲线/剖面线的新公差值或接受其默认值。

④　在"剖面线"对话框中单击"应用"按钮或"确定"按钮。

例如，选择图 8-93 所示的剖面线来进行编辑，将其距离值由原来的 3.5 更改为 8，将角度值由原来的 45 更改为 135，完成修改该剖面线后的视图效果如图 8-96 所示，注意观察修改剖面线前后的对比效果。

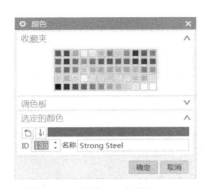

图 8-95　"颜色"对话框

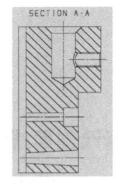

图 8-96　示例修改剖面线后的效果

8.7　图样标注/注释

创建视图后，还需要对视图图样进行标注/注释。标注是表示图样尺寸和公差等信息的重要方法，是工程图的一个有机组成部分。广义的图样标注包括尺寸标注、插入中心线、文本注释、插入符号、几何公差标注、创建装配明细表和绘制表格等。

8.7.1 尺寸标注

尺寸是工程制图的一个重要元素，它用于标识对象的形状大小和方位。在 NX 10.0 "制图" 应用模块的视图进行尺寸标注，其实就是引用对象关联的三维模型的真实尺寸。

在功能区 "主页" 选项卡的 "尺寸" 面板中提供了 "快速" 按钮、"线性" 按钮、"径向" 按钮、"角度" 按钮、"倒斜角尺寸" 按钮、"厚度尺寸" 按钮、"弧长" 按钮、"周长" 按钮和 "坐标" 按钮这些尺寸工具。下面介绍这些用于在工程视图中进行尺寸标注的工具命令。

1. "快速" 按钮

使用 "快速" 按钮，可以以 "自动判断" "水平" "竖直" "点到点" "垂直" "圆柱坐标系" "斜角" "径向" 和 "直径" 这些测量方法来创建所需的各类尺寸，其中通常将测量方法设置为 "自动判断"，这样便可以根据选定对象和光标的位置自动判断尺寸类型来创建一个尺寸。

在功能区 "主页" 选项卡的 "尺寸" 面板中单击 "快速" 按钮，弹出图 8-97 所示的 "快速尺寸" 对话框，接着从 "测量" 选项组的 "方法" 下拉列表框中选择 "自动判断" "水平" "竖直" "点到点" "垂直" "圆柱坐标系" "斜角" "径向" 或 "直径" 选项，并选择相应的参考对象，以及指定尺寸文本放置的原点位置等即可。例如，从 "快速尺寸" 对话框的 "测量" 选项组的 "方法" 下拉列表框中选择 "圆柱坐标系" 选项时，接着在图纸页上选择要标注该快速尺寸的第一个对象和第二个对象，然后移动光标并单击以指定尺寸文本放置位置（原点位置），创建的圆柱形尺寸如图 8-98 所示，圆柱形尺寸实际上测量的是两个对象或点位置之间的线性距离尺寸，但 NX 会将直径符号自动附加至该尺寸，用于表示截面对象的直径（距离）大小。再看图 8-99 所示的几个典型示例，这些示例中的线性尺寸都可以采用 "快速尺寸" 功能的相关测量方法来快速创建。另外，要注意的是，用户可以在 "原点" 选项组中设置尺寸原点自动放置，这样便可以省略手动指定尺寸放置原点的步骤。

图 8-97 "快速尺寸" 对话框

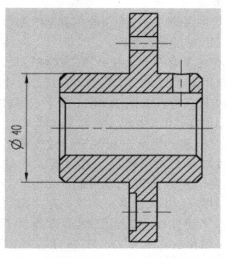

图 8-98 创建 "圆柱坐标系" 测量方式的尺寸

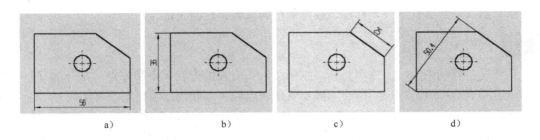

图 8-99   使用"快速尺寸"功能创建的几个线性尺寸示例

a)"水平"测量方法   b)"竖直"测量方法   c)"点到点"测量方法   d)"垂直"测量方法

2."线性"按钮

使用"线性"尺寸按钮，可以在两个对象或点对象之间创建线性尺寸，它可用的测量方法有"自动判断""水平""竖直""点到点""垂直""圆柱坐标系"和"孔标注"。创建线性尺寸的操作方法和创建快速尺寸的操作方法类似。在"尺寸"面板中单击"线性"按钮，打开图 8-100 所示的"线性尺寸"对话框，从"尺寸集"选项组的"方法"下拉列表框中选择"无""链"或"基线"选项，接着从"测量"选项组的"方法"下拉列表框中选择一种可用的线性测量方法，以及在"驱动"选项组中指定驱动方法，并选择要测量线性尺寸的参考对象，然后指定尺寸文本放置位置，当然也可以设置自动放置尺寸。需要用户注意的是：当从"尺寸集"的"方法"下拉列表框中选择"链"选项时，"测量"选项组的"方法"下拉列表框中的"垂直"选项、"圆柱坐标系"选项和"孔标注"选项不可用；当从"尺寸集"的"方法"下拉列表框中选择"基线"选项时，"测量"选项组的"方法"下拉列表框中的"圆柱坐标系"选项和"孔标注"选项不可用。在大多数场合下，通常将"尺寸集"选项组中的方法选项设置为"无"，即设置不生成链尺寸和基线尺寸。

请看图 8-101 所示的孔标注尺寸，该尺寸可通过"线性"按钮来创建。该尺寸的创建步骤简述为：在"尺寸"面板中单击"线性"按钮，打开"线性尺寸"对话框，从"测量"选项组的"方法"下拉列表框中选择"孔标注"选项，接着选择要标注的孔特征对象，并指定尺寸放置位置。

在这里有必要介绍一下"线性链尺寸"和"线性基线尺寸"的创建知识。"线性链尺寸"是以端到端方式放置的多个线性尺寸，这些尺寸从前一个尺寸的延伸线连续延伸以形成一组成链尺寸，如图 8-102a 所示；"线性基线尺寸"是根据公共基线测量的一系列线性尺寸，如图 8-102b 所示。

以创建一组水平线性链尺寸为例，如图 8-103 所示，在单击"线性"按钮打开"线性尺寸"对话框后，在"测量"选项组的"方法"下拉列表框中选择"水平"选项，在"尺寸集"选项组的"方法"下拉列表框中选择"链"选项，接着分别选择第一个对象（如端点 A）和第二个对象（端点 B），并手动放置尺寸；放置第一个线性尺寸后，"线性尺寸"对话框不再提供"测量"选项组，接着依次选择其他"第二个对象"（如位置点 C、D、E 和 F），从而完成创建一组成链的线性尺寸，然后单击"关闭"按钮。

图 8-100 "线性尺寸"对话框

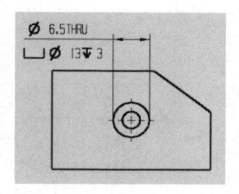

图 8-101 使用"线性尺寸"完成的孔标注

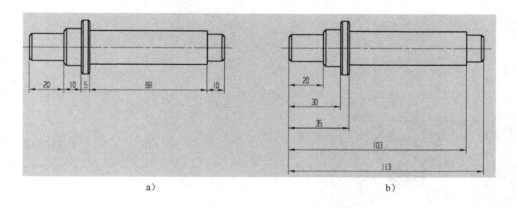

a) b)

图 8-102 线性链尺寸与线性基线尺寸示例

a) 线性链尺寸 b) 线性基线尺寸

3. "径向"按钮

"径向"按钮用于创建圆形对象（圆弧或圆）的半径或直径尺寸，如图 8-104 所示。在"尺寸"面板中单击"径向尺寸"按钮，弹出图 8-105 所示的"半径尺寸"对话框，从"测量"选项组的"方法"下拉列表框中选择"自动判断""径向""直径"或"孔标注"，接着根据不同的测量方法进行相应的操作。对于采用"径向"测量方法而言，还可以为大圆弧创建带折线的半径，此时除了选择要标注径向尺寸的参考对象之外，还需要选择偏置中心点

和折叠位置。使用"径向尺寸"工具命令同样可以创建孔标注。

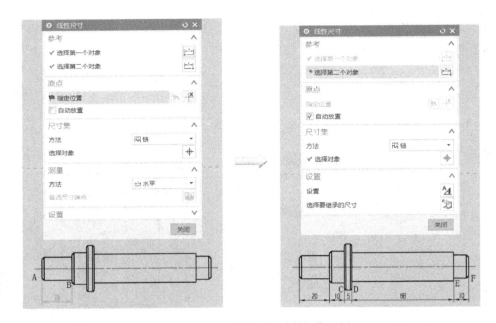

图 8-103　创建线性链尺寸的操作示例

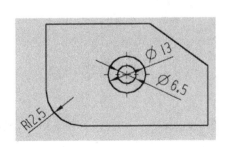

图 8-104　创建半径尺寸和直径尺寸

图 8-105　"半径尺寸"对话框

4. "角度"按钮

"角度"按钮用于在两条不平行的直线之间创建角度尺寸。在"尺寸"面板中单击"角度尺寸"按钮，弹出"角度尺寸"对话框，接着在"参考"选项组中指定选择模式（通常默认选择模式为"对象"），然后分别选择形成夹角的第一个对象和第二个对象来创建其角度尺寸，示例如图 8-106 所示。

可以通过单击"设置"按钮 来设置文本放置方位形式为"水平文本"，图解如图 8-107 所示。

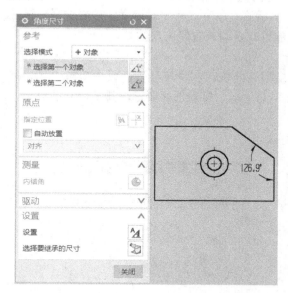

图 8-106 创建角度尺寸

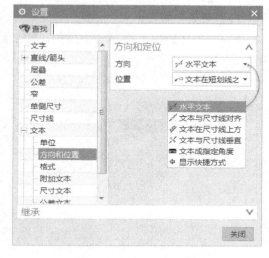

图 8-107 设置文本方向和位置

5. "倒斜角尺寸"按钮

"倒斜角尺寸"按钮用于在倒斜角曲线上创建倒斜角尺寸。在"尺寸"面板中单击"倒斜角尺寸"按钮，系统弹出"倒斜角尺寸"对话框，接着可以在"设置"选项组中单击"设置"按钮并利用弹出的图 8-108 所示的"设置"对话框设置所需的倒斜角格式和指引线格式等（倒斜角样式为"符号"时，还需要对"前缀/后缀"进行设置，将倒斜角尺寸位置选项设为"之前"，文本为"C"），返回"倒斜角尺寸"对话框后选择倒斜角对象和参考对象等来创建倒斜角尺寸，示例如图 8-109 所示。

图 8-108 设置倒斜角格式等

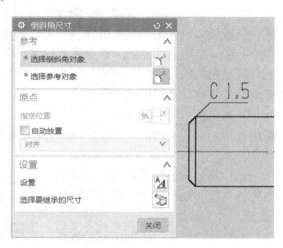

图 8-109 创建倒斜角尺寸示例

6. "厚度尺寸"按钮 ⚒

"厚度尺寸"按钮用于创建一个厚度尺寸，以测量两条曲线之间的距离。在"尺寸"面板中单击"厚度尺寸"按钮 ⚒，弹出图 8-110 所示的"厚度尺寸"对话框，接着选择要标注厚度尺寸的第一个对象和第二个对象，并自动放置或手动放置厚度尺寸。

7. "弧长"按钮 ⚒

"弧长"按钮用于创建一个弧长尺寸来测量圆弧周长。在"尺寸"面板中单击"弧长尺寸"按钮 ⚒，弹出图 8-111 所示的"弧长尺寸"对话框，接着选择要标注弧长尺寸的对象，然后自动放置或手动放置弧长尺寸即可。

图 8-110 "厚度尺寸"对话框

图 8-111 "弧长尺寸"对话框

8. "周长"按钮 ▣

"周长"按钮用于创建周长约束以控制选定直线和圆弧的集体长度。

9. "坐标"按钮 ⚏

"坐标"按钮用于创建一个坐标尺寸，测量从公共点沿一条坐标基线到某一位置的距离。坐标尺寸由文本和一条延伸线（可以是直的，也可以有一段折线）组成，它描述了从被称为坐标原点的公共点到对象上某个位置沿坐标基线的距离。

使用相关的尺寸工具创建尺寸后，有时还需要根据设计要求为尺寸文本添加前缀或为尺寸设置公差等。要编辑某一个尺寸，可以对该尺寸使用右键快捷命令。

下面讲解一个尺寸标注范例，内容涉及创建尺寸和编辑选定尺寸，例如，为选定尺寸添加前缀和公差内容。在学习该范例的过程中，读者一定要深刻体会屏显编辑栏的可编辑内容。

① 打开本书配套的范例源文件"BC_8_尺寸创建及编辑.prt"，该文件已有的两个视图如图 8-112 所示。在功能区"主页"选项卡的"尺寸"面板中单击"快速"按钮 ⚒，弹出"快速尺寸"对话框。

② 从"测量"选项组的"方法"下拉列表框中选择"自动判断"选项，从"驱动"选项组的"方法"下拉列表框中选择"自动判断"选项，在"原点"选项组中取消勾选"自动放置"复选框。分别选择要标注尺寸的两个对象或一个圆对象并指定相应的放置原点位置来

生成相应的快速尺寸，另外可以使用快速尺寸的"径向"测量方法来创建一个半径尺寸，创建的一系列快速尺寸如图 8-113 所示。

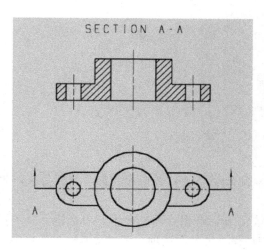

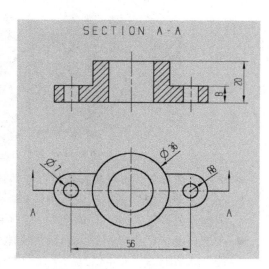

图 8-112　已有的两个视图　　　　　　　　　图 8-113　创建一系列快速尺寸

❸　在"快速尺寸"对话框的"测量"选项组的"方法"下拉列表框中选择"圆柱坐标系"选项，接着分别选择图 8-114 所示的两个对象，以及指定放置尺寸的原点位置来生成一个表示圆柱形结构的直径尺寸。在"快速尺寸"对话框中单击"关闭"按钮。

❹　选择"φ36"尺寸，单击鼠标右键，接着从弹出的快捷菜单中选择"编辑"命令（该"编辑"命令用于编辑选定尺寸的首选项或附加文本），如图 8-115 所示。系统弹出"径向尺寸（半径尺寸）"对话框和一个屏显编辑栏。在屏显编辑栏中单击"箭头向外直径"按钮 ♂ 以取消选中它，此时该直径尺寸的显示方式变为图 8-116 所示，然后在"径向尺寸"对话框中单击"关闭"按钮。

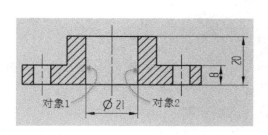

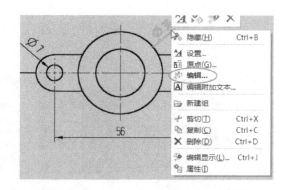

图 8-114　标注一个"圆柱坐标系"直径尺寸　　　　　图 8-115　对选定尺寸执行右键命令操作

❺　选择"φ7"尺寸，单击鼠标右键，接着从弹出的快捷菜单中选择"编辑"命令，弹出"径向尺寸（半径尺寸）"对话框和屏显编辑栏。在屏显编辑栏中执行以下操作。

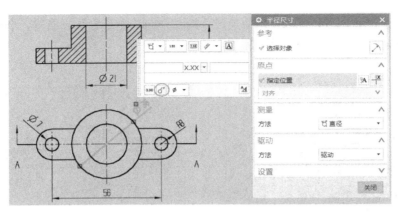

图 8-116　编辑直径尺寸的一个显示方式

- 单击"箭头向外直径"按钮 以取消选中它。
- 在"公差类型"下拉列表框中选择"等双向公差" ，并在相应的"公差"文本框中输入公差值"0.08"，如图 8-117 所示。
- 在屏显编辑栏中单击"编辑附加文本"按钮，弹出"附加文本"对话框，从"控件"选项组的"文本位置"下拉列表框中选择"之前"选项，在"文本输入"框中先输入"2"，接着在"符号"子选项组的"类别"下拉列表框中默认选择"制图"，在"制图符号"列表中单击"插入数量"按钮，此时发现"文本输入"框的"2"字后面多了"<#A>"字符（代表着数量符号），如图 8-118 所示，单击"关闭"按钮。用户也可以直接在屏显编辑栏的前缀文本框中输入前缀文本字符，如图 8-119 所示。

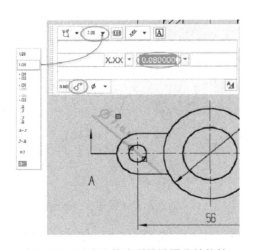

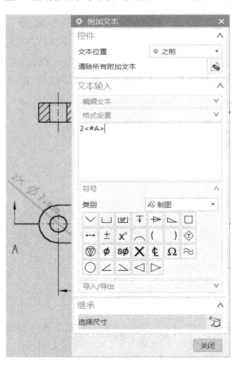

图 8-117　更改公差选项并设置公差值等　　　　　图 8-118　编辑附加文本

⑥ 编辑好该直径尺寸后，在"径向尺寸"对话框中单击"关闭"按钮，编辑效果如图 8-120 所示。

图 8-119 使用屏显编辑栏添加前缀

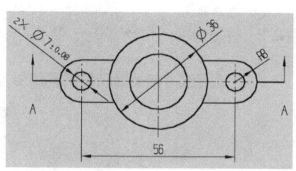

图 8-120 为选定直径尺寸添加公差和前缀

8.7.2 插入中心线

在工程图中经常会应用到中心线。在功能区"主页"选项卡"注释"面板的"中心线"下拉菜单中提供以下用于插入中心线的工具命令。

- "中心标记"按钮⊕：创建中心标记。
- "螺栓圆中心线"按钮：创建完整或不完整螺栓圆中心线，如图 8-121 所示。
- "圆形中心线"按钮：创建完整或不完整的圆形中心线，如图 8-122 所示。注意圆形中心线比螺栓圆中心线少了指定点处的中心线标记。

图 8-121 创建螺栓圆中心线

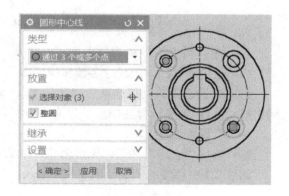

图 8-122 创建圆形中心线

- "对称中心线"按钮：创建对称中心线。
- "2D 中心线"按钮：创建 2D 中心线。
- "3D 中心线"按钮：基于面或曲线输入创建中心线，其中产生的中心线是真实的 3D 中心线。
- "自动中心线"按钮⊕：自动创建中心标记、圆形中心线和圆柱形中心线。
- "偏置中心线符号"按钮：创建偏置中心线符号，该符号表示某一圆弧的中心，该中心处于偏置其真正中心的某一位置。

下面以创建 2D 中心线为例。

① 在功能区"主页"选项卡的"注释"面板中单击位于"中心线"下拉菜单中的"2D 中心线"按钮 中，系统弹出图 8-123 所示的"2D 中心线"对话框。

图 8-123 "2D 中心线"对话框

② 在"类型"下拉列表框中选择"从曲线"选项或"根据点"选项，并可以在"设置"选项组中设置相关的尺寸参数和样式。

③ 如果选择的类型选项为"从曲线"，则需要分别选择曲线对象来定义中心线的第 1 侧和第 2 侧；如果选择的类型选项为"根据点"，则需要分别选择点 1 和点 2 来定义中心线，并可以设置偏置选项。

④ 单击"应用"按钮，完成创建一根 2D 中心线。

创建 2D 中心线的示例如图 8-124 所示。

图 8-124 创建 2D 中心线的典型示例

8.7.3 文本注释

要在图纸中插入文本注释，则在功能区"主页"选项卡的"注释"面板中单击"注释"按钮 A，系统弹出图 8-125 所示的"注释"对话框。

用户可以先在"设置"选项组中单击"样式"按钮 A，系统打开图 8-126 所示的"设置"对话框，利用"设置"对话框设置所需的文本样式和层叠样式；返回到"注释"对话框后，在"注释"对话框的"设置"选项组中还可以指定是否竖直文本，设置文本斜体角度、粗体宽度和文本对齐方式。

图 8-125 "注释"对话框

图 8-126 "设置"对话框

在"注释"对话框的"文本输入"选项组的文本框中输入注释文本，如果需要编辑文本，可以展开"编辑文本"区域（子选项组）来进行相关的编辑操作。确定要输入的注释文本后，在图纸页上指定原点位置即可将注释文本插入到该位置。在处于指定原点的状态时，用户可以单击"原点"选项组中的"原点工具"按钮 A，打开图 8-127 所示的"原点工具"对话框，使用该对话框来定义原点。此外，用户可以为原点设置对齐选项等。

如果创建的注释文本带有指引线，则需要在"注释"对话框中展开"指引线"选项区域（也称"指引线"选项组），单击"选择终止对象"按钮 以选择终止对象，接着设置指引线类型（指引线类型可以为"普通""全圆符号""标志""基准"或"以圆点终止"），指定是否带折线等，如图 8-128 所示，然后根据系统提示进行相应操作来完成带指引线的注释文本。

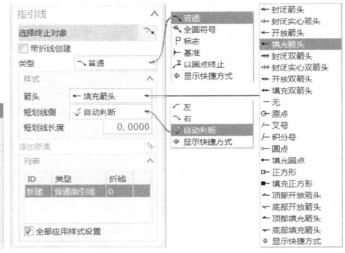

图 8-127 "原点工具"对话框   图 8-128 定义指引线

8.7.4 插入表面粗糙度符号

可以创建一个表面粗糙度符号来指定曲面参数，如粗糙度、处理或涂层、模式、加工余量和波纹。

插入表面粗糙度符号的方法步骤如下。

❶ 在功能区"主页"选项卡的"注释"面板中单击"表面粗糙度符号"按钮√，系统弹出图 8-129 所示的"表面粗糙度"对话框。

❷ 展开"属性"选项组，从"除料"下拉列表框中选择图 8-130 所示的其中一种除料选项，如"开放的""开放的，修饰符""修饰符，全圆符号""需要移除材料""修饰符，需要除料""修饰符，需要除料，全圆符号""禁止移除材料""修饰符，禁止除料""修饰符，禁止除料，全圆符号"。

选择好除料选项后，在"属性"选项组中设置相关的参数。例如，从"除料"下拉列表框中选择"修饰符，需要除料"选项，则结合图例将波纹参数选择为"Rz 0.8"，如图 8-131 所示。

❸ 展开"设置"选项组，根据设计要求来定制表面粗糙度样式和角度等，如图 8-132 所示。对于某方向上的表面粗糙度，可设置反转文本以满足相应的标注规范。另外，还可以根据设计需要来设置要创建的表面粗糙度符号是否带有圆括号，以及如何带圆括号。

图 8-129 "表面粗糙度"对话框

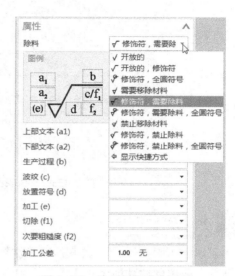

图 8-130 选择材料移除选项

图 8-131 设置粗糙度相关属性参数

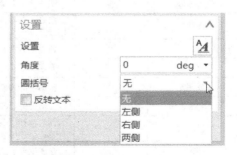

图 8-132 设置样式和角度等

④ 如果需要指引线,那么需要使用对话框的"指引线"选项组。

⑤ 指定原点放置表面粗糙度符号。可以继续插入表面粗糙度符号。

⑥ 在"表面粗糙度"对话框中单击"关闭"按钮。

插入表面粗糙度符号(表面结构要求符号)的示例如图 8-133 所示,其中底面的一个表面粗糙度符号需要带箭头的指引线引出。如果零件的其他表面有相同的表面结构要求时，那么其表面结构要求可统一标注在图样的标题栏附近，此时表面结构要求的符号后面应有在圆括号内给出无任何其他标注的基本符号，或者在圆括号内给出不同的表面结构要求（不同的表面结构要求应直接标注在图形中）。

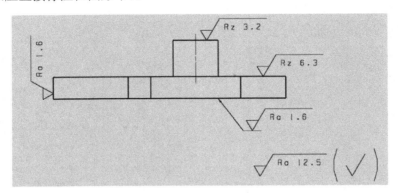

图 8-133　插入表面粗糙度符号的典型示例

8.7.5　插入其他符号

还可以插入表 8-1 所示的其他常见注释符号，用于插入这些注释符号的工具按钮均可以在"制图"应用模块功能区"主页"选项卡的"注释"面板中被找到。

表 8-1　插入其他符号

符号名称	工具按钮	功能用途
基准特征符号		创建基准特征符号，单击此按钮，将弹出"基准特征符号"对话框，利用该对话框设置基准标识符、其他选项、指引线和原点即可
基准目标		创建基准目标，单击此按钮，将弹出"基准目标"对话框，从中设置基准目标的类型选项（类型有"点""直线""矩形""圆形""环形""球形""圆柱形""任意"）以及相应的参数、选项和参照
符号标注		创建带或不带指引线的符号标注
焊接符号		创建一个焊接符号来指定焊接参数，如类型、轮廓形状、大小、长度和/或间距以及精加工方法
目标点符号		创建可用于进行尺寸标注的目标点符号
相交符号		创建相交符号，该符号代表拐角上的证示线
区域填充		在指定的边界内创建图案或填充
剖面线		在指定的边界内创建图样
特征控制框		创建单行、多行或复合的特征控制框（在 8.7.6 小节中详细介绍使用此工具按钮来进行形位公差标注的实用知识）
图像		在图纸页上放置光栅图像（.jpg、.png 或.tif）

下面以在指定的边界内创建剖面线为例进行介绍。

① 在"注释"面板中单击"剖面线"按钮，系统弹出图 8-134 所示的"剖面线"对话框。

② 在"边界"选项组的"选择模式"下拉列表框中选择"区域中的点"或"边界曲线"选项。当选择"区域中的点"选项时，需要在封闭环内选择点以定义边界；当选择"边

界曲线"选项时，需要选择曲线以定义边界。

③ 设置要排除的注释，可以设置自动排除注释。

④ 在"设置"选项组中选择剖面线文件，并选择剖面线图样，以及设置其相应的参数。

⑤ 在"剖面线"对话框中单击"确定"按钮，完成在指定的边界内添加剖面线图样。

典型示例如图 8-135 所示，在该示例中先在一个新建的图纸页上使用"草图"面板中的草图工具绘制一个矩形和一个圆，圆的圆心位于矩形中心处，圆完全被包含在矩形内部，具体尺寸由练习者自行决定，接着单击"剖面线"按钮█，选择模式为"区域中的点"，指定内部位置点以定义边界。

图 8-134 "剖面线"对话框

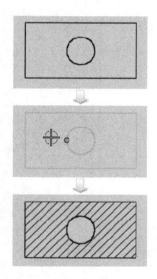

图 8-135 在指定边界内创建图样

8.7.6 几何公差标注

在"制图"应用模块下，单击"注释"面板中的"特征控制框"按钮█，可以创建一行、多行或复合特征控制框并将其附着到尺寸，例如创建几何公差标注。

下面以创建图 8-136 所示的几何公差为例（读者可以打开范例配套练习文件"BC_8_TZKZK.PRT"进行上机操作），详细介绍创建几何公差标注的一般操作方法，其操作步骤如下。

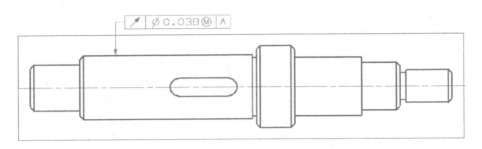

图 8-136　标注几何公差

1️⃣ 在功能区"主页"选项卡的"注释"面板中单击"特征控制框"按钮 ，系统弹出图 8-137 所示的"特征控制框"对话框。

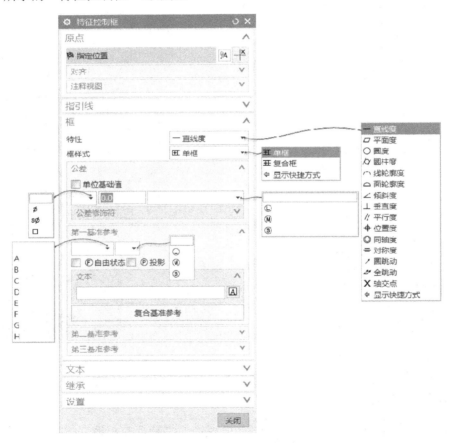

图 8-137　"特征控制框"对话框

2️⃣ 在"框"选项组的"特性"下拉列表框中选择"圆跳动",从"框样式"下拉列表框中选择"⊞ 单框";接着在"公差"子选项组内的左侧第一个下拉列表框中选择"∅",在相应的文本框中输入"0.038",在右侧的下拉列表框中选择"Ⓜ";在"第一基准参考"下的左侧第一个下拉列表框中选择"A",如图 8-138 所示。

3️⃣ 打开"指引线"选项组,设置图 8-139 所示的类型选项及样式,然后单击"选择终止对象"按钮 ，此时系统提示选择对象以创建指引线。

图 8-138 设置框特性等

图 8-139 "指引线"选项组

❹ 在要创建指引线的对象上选择一点单击，接着移动鼠标，如图 8-140 所示，在合适位置处单击，从而放置该特征控制框。

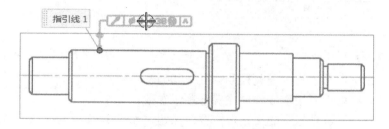

图 8-140 指定指引线及放置特征控制框

❺ 在"特征控制框"对话框中单击"关闭"按钮。

8.7.7 创建装配明细表

装配明细表在 UG NX 中也被称为零件明细表，它用来表示装配的物料清单。创建装配明细表其实是创建用于装配的物料清单。

完成装配体后切换至"制图"应用模块，此时如果要创建装配明细表，则从功能区"主页"选项卡的"表"面板中单击"零件明细表"按钮 ，接着在图纸页中指明新零件明细表的位置，即可创建装配明细表。创建的零件明细表形式如图 8-141 所示，其中第 1 列为部件号，第 2 列为部件名称，第 3 列为部件数量。

用户可以拖动零件明细表的栅格线来调整列大小。

8.7.8 表格注释及其编辑

在工程图设计时偶尔会应用到表格。在功能区"主页"选项卡的"表"面板中提供了关于表注释创建和编辑的工具命令。

下面主要介绍表格注释的应用及其相关编辑操作。

创建表格注释（创建信息表，如部件族图纸的尺寸值）的方法步骤如下。

❶ 在"表"面板中单击"表格注释"按钮，弹出图 8-142 所示的"表格注释"对话框。

5	BC_7_R2_LD2	4
4	BC_7_R2_SSD_W2	1
3	BC_7_R2_SSD_W1	1
2	BC_7_R2_LD1	4
1	BC_7_R2_SSD_PCB	1
PC NO	PART NAME	QTY

图 8-141 零件明细表   图 8-142 "表格注释"对话框

❷ 在"表大小"选项组中设置列数、行数和列宽。

❸ 必要时，可以设置指引线和样式等选项、参数。

❹ 确保"原点"选项组中的"指定位置"按钮处于被选中的状态，系统提示指定原点或按住并拖动对象以创建指引线。在"原点"选项组中展开"对齐"子选项组，从中可选择自动对齐选项，设定"水平或竖直对齐"复选框、"相对于视图的位置"复选框、"相对于几何体的位置"复选框和"捕捉点处的位置"复选框的状态，设置锚点选项。可以在图纸页上指定原点位置，或者在"原点"选项组中单击"原点工具"按钮，利用弹出的"原点工具"对话框来定义原点位置。

❺ 定义新表格注释的原点位置后，表格注释显示如图 8-143 所示（以系统默认表格为5 行 5 列为例）。可以继续指定原点来创建表格注释。

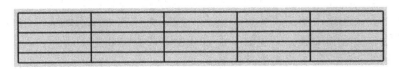

图 8-143 插入的新表格注释

❻ 在"表格注释"对话框中单击"关闭"按钮。

创建好表格注释后，用户在制图工作中可以根据实际情况对表格（包括其单元格）进行编辑操作等。以下涉及常用的表格编辑操作需要用户重点了解和掌握。

● 选中表格注释区域时，在新表格注释的左上角有一个移动手柄图标，用户可以按住鼠标左键来拖动该移动手柄，使表格注释随之移动，当移动到合适的位置后，释放鼠标左键即可将表格注释放置到图纸页中合适的位置。

● 使用鼠标来快速调整表格行和列的大小。

● 双击选定的单元格，出现一个文本框，在该文本框中输入注释文本，如图 8-144 所示，按〈Enter〉键完成输入注释文本。使用此方法同样可以编辑选定单元格中的注释文本。

● 亦可使用"注释编辑器"（"文本"对话框）编辑选定单元格中的文本，其方法是先选择要编辑的表格注释文本，接着在"表"面板中单击"更多"|"编辑文本"按钮，打开图 8-145 所示的"文本"对话框，从中进行相关的编辑操作。

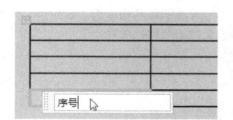

图 8-144 输入表格单元格中的文本

图 8-145 使用"文本"对话框编辑

● 如果要合并单元格，则可以在表格注释中选择一个单元格，按住鼠标左键不放并移动，移动范围包括用户要合并的单元格，选择要合并的单元格后单击鼠标右键，并从弹出来的快捷菜单中选择"合并单元格"命令，从而完成指定单元格的合并。如果要取消单元格的合并，那么先选择它，再单击鼠标右键并从弹出的快捷菜单中选择"取消合并单元格"命令。

● 在"表格"面板中单击"更多"|"排序"按钮，可以按列值对选定的表格或部件列表进行排序。

● 在"表"面板中单击"更多"|"粗体"按钮，可以将选定单元格中的文本更改为使用粗体字；在"表"面板中单击"更多"|"斜体"按钮，可以将选定单元格中的文本更改为使用斜体字。

通过对插入的表格注释进行相关的编辑处理，如调整行和列的尺寸、合并相关单元格、增加或删除行或列、填写单元格等，可以建立一个符合要求的标题栏或其他信息表。此外，在表格中还可以进行"导入属性""导入表达式"和"导入电子表格"等高级操作。

另外，"表"面板中的"自动符号标注"按钮 🍋 用于为选定的零件明细表创建关联的圆形符号。

8.8 零件建模及其工程图综合实战案例

在本节中介绍一个零件建模及其工程图综合实战案例，让读者通过案例学习，除了复习三维建模的知识之外，还要重点掌握工程图设计的基本流程、思路、操作方法及技巧等。

该案例的基本流程、思路简述为以下两个环节。

1）分析该零件的结构特征，建立该零件的三维模型，如图 8-146 所示。

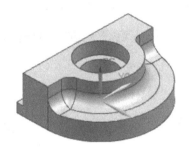

图 8-146　建立的零件三维模型

2）根据建立的三维模型，切换至"制图"应用模块创建其相应的工程视图。需要什么样的工程视图和多少工程视图，则需要综合考虑到模型的结构特点等。

该综合实战进阶案例的具体设计步骤如下。

8.8.1 建立零件的三维模型

1. 新建一个模型文件

❶ 单击"新建"按钮 📄，系统弹出"新建"对话框。

❷ 在"模型"选项卡的"模板"列表中选择名称为"模型"的模板（主单位为 mm），在"新文件名"选项组的"名称"文本框中输入"bc_8_ztszal.prt"，并指定要保存到的文件夹（即指定保存路径）。

❸ 在"新建"对话框中单击"确定"按钮。

2. 创建拉伸实体特征

❶ 在功能区"主页"选项卡的"特征"面板中单击"拉伸"按钮 ⓜ，系统弹出"拉伸"对话框。

❷ 在"拉伸"对话框的"截面"选项组中单击"绘制截面"按钮 🔲，系统弹出"创建草图"对话框。

❸ 草图类型选项为"在平面上"，平面方法选项为"现有平面"，在基准坐标系中选择 XC-YC 平面（又称"XY 坐标面"），草图方向参考为"水平"，其他默认，如图 8-147 所示，然后单击"确定"按钮，进入草图模式。

图 8-147　设置草图类型选项

④ 绘制图 8-148 所示的草图。绘制好了之后，在"草图"面板中单击"完成"按钮 。

⑤ 在"方向"选项组的"方向矢量"下拉列表框中选择"ZC 轴"图标选项 ，在"限制"选项组中设置开始值为"0"，设置结束距离值为"36.8"，"布尔"选项为"无"，拔模选项为"无"，"偏置"选项为"无"，体类型为"实体"。

⑥ 在"拉伸"对话框中单击"确定"按钮，创建的拉伸实体特征如图 8-149 所示。

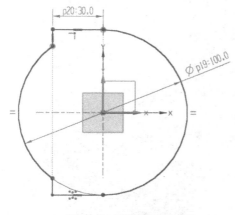

图 8-148　绘制草图

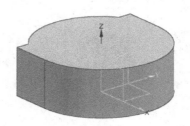

图 8-149　创建的拉伸实体特征

3. 以拉伸的方式切除材料

① 在功能区"主页"选项卡的"特征"面板中单击"拉伸"按钮 ，系统弹出"拉伸"对话框。

② 在"截面"选项组中单击"绘制截面"按钮 ，系统弹出"创建草图"对话框。

③ 选择模型的最上表面（顶面）作为草绘平面，如图 8-150 所示，单击"确定"按钮，进入草绘模式。

④ 绘制图 8-151 所示的草图，在"草图"面板中单击"完成"按钮 。

图 8-150　选择草图平面

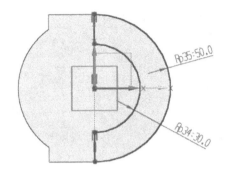

图 8-151　绘制草图

⑤　在"拉伸"对话框的"方向"选项组的方向矢量下拉列表框中选择"-ZC 轴"图标选项 ；在"限制"选项组中设置开始距离值为"0"，结束距离值为"20"；在"布尔"选项组的"布尔"下拉列表框中选择"求差"选项；在"拔模"选项组的"拔模"下拉列表框中选择"无"选项；在"偏置"选项组的"偏置"下拉列表框中选择"无"选项；在"设置"选项组的"体类型"下拉列表框中选择"实体"选项，如图 8-152 所示。

⑥　在"拉伸"对话框中单击"确定"按钮，完成拉伸切除操作的效果如图 8-153 所示。

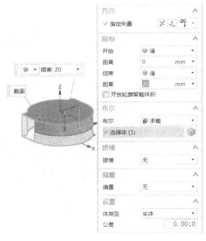

图 8-152　拉伸参数及选项设置

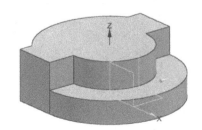

图 8-153　完成拉伸切除操作

4．创建沉头孔

①　在"特征"面板中单击"孔"按钮 ，系统弹出"孔"对话框。

②　在"孔"对话框中，从"类型"下拉列表框中选择"常规孔"选项，从"孔方向"下拉列表框中选择"垂直于面"选项，接着在"形状和尺寸"选项组的"形状（成形）"下

拉列表框中选择"沉头孔"选项。

③ 在"位置"选项组中单击"绘制剖面"按钮，打开"创建草图"对话框。类型选项为"在平面上"，平面方法选项为"现有平面"，单击实体模型的如图 8-154 所示的实体面，并设置草图方向参考（可采用默认设置），然后单击"确定"按钮。

④ 系统弹出"草图点"对话框，选择"自动判断的点"图标选项，在原点处单击，接着关闭"草图点"对话框，然后单击"完成草图"按钮。

⑤ 返回到"孔"对话框。在"形状和尺寸"选项组中，将沉头直径设置为"39"、沉头深度为"12"、孔直径为"28"、深度限制选项为"贯通体"。

⑥ 在"孔"对话框中单击"确定"按钮。创建的沉头孔如图 8-155 所示。

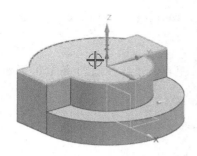

图 8-154　指定草图平面

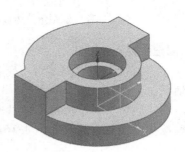

图 8-155　点参考位置示意

5. 创建边倒圆特征

① 在"特征"面板中单击"边倒圆"按钮，系统弹出图 8-156 所示的"边倒圆"对话框。

② 设置混合面连续性为"G1（相切）"，倒圆形状为"圆形"，其圆角"半径 1"为"8"。

③ 选择要倒圆角的两条边，如图 8-157 所示。

图 8-156　"边倒圆"对话框

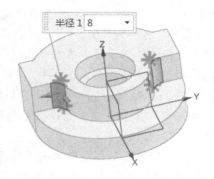

图 8-157　选择要倒圆角的两条边

④ 在"边倒圆"对话框中单击"应用"按钮。

⑤ 设置新圆角半径为"10"，并选择图 8-158 所示的一条边作为要倒圆角的边参照。

⑥ 在"边倒圆"对话框中单击"确定"按钮。按〈End〉键以正等测视图显示模型，此时模型效果如图 8-159 所示。

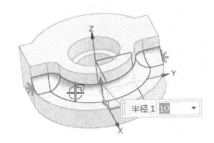

图 8-158 选择要倒圆角的边参照

图 8-159 边倒圆后的模型效果

6. 创建腔体

① 在"特征"面板中单击"更多"|"腔体"按钮，系统弹出图 8-160 所示的"腔体"对话框。

② 在"腔体"对话框中单击"矩形"按钮。

③ 选择平的放置面，如图 8-161 所示。

图 8-160 "腔体"对话框

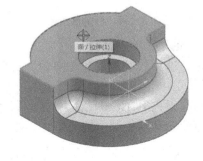

图 8-161 选择平的放置面

④ 选择水平参考。在本例中选择图 8-162 所示的一条边或 Y 轴作为水平参考。

⑤ 在"矩形腔体"对话框中设置"长度"为"100"，"宽度"为"45"，"深度"为"28"，"拐角半径"为"0"，"底面半径"为"0"，"锥角"为"0"，如图 8-163 所示。然后在该"矩形腔体"对话框中单击"确定"按钮。

⑥ 系统弹出"定位"对话框。在"定位"对话框中单击"垂直"按钮，在实体模型中选择图 8-164a 所示的一条边作为目标边/基准，接着选择图 8-164b 所示的中心轴作为工具边，并在"创建表达式"对话框中将该值修改为"50"，然后单击"创建表达式"对话框的"确定"按钮。

⑦ 在"定位"对话框中单击"垂直"按钮，在实体模型中选择图 8-165a 所示的一条短边作为目标边/基准，接着选择图 8-165b 所示的中心轴作为工具边，并在"创建表达式"对话框中将其值修改为"46"，然后单击"创建表达式"对话框的"确定"按钮。

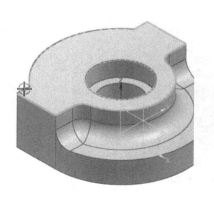

图 8-162 指定水平参考方向

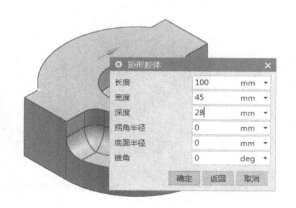

图 8-163 设置矩形腔体参数

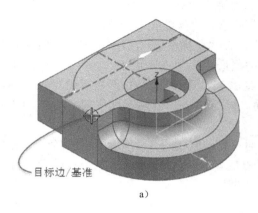

a)

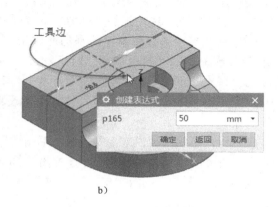

b)

图 8-164 创建一个定位尺寸并修改其值

a)选择目标边/基准 b)选择工具边（刀具边）

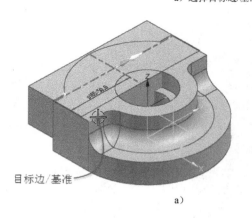

a)

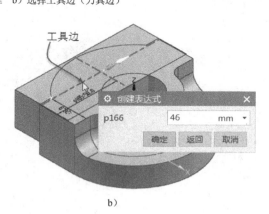

b)

图 8-165 创建第二个定位尺寸并修改其值

a)选择目标边/基准 b)选择工具边

⑧ 在"定位"对话框中单击"确定"按钮，接着在"矩形腔体"对话框中单击"关闭"按钮⊠，得到的实体模型效果如图 8-166 所示。

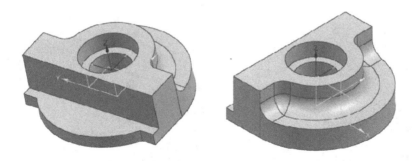

图 8-166　完成矩形腔体的模型效果

7．创建螺纹孔特征

① 在"特征"面板中单击"孔"按钮 ⊙，系统弹出"孔"对话框。

② 在"类型"选项组的"类型"下拉列表框中选择"螺纹孔"选项。

③ 系统提示选择要草绘的平的面或指定点。在"位置"选项组中单击"绘制截面"按钮 ，系统弹出"创建草图"对话框。草图类型选项为"在平面上"，草图平面的方法选项为"现有平面"，草图方向参考为水平，其他默认，选择图 8-167 所示的平整实体面（图中鼠标指针所指示的实体面）作为草图平面，然后单击"创建草图"对话框中的"确定"按钮。

④ 进入草绘绘制模式，并弹出"草图点"对话框。创建图 8-168 所示的两个点（先大概在草绘平面内绘制两个点，接着关闭"草图点"对话框，然后修改两个点的尺寸和约束）。然后在"草图"面板中单击"完成草图"按钮 。

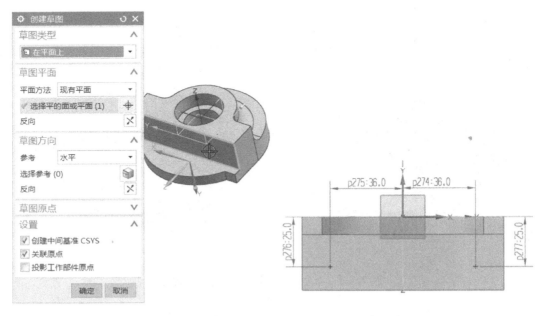

图 8-167　指定草图平面　　　　　　图 8-168　绘制两个点

⑤ 在"孔"对话框中设置图 8-169 所示的参数和选项。

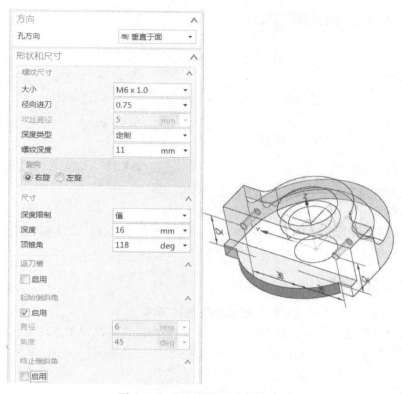

图 8-169　设置螺纹孔参数和选项

⑥ 在"孔"对话框中单击"确定"按钮。创建的两个螺纹孔如图 8-170 所示。

8．隐藏基准坐标系

① 在资源板中单击"部件导航器"标签，从而打开部件导航器。

② 在部件导航器的模型历史记录中选择基准坐标系标识，右击，打开一个快捷菜单，接着从该快捷菜单中选择"隐藏"命令。隐藏基准坐标系后的模型效果如图 8-171 所示。

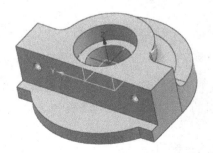

图 8-170　完成两个螺纹孔

图 8-171　隐藏基准坐标系后的模型效果

9．创建倒斜角

① 在"特征"面板中单击"倒斜角"按钮，打开"倒斜角"对话框。

② 在"偏置"选项组的"横截面"下拉列表框中选择"对称"选项，在"距离"文本框中输入"2.5"，如图 8-172 所示。

③ 选择要倒斜角的边，如图 8-173 所示。

图 8-172　"倒斜角"对话框

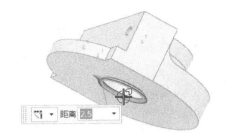

图 8-173　选择要倒斜角的边

④ 在"倒斜角"对话框中单击"确定"按钮。

10. 保存文件

按〈End〉键调整视角。单击"保存"按钮 ▉，保存该文件，从而做好数据存储以备意外丢失数据。

8.8.2 建立工程视图

1. 进入"制图"模式并设置制图标准和视图首选项

① 完成三维模型设计后，在 UG NX 10.0 的基本操作界面中单击功能区的"文件"标签以打开"文件"选项卡，接着选择"启动"选项组中的"制图"命令，从而快速进入"制图"应用模块。也可以从功能区的"应用模块"选项卡中单击"制图"按钮 ⚒ 来切换至"制图"应用模块。

② 在上边框条中单击"菜单"按钮 ▤ 菜单(M)·，接着选择"工具"|"制图标准"命令，系统弹出图 8-174 所示的"加载制图标准"对话框。

图 8-174　"加载制图标准"对话框

③ 在"用户默认设置级别"选项组的"从以下级别加载"下拉列表框中选择"用户"或"出厂设置"选项，在"要加载的标准"选项组的"标准"下拉列表框中选择"GB"选项，然后单击"确定"按钮。

④ 可以根据设计需要来继续设置与制图相关的首选项。

2. 新建图纸页并插入基本视图

① 在功能区的"主页"选项卡中单击"新建图纸页"按钮 ▭，系统弹出"图纸页"对话框。

② 在"大小"选项组中选择"标准尺寸"单选按钮，从"大小"下拉列表框中选择"A4-210x297"，比例设置为 1:1，图纸页名称默认为"Sheet 1"，单位为"毫米"，投影方式为第一角投影 ◱◯，并勾选"始终启动视图创建"复选框，以及选择"'基本视图'命

令"单选按钮，如图 8-175 所示。

③　在"图纸页"对话框中单击"确定"按钮，弹出"基本视图"对话框。

④　在弹出的"基本视图"对话框中，从"模型视图"选项组的"要使用的模型视图"
下拉列表框中选择"俯视图"，其他相关设置如图 8-176 所示。

图 8-175　"图纸页"对话框　　　　　　　图 8-176　"基本视图"对话框

⑤　在图纸页中指定放置基本视图的位置，如图 8-177 所示。

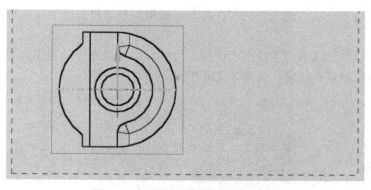

图 8-177　指定放置基本视图的位置

⑥　系统自动弹出"投影视图"对话框。此时，直接在"投影视图"对话框中单击"关闭"按钮。

3. 创建剖视图

①　在功能区"主页"选项卡的"视图"面板中单击"剖视图"按钮，打开"剖视

图"对话框。

　　② 在"截面线"选项组的"定义"下拉列表框中选择"动态"选项，从"方法"下拉列表框中选择"简单剖/阶梯剖"选项。

　　③ "截面线段"选项组中的"指定位置"按钮 ✛ 处于被选中的状态，在选择条中确保选中"圆弧中心"按钮 ⊙，单击图 8-178 所示的一个圆以选择其圆心来定义截面线段位置。

　　④ 在父视图的上方正交通道上单击一点以放置投影剖视图，如图 8-179 所示。然后关闭"剖视图"对话框。

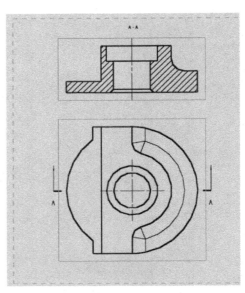

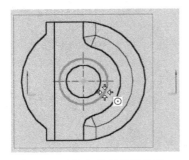

图 8-178　指定截面线段位置　　　　　　图 8-179　指定剖视图的放置位置

4. 创建投影视图

　　① 在功能区"主页"选项卡的"视图"面板中单击"投影视图"按钮 ⬩，打开"投影视图"对话框。

　　② 在"父视图"选项组中单击"视图"按钮 ⬛，接着选择剖视图作为父视图。

　　③ 指定放置视图的位置，如图 8-180 所示。

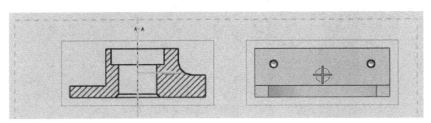

图 8-180　指示放置视图的位置

　　④ 放置好该投影视图，在"投影视图"对话框中单击"关闭"按钮，从而关闭"投影视图"对话框。

　　此时的工程图显示效果如图 8-181 所示。

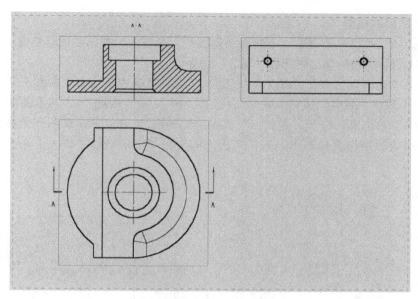

图 8-181 完成放置 3 个视图

5. 以插入基本视图的方式建立一个正等测视图

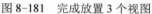 在功能区"主页"选项卡的"视图"面板中单击"基本视图"按钮，打开"基本视图"对话框。

在"基本视图"对话框中展开"模型视图"选项组，从"要使用的模型视图"下拉列表框中选择"正等测图"选项，其他选项默认。

指定放置视图的位置，然后在"基本视图"对话框中单击"关闭"按钮。添加第 4 个视图后的工程图效果如图 8-182 所示。

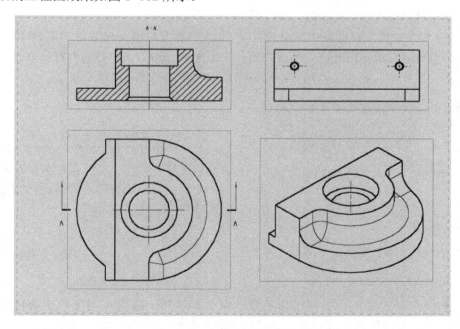

图 8-182 指定放置视图的位置

6. 创建局部剖视图

① 选择插入的第一个视图（不妨将该视图称为主视图）并单击鼠标右键，接着在其弹出的图 8-183 所示的快捷菜单中选择"展开"命令。

② 通过"定制"命令在"菜单"|"插入"级联菜单中添加有"曲线"子级联菜单。在上边框条中单击"菜单"按钮 菜单(M)·并选择"插入"|"曲线"|"艺术曲线"命令，弹出"艺术曲线"对话框，选择"通过点"类型，绘制图 8-184 所示的封闭的样条曲线。然后在图形窗口的适当位置处右击，并从弹出来的快捷菜单中选择"扩大"命令，以取消扩展模式。

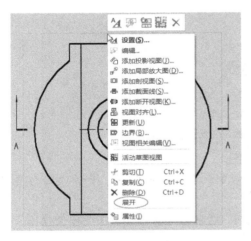

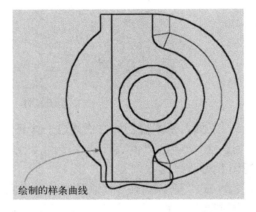

图 8-183　打开右键快捷菜单并选择"展开"命令　　　图 8-184　绘制闭合的样条曲线

③ 在功能区"主页"选项卡的"视图"面板中单击"局部剖视图"按钮，系统弹出图 8-185 所示的"局部剖"对话框。

④ 在"局部剖"对话框中默认选中"创建"单选按钮，接着在其视图列表中选择"TOP@1"主视图（即在图纸页上生成的第一个视图）。此时，"局部剖"对话框激活一些工具按钮，在关联视图（第 3 个视图）中选择图 8-186 所示的圆心来定义基点。

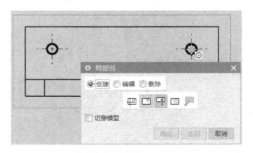

图 8-185　"局部剖"对话框　　　　　　　图 8-186　定义基点

⑤ 系统提示定义拉伸矢量或接受默认定义并继续。在这里接受默认的拉伸矢量定义。接着在"局部剖"对话框中单击"选择曲线"按钮，系统提示选择起点附近的断裂

线（截断线），在该提示下选择样条曲线，此时"修改边界曲线"按钮被激活和被选中，如图 8-187 所示，在这里可以稍微修改一下边界曲线的形状，也可以不修改边界曲线（如果已经满足设计要求的话）。

⑥ 在"局部剖"对话框中单击"应用"按钮。创建的局部剖如图 8-188 所示。

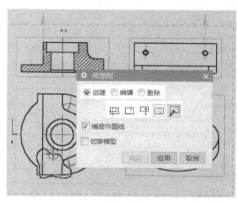

图 8-187 选择起点附近的截断线

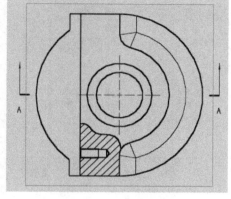

图 8-188 创建好局部剖

⑦ 单击"关闭"按钮以关闭"局部剖"对话框。

7. 标注尺寸

① 在功能区"主页"选项卡的"尺寸"面板中单击"径向尺寸"按钮，弹出"径向尺寸（半径尺寸）"对话框。

② 从"测量"选项组的"方法"下拉列表框中选择"径向"选项，取消勾选"创建带折线的半径"复选框，分别选择要标注半径尺寸的对象来创建相应的半径尺寸，即创建图 8-189 所示的几个半径尺寸。

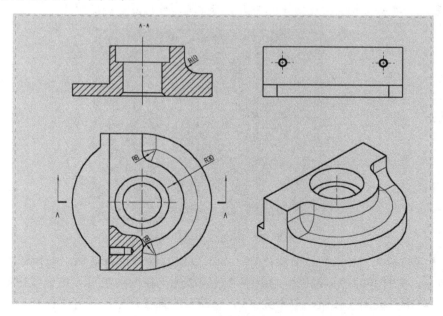

图 8-189 标注相关的半径尺寸

说明: 在上述各视图中，已经设置了不显示视图边界。要设置在图纸页上不显示各视图的边界，那么可以按照图 8-190 所示的图解步骤进行操作。

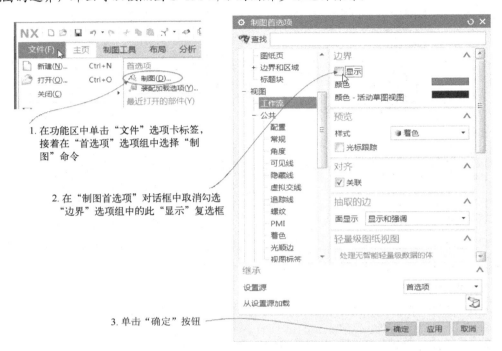

图 8-190　设置不显示视图边界

❸ 在"径向尺寸（半径尺寸）"对话框中，从"测量"选项组的"方法"下拉列表框中选择"直径"选项，分别创建图 8-191 所示的 3 个直径尺寸。然后单击"关闭"按钮。

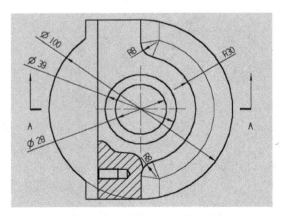

图 8-191　标注 3 个直径尺寸

❹ 选择数值为"R30"的半径尺寸，单击鼠标右键，接着从弹出的快捷菜单中选择"编辑"命令，在打开的屏显编辑栏中单击"过圆心的半径"按钮，以设置该半径尺寸引线过圆心，单击"关闭"按钮。双击数值为"φ28"的直径尺寸，打开"径向尺寸（半径尺寸）"对话框和屏显编辑栏，，在屏显编辑栏中的一个下拉列表框中选择"双向公差"，

将上公差设置为"0.053"，下公差设置为"-0.032"，公差精度的小数位数为 3，如图 8-192 所示，然后单击"关闭"按钮。

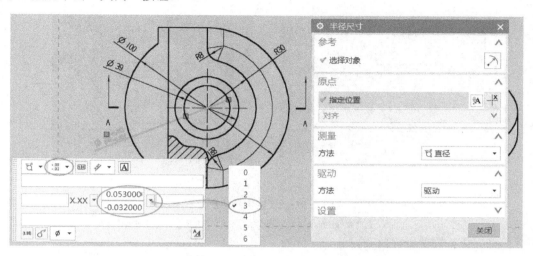

图 8-192 编辑一个直径尺寸（设置尺寸公差）

⑤ 在功能区"主页"选项卡的"尺寸"面板中单击"倒斜角尺寸"按钮，系统弹出图 8-193 所示的"倒斜角尺寸"对话框。在"设置"选项组中单击"设置"按钮，弹出"设置"对话框。在"设置"对话框中分别对"倒斜角"和"前缀/后缀"两个方面进行设置，如图 8-194 所示，单击"关闭"按钮，返回到"倒斜角尺寸"对话框。

图 8-193 "倒斜角尺寸"对话框

图 8-194 设置倒斜角格式和前缀

选择要标注倒斜角尺寸的倒斜角并放置尺寸。创建的倒斜角尺寸如图 8-195 所示。

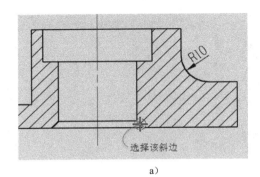
a）

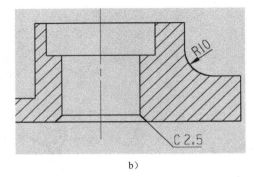
b）

图 8-195　创建倒斜角尺寸

a）选择要标注倒斜角尺寸的倒斜角对象　b）放置尺寸完成创建

⑥　创建表示螺纹规格的尺寸。

在功能区"主页"选项卡的"尺寸"面板中单击"快速"按钮 ，打开"快速尺寸"对话框，从"测量"选项组的"方法"下拉列表框中选择"直径"。选择要标注的圆，如图 8-196 所示，然后指定放置原点以放置该尺寸。关闭"快速尺寸"对话框后，双击该尺寸进入编辑模式，从屏显编辑栏的一个前缀符号下拉列表框中选择"用户自定义"图标 ，接着在其右侧的文本框中输入"M"，如图 8-197 所示。

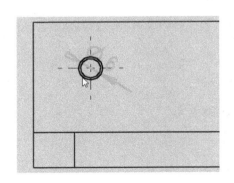

图 8-196　选择要标注的圆

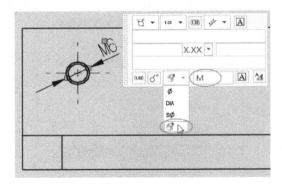

图 8-197　自定义前缀符号

在屏显编辑栏中单击"编辑附加文本"按钮 ，打开"附加文本"对话框。在"控件"选项组的"文本位置"下拉列表框中选择"之前"选项，在"文本输入"框输入"2"，接着在"符号"库中单击"插入数量"符号 ，此时"文本输入"框中的"2"文本后面多了"<#A>"字符，如图 8-198 所示。在"附加文本"对话框中单击"关闭"按钮，然后在另一个对话框中单击"关闭"按钮，编辑后的该尺寸显示如图 8-199 所示。

⑦　使用"尺寸"面板的相关尺寸标注工具，创建其他满足设计要求的尺寸。并可调整相关尺寸、注释的放置位置。此时基本完成常规尺寸标注的工程图如图 8-200 所示。

图 8-198 编辑文本

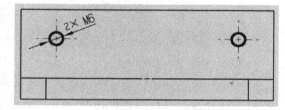

图 8-199 完成编辑后的尺寸

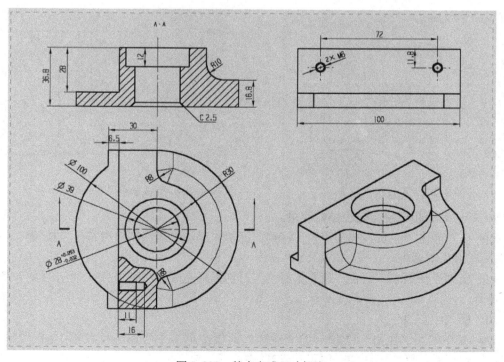

图 8-200 基本完成尺寸标注

8. 为指定的一个尺寸设置尺寸公差

① 在图纸页上选择要设置尺寸公差的标称值为"28"的一个距离尺寸（长度尺寸），右击，如图 8-201 所示，接着从弹出的快捷菜单中选择"编辑"命令。

② 系统弹出"线性尺寸"对话框和一个屏显编辑栏，从屏显编辑栏的公差类型下拉列表框中选择"等双向公差" ±.05，如图 8-202 所示。

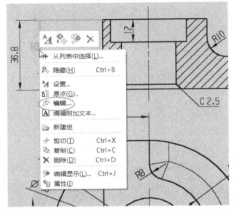

图 8-201　右击要编辑的尺寸

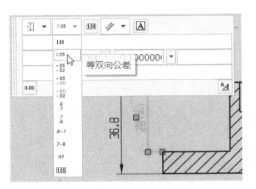

图 8-202　选择等双向公差

③ 在屏显编辑栏中设置相应的精度，以及输入公差值为"0.05"，如图 8-203 所示。

④ 在"线性尺寸"对话框中单击"关闭"按钮。完成该尺寸的尺寸公差设置，效果如图 8-204 所示。

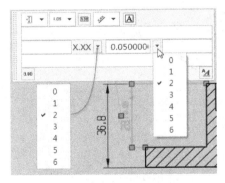

图 8-203　设置尺寸公差

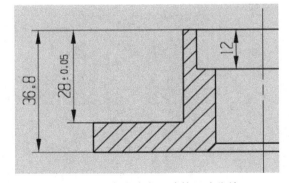

图 8-204　完成选定尺寸的尺寸公差

9. 标注表面粗糙度（表面结构要求）

① 在功能区"主页"选项卡的"注释"面板中单击"表面粗糙度符号"按钮 √，弹出"表面粗糙度"对话框。

② 根据设计要求，结合"表面粗糙度"对话框来完成标注图 8-205 所示的多个表面粗糙度符号。

10. 插入中心线

① 在功能区"主页"选项卡的"注释"面板中单击中心线下拉菜单中的"2D 中心线"按钮 ⚊，系统弹出图 8-206 所示的"2D 中心线"对话框。

② 在"类型"选项组的"类型"下拉列表框中选择"从曲线"选项。

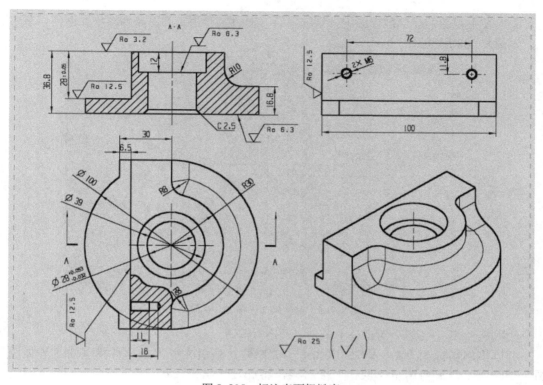

图 8-205　标注表面粗糙度

③ 分别选择第 1 侧对象和第 2 侧对象来插入 2D 中心线，如图 8-207 所示。此时可以在 "2D 中心线" 对话框的 "设置" 选项组中勾选 "单独设置延伸" 复选框，将该 2D 中心线的下端适当拉长些，然后在 "2D 中心线" 对话框中单击 "应用" 按钮。

图 8-206　"2D 中心线" 对话框

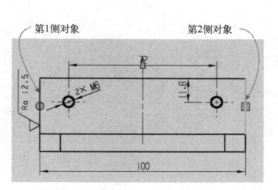

图 8-207　插入 2D 中心线

❹ 在主视图的局部剖视图中分别选择第一侧对象和第二侧对象为螺纹孔创建一条中心线，如图 8-208 所示。

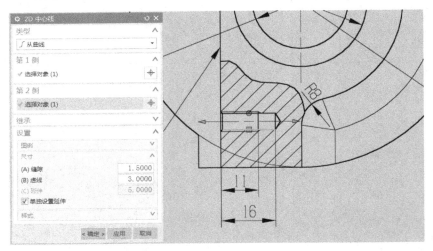

图 8-208　继续插入一条 2D 中心线

❺ 在"2D 中心线"对话框中单击"确定"按钮。

可以将剖切标识"A—A"的字高适当改高些。最后完成的该零件模型的工程视图如图 8-209 所示。最后单击"保存"按钮 🖫 ，将此设计结果保存起来。

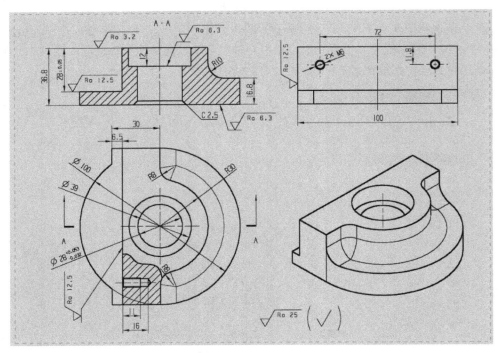

图 8-209　范例完成效果

⏺ 说明：在本例中，如果希望俯视图（第一个插入的视图）不显示相切边，那么可以选择该视图并单击鼠标右键，接着选择"设置"命令，系统弹出"设置"对话框，在左窗格列表中选择"公共"类别节点下的"光顺边"子类别，然后在右区域的"格式"选项组中取消勾选"显示光顺边"复选框，如图 8-210 所示，单击"确定"按钮，则得到不显示光顺边的视图效果，如图 8-211 所示。

图 8-210　设置不显示光顺边

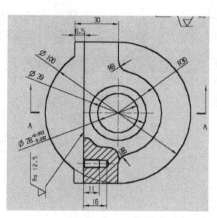

图 8-211　不显示光顺边的视图效果

8.9　为已有模型创建工程图典型综合范例

本节继续介绍一个工程图设计综合案例，该案例为已有模型（已经建立好模型）建立一个使用标准公制模板的零件工程图。本案例要完成的工程图为某带轮（其已有三维模型效果如图 8-212 所示）的工程图。读者通过该案例主要学习如何使用公制模板（不必再进行相关工程图参数预设）建立工程图，掌握主视图和半剖视图的建立方法，学习创建螺栓圆中心线的方法，复习图样标注等相关知识，学习如何填写标题栏等。

图 8-212　案例使用的某带轮三维模型

该综合实战进阶案例的具体设计步骤如下。

1. 新建一个图纸模型文件

❶ 在"快速访问"工具栏中单击"新建"按钮⬜，系统弹出"新建"对话框。

❷ 切换到"图纸"选项卡，从"过滤器"子选项组的"关系"下拉列表框中选择"引用现有部件"选项，单位为"毫米"，从"模板"列表中选择名称为"A3-无视图"的模板，在"新文件名"选项组的"名称"文本框中输入"bc_8_szal_2_dwg1x.prt"，并指定要保存到

的文件夹（即指定保存路径）。

③ 在"要创建图纸的部件"选项组中单击"打开"按钮 🔄，弹出图 8-213 所示的"选择主模型部件"对话框，接着在该对话框中继续单击"打开"按钮 🔄 并利用弹出的"部件名"对话框选择本书配套的"bc_8_szal_2"部件文件，单击"OK"按钮，返回到"选择主模型部件"对话框，此时已加载的该部件名称显示在"已加载的部件"列表框中，并且默认为被选中的状态，如图 8-214 所示，然后单击"确定"按钮。

图 8-213 "选择主模型部件"对话框

图 8-214 加载所需部件后

④ 返回到"新建"对话框，单击"确定"按钮。

2．创建主视图

① 图纸页上已经自动产生一个带标题栏的 A3 图框，同时弹出"基本视图"对话框（这个与系统制图工作流设置有关）。如果没有弹出该对话框的话，可以单击"基本视图"按钮 🔄 来执行。

② 在"模型视图"选项组的"要使用的模型视图"下拉列表框中选择"前视图"选项，在"缩放"选项组的"比例"下拉列表框中选择"1∶2"，接着在图纸图框内指定放置主视图的位置，如图 8-215 所示。

③ 如果系统自动弹出"投影视图"对话框来取代"基本视图"对话框，那么直接在"投影视图"对话框中单击"关闭"按钮。

此时，在图框右上角处选择"其余"文本和粗糙度符号，按〈Delete〉键将它们删除。

3．创建半剖视图（第 2 个视图）

① 在功能区"主页"选项卡的"视图"面板中单击"剖视图"按钮 🔄，弹出"剖视图"对话框。

② 从"截面线"选项组的"定义"下拉列表框中选择"动态"选项，从"方法"下拉列表框中选择"半剖"选项。

③ 定义截面线段。"截面线段"选项组中的"指定位置"按钮 ✚ 被选中，分别结合选择条（即"选择条"工具栏）中的点捕捉工具来选择图 8-216 所示的两个位置点来定义截面线段。

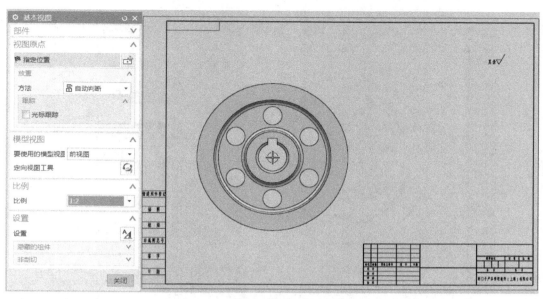

图 8-215 设置主视图相关参数

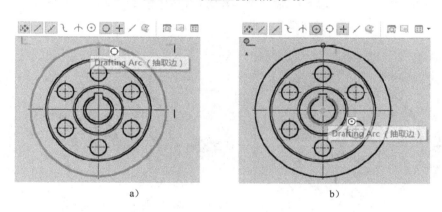

a)   b)

图 8-216 选择两个位置点定义截面线段

a) 指定第 1 点位置点　b) 指定第 2 个位置点

④ 在主视图的右侧指定放置视图的位置，此时如图 8-217 所示。

⑤ 在"剖视图"对话框中单击"关闭"按钮。

4. 插入"螺栓圆中心线"

① 在第一个基本视图中依次单击 6 个圆孔的中心标记以选中它们，接着单击屏显工具栏中的"删除"按钮✕，如图 8-218 所示，从而将这些中心标记删除掉。

② 在功能区"主页"选项卡的"注释"面板中单击位于中心线下拉菜单中的"螺栓圆"按钮↻，弹出图 8-219 所示的"螺栓圆中心线"对话框。在"类型"下拉列表框中选择"通过 3 个或多个点"选项，在"放置"选项组中勾选"整圆"复选框。

③ 在主视图中分别捕捉选择 6 个均布孔的圆心点，如图 8-220 所示，从而定义螺栓圆中心线的位置。

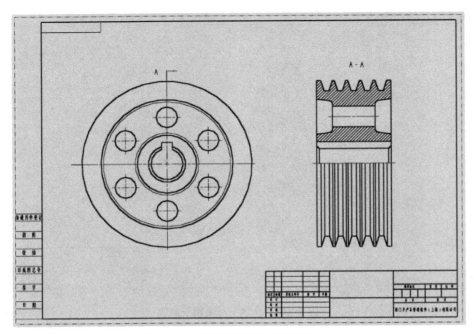

图 8-217　指示图纸页上剖视图的中心

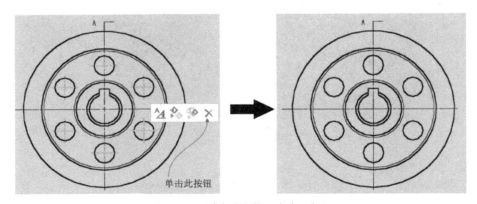

图 8-218　删除选定的 6 个中心标记

图 8-219　"螺栓圆中心线"对话框

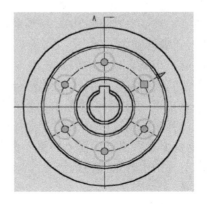

图 8-220　定义螺栓圆中心线的位置

④ 在"螺栓圆中心线"对话框中单击"确定"按钮。

5. 进行尺寸标注、表面结构要求标注（即表面粗糙度标注）与文本注释等

利用本章所学的图样标注/注释知识，对带轮工程图进行标注，具体过程比较灵活，在此不做介绍，完成尺寸标注与表面结构要求（表面粗糙度）标注等的效果如图 8-221 所示。

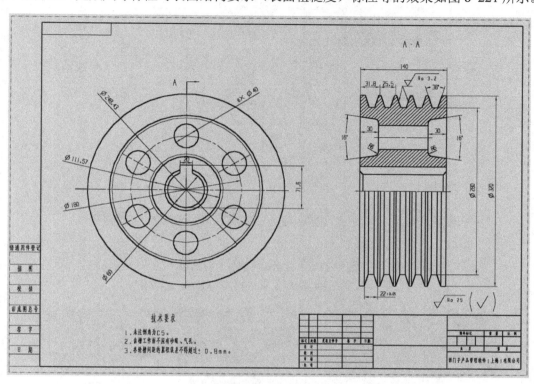

图 8-221 相关标注

6. 填写标题栏

① 在功能区的"文件"选项卡中选择"属性"命令，弹出"显示部件属性"对话框。

② 在"属性"选项卡的"部件属性"列表中分别选择要所需的标题/别名，接着在"值"文本框中输入相应的值，单击"应用"按钮即可完成标题栏对应的一个单元格填写操作，设置部件属性结果如图 8-222a 所示。如果切换到"显示部件"选项卡，则可以看到工作图层为 171，如图 8-222b 所示。

③ 在"显示部件属性"对话框中单击"确定"按钮，此时填写标题栏的效果如图 8-223 所示。显然还有一些内容还没有填写上，以及设计公司、单位还需要更改。

④ 在上边框条中单击"菜单"按钮 ▤ 菜单(M)▾ 并接着选择"格式" | "图层设置"命令，或者按〈Ctrl+L〉快捷键，系统弹出"图层设置"对话框，取消勾选"类别显示"复选框，接着在图层列表中单击"170"左侧（前方）的复选框，以使该复选框的勾由灰色变为红色表示其处于勾选激活状态，而其对应的"仅可见"复选框自动被取消了勾选状态，如图 8-224 所示，然后单击"关闭"按钮。

⑤ 双击标题栏中最右下角的单元格，弹出一个注释编辑文本框，在该文本框中将"<F2>"和"<F>"字符之间的文本更改为新的注释文本，如"博创设计坊"，按〈Enter〉键

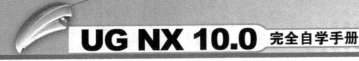

确认即可完成该单元格的注释填写，如图 8-225 所示。

图 8-222 "显示部件属性"对话框

a）设置部件属性 b）切换到"显示部件"选项卡

图 8-223 初步填写标题栏的效果

图 8-224 图层设置

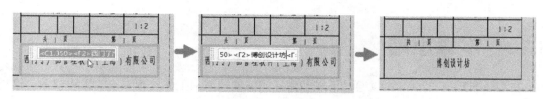

图 8-225 编辑标题栏的单元格注释

使用同样的方法更改标题栏中其他单元格的注释文本。注意：双击其中没有设置属性的单元格，则可以在弹出的空白文本框中直接输入要填写的内容，按〈Enter〉键确认即可。可以适当编辑相关单元格的字体的高度。最终完成填写的标题栏如图 8-226 所示。

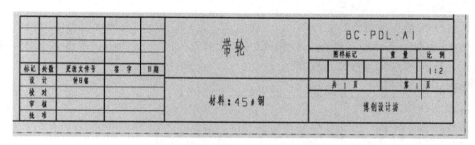

图 8-226 完成填写的标题栏

至此，完成本例皮带轮工程图的设计，完成的参考效果如图 8-227 所示。最后按〈Ctrl+S〉快捷键保存文件。

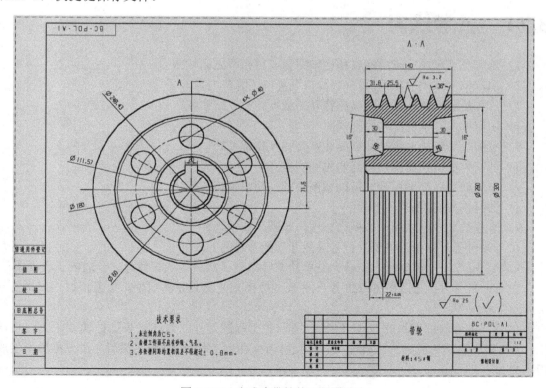

图 8-227 完成皮带轮的工程图设计

8.10　本章小结

在 UG NX 10.0 中，可以通过已经创建好的三维模型来生成符合要求的工程视图，这样工程视图的投影关系比较容易把握。建立好三维模型后，要进行其工程图绘制，那么在功能区"应用模块"选项卡中单击"制图"按钮，从而进入"制图"应用模块，在"制图"应用模块中使用相应的工具来进行工程图设计，所设计的工程图可以满足相关的制图标准。

本章介绍的主要内容如下。

- "制图"应用模块切换。
- 设置制图标准与首选项。
- 工程图的基本管理操作。
- 插入视图（包括基本视图、投影视图、局部放大图、剖视图、局部剖视图、断开视图、展开的点和角度剖视图等）。
- 编辑视图基础。
- 修改剖面线。
- 图样标注、注释。
- 工程图综合实战案例。

初学者通过认真学习本章知识，并经过消化且辅以一定的练习，掌握的知识基本上可以胜任一般设计工作。

8.11　思考练习

1）如何在"建模"应用模块和"制图"应用模块之间切换？

2）UG NX 10.0 中的工程制图参数预设置包括哪些内容？

3）什么是图纸页？如何新建和打开图纸页？

4）如何插入基本视图和投影视图？

5）在创建局部放大图时，需要注意哪些操作细节？

6）可以为模型建立哪些与剖切相关的视图？

7）如何创建局部剖视图？可以举例进行说明或上机练习。

8）如何修改剖面线？

9）请总结尺寸标注的一般操作方法与步骤。

10）如何插入表面结构要求符号（表面粗糙度符号）？

11）上机练习：请创建一种较为简单的零件模型，然后为该零件建立合适的工程视图。

12）上机练习：按照图 8-228 所示的尺寸数据来建立其零件模型，接着根据该模型创建所需的工程视图。

13）上机练习：读取来自图 8-229 所示的工程图尺寸，未注意表面结构要求为，使用 NX 10.0 来建立其相应的三维模型（有些尺寸可以由读者另外调整），然后通过三维模型生成相应的 NX 工程图。

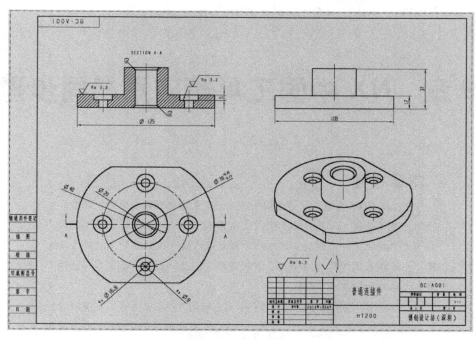

图 8-228　完成的工程视图

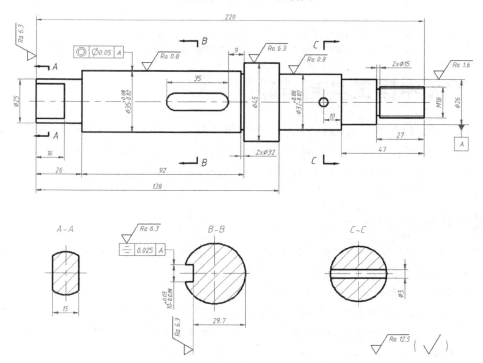

图 8-229　由 AutoCAD 创建的二维工程图数据

14）在建模之前，可以在功能区的"文件"选项卡中选择"实用工具"|"用户默认设置"命令来进行相关默认设置，包括制图标准的默认设置，请认真熟悉如何进行用户默认设置操作。

第9章 NX 中国工具箱应用与同步建模

本章导读：

　　在 NX 10.0 中集成了为我国制造业用户量身定制的本地化软件工具包（NX 中国工具箱），其中包括 NX GC 工具箱（GC Toolkits）。NX GC 工具箱为用户提供了一系列的工具，用于帮助用户提升模型质量，提高设计效率，内容覆盖了 GC 数据规范、齿轮建模、制图工具、视图工具、注释工具、尺寸工具和弹簧工具等。

　　此外，NX 中的同步建模技术可以与先前的建模技术共存，可实时检查产品模型当前的几何条件并且将它们与设计人员添加的参数和几何约束合并在一起，以便评估、构建新的几何模型以及编辑模型，而无须重复全部历史记录。

　　本章将介绍 NX 中国工具箱和同步建模的常见应用基础知识。

9.1 NX 中国工具箱基础

　　在 UG NX 10.0 中，系统提供的 NX 中国工具箱（NX for China）是 Siemens PLM Software 为了更好地满足我国用户对于 GB 的要求，缩短 NX 导入周期而开发的工具箱，其提供了两大方面的功能：GB 标准定制（GB Standard Support）和 GC 工具箱（GC Toolkits）。

9.1.1 GB 标准定制基础

　　GB 标准定制内容主要包括常用中文字体、三维模型模板和工程图模板、用户默认设置、GB 制图标准、GB 标准件库和 GB 螺纹等。

1. 常用的中文字体

　　NX 10.0 全面支持中文环境和中文字体，用户在 NX 10.0 中既可以使用中文对 NX 文件进行命名，也可以在中文文件夹中保存 NX 文件。在使用 NX 制图过程中，系统提供更多的 Windows 中文字体以及 NX 字体供选择，而不仅仅局限于仿宋体（chinesef_fs）、黑体（chinese_ht_filled）和楷体（chinese_kt）。

2. 定制的模板

　　NX 10.0 针对我国用户建模和制图等规范专门定制了相应的模板。例如，在制图（工程图）文件方面，NX 系统提供了图幅为 A0++、A0+、A0、A1、A2、A3 和 A4 的零件制图模板和装配制图模板，在每个模板文件中都按 GB 定制了图框、标题栏、制图参数预设置等，在装配制图模板中还按照 GB 定制了明细栏。在新建文件时打开的"新建"对话框中可以在相应的选项卡中选择所需的模板。

3．定制的用户默认设置

NX 中国工具箱中按照我国用户使用 NX 的规范，对基本环境、建模、装配、制图等常用模块的用户默认设置内容进行了定制，为用户提供一个开箱即用的符合中国用户需求的三维 CAD 规范环境。

4．GB 制图标准

NX 中国工具箱中提供了一个为我国用户单独定制的 GB 制图标准，在这个标准中对常用的制图元素均按对应的国家标准进行了设置，这样用户进入 NX 环境，无须任何的设置便可以绘制出符合我国国标要求的工程图纸，最大限度减少用户进行制图预设所需的时间。

在"制图"应用模块中，在功能区的"文件"选项卡中选择"实用工具"|"用户默认设置"命令，弹出"用户默认设置"对话框，在左窗格中选择"制图"下的"常规/设置"，接着在右窗格的"标准"选项卡的"制图标准"下拉列表框中选择"GB"选项，如图 9-1 所示，即可确保启用 GB 制图标准。

5．GB 标准件库

NX 中国工具箱中提供 GB 标准件库，库中一共提供了轴承、螺栓、螺母、螺钉、销钉、垫片、结构件等约众多常用零件。要使用 GB 标准件库，则在资源板中单击"重用库"标签 ，接着可在重用库中找到所需的 GB 标准件库，如图 9-2 所示。

图 9-1　使用 GB 制图标准　　　　　图 9-2　使用"重用库"

6．GB 螺纹

NX 中国工具箱中提供了 GB 螺纹数据。用户在 NX 中创建螺纹特征时，可以方便地选择标准的螺纹类型。

9.1.2 了解 GC 工具箱面板

NX GC 工具箱为用户提供了一系列可以帮助用户有效提升模型质量、提高设计效率的工具。在"建模"应用模块的功能区的"主页"选项卡中主要提供了"标准化工具-GC 工具箱""齿轮建模-GC 工具箱""弹簧工具-GC 工具箱""加工准备-GC 工具箱""建模工具-GC 工具箱""尺寸快速格式化工具-GC 工具箱"等面板。在"制图"应用模块的功能区的"主页"选项卡中除了提供"标准化工具-GC 工具箱"和"尺寸快速格式化工具-GC 工具箱"这两个 GC 工具箱面板之外，还提供了"制图工具-GC 工具箱"面板。

下面将重点介绍"齿轮建模"和"弹簧工具"的 GC 工具箱应用知识。

9.2 齿轮建模与出图

在"建模"应用模块下，位于功能区"主页"选项卡的"齿轮建模-GC 工具箱"面板中提供了齿轮建模工具，包括"柱齿轮建模"按钮 、"锥齿轮建模"按钮 和"显示齿轮类型"按钮 。其中，"显示齿轮类型"按钮 用于显示选定齿轮的类型。对于使用齿轮建模工具创建的齿轮，可以在"制图"应用模块中快速地生成采用简化画法的齿轮工程图。

9.2.1 圆柱齿轮建模

在"建模"应用模块下，要进行圆柱齿轮建模，则可以在功能区"主页"选项卡的"齿轮建模-GC 工具箱"面板中单击"柱齿轮建模"按钮 ，系统弹出图 9-3 所示的"渐开线圆柱齿轮建模"对话框，利用该对话框可以执行齿轮操作创建齿轮、修改齿轮参数、齿轮啮合、移动齿轮、删除齿轮、查看齿轮信息等方式。

下面以特例的形式介绍如何使用"圆柱齿轮建模"功能来创建直齿渐开线圆柱齿轮和斜齿渐开线圆柱齿轮。

1. 创建直齿渐开线圆柱齿轮范例

创建直齿渐开线圆柱齿轮的范例步骤如下。

① 新建一个模型文件，在功能区"主页"选项卡的"齿轮建模-GC 工具箱"面板中单击"柱齿轮建模"按钮 ，系统弹出"渐开线圆柱齿轮建模"对话框。

② 在"渐开线圆柱齿轮建模"对话框中选择"创建齿轮"单选按钮，接着单击"确定"按钮。

③ 在弹出的"渐开线圆柱齿轮类型"对话框中设置渐开线圆柱齿轮类型。在本例中分别选择"直齿轮"单选按钮、"外啮合齿轮"单选按钮，以及"滚齿"单选按钮定义加工方法，如图 9-4 所示，然后单击"确定"按钮。

④ 系统弹出图 9-5 所示的"渐开线圆柱齿轮参数"对话框，该对话框提供了"标准齿轮"选项卡和"变位齿轮"选项卡，分别用于设置标准和变位的渐开线圆柱齿轮参数。在本例中，切换到"标准齿轮"选项卡，设置图 9-6 所示的标准齿轮参数，包括在"齿轮建模精度"选项组中选择"中部"单选按钮。

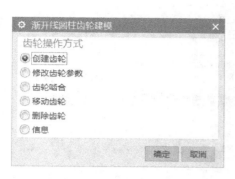

图 9-3 "渐开线圆柱齿轮建模"对话框

图 9-4 设置渐开线圆柱齿轮类型

图 9-5 "渐开线圆柱齿轮参数"对话框

图 9-6 设置标准齿轮的参数

说明：齿轮建模精度分为 3 种，即"低（Low）""中部""高（High）"。如果单击"默认参数"按钮，则将当前设置的齿轮参数恢复为系统默认的齿轮参数。

⑤ 在"渐开线圆柱齿轮参数"对话框中单击"确定"按钮。

⑥ 系统弹出"矢量"对话框，从"类型"选项组的"类型"下拉列表框中选择"ZC轴"，如图 9-7 所示。

⑦ 在"矢量"对话框中单击"确定"按钮，打开"点"对话框。

⑧ 在"点"对话框中定义点位置。例如将点位置的绝对坐标值设置"X"为"0"、"Y"为"0"、"Z"为"0"，如图 9-8 所示。

⑨ 在"点"对话框中单击"确定"按钮，系统开始运算建模，最终完成创建的标准直齿渐开线圆柱齿轮如图 9-9 所示。

图 9-7　设置矢量类型选项

图 9-8　"点"对话框

图 9-9　标准直齿渐开线圆柱齿轮

2.　创建斜齿渐开线圆柱齿轮范例

创建斜齿渐开线圆柱齿轮的范例步骤如下。

① 新建一个模型文件，在功能区"主页"选项卡的"齿轮建模-GC 工具箱"面板中单击"柱齿轮建模"按钮 ，系统弹出"渐开线圆柱齿轮建模"对话框。

② 在"渐开线圆柱齿轮建模"对话框中选择"创建齿轮"单选按钮，接着单击"确定"按钮。

③ 在弹出来的"渐开线圆柱齿轮类型"对话框中选择"斜齿轮"单选按钮，接着在第二组中选择"内啮合齿轮"单选按钮，并在"加工"选项组中选择"插齿"单选按钮，如图 9-10 所示。然后单击"确定"按钮。

④ 在弹出来的"渐开线圆柱齿轮参数"对话框中，切换到"标准齿轮"选项卡，单击"默认值"按钮，如图 9-11 所示，然后单击"确定"按钮。

图 9-11　设置渐开线圆柱齿轮参数

图 9-10　设置渐开线圆柱齿轮类型

⑤ 系统弹出"矢量"对话框，从"类型"下拉列表框中选择"自动判断的矢量"选项，在图形窗口中单击基准坐标系的 Z 轴，如图 9-12 所示，然后单击"矢量"对话框中的"确定"按钮。

图 9-12　定义矢量

⑥ 系统弹出"点"对话框。在"坐标"选项组中设置图 9-13 所示的坐标参数，然后单击"确定"按钮。系统经过运算，创建图 9-14 所示的斜齿渐开线圆柱齿轮。

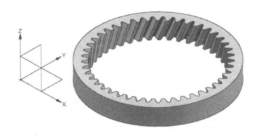

图 9-13 "点"对话框 图 9-14 斜齿渐开线圆柱齿轮

9.2.2 锥齿轮

在"建模"应用模块下，使用"锥齿轮建模"按钮 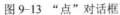 可以创建图 9-15 所示的圆锥齿轮。圆锥齿轮的创建步骤和渐开线圆柱齿轮的创建步骤基本一致。

图 9-15 圆锥齿轮

请看如下的一个范例。

❶ 在"建模"应用模块下，从功能区"主页"选项卡的"齿轮建模-GC 工具箱"面板中单击"锥齿轮建模"按钮 ，系统弹出"锥齿轮建模"对话框。

❷ 在"锥齿轮建模"对话框中选择齿轮操作方式，例如选择"创建齿轮"单选按钮，如图 9-16 所示，然后单击"确定"按钮。

❸ 系统弹出"圆锥齿轮类型"对话框，从中设置图 9-17 所示的圆锥齿轮类型选项，单击"确定"按钮。

❹ 系统弹出"圆锥齿轮参数"对话框，从中设置图 9-18 所示的圆锥齿轮参数，然后单击"确定"按钮。

❺ 系统弹出"矢量"对话框，从"类型"下拉列表框中选择" XC 轴"，如图 9-19 所示，然后单击"确定"按钮。

❻ 系统弹出"点"对话框。设置点位于基准坐标系的原点，如图 9-20 所示，然后单击"确定"按钮。

7 系统经过运算，创建图 9-21 所示的圆锥齿轮。

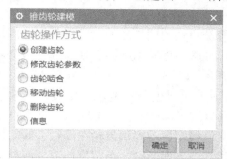

图 9-16　"锥齿轮建模" 对话框

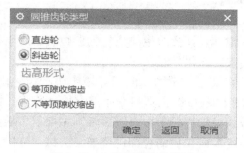

图 9-17　定义圆锥齿轮类型

图 9-18　设置圆锥齿轮参数

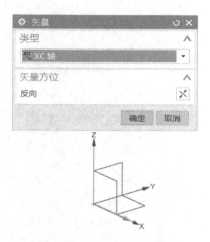

图 9-19　"矢量" 对话框

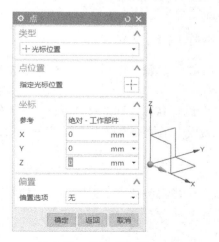

图 9-20　指定点位置

图 9-21　完成创建的圆锥齿轮

9.2.3 齿轮出图

完成齿轮建模后，有时还要绘制齿轮的二维工程图。在绘制齿轮的二维工程图时，往往需要根据设计要求生成齿轮的参数表。对于常见的标准圆柱齿轮和圆锥齿轮，可采用符合国标要求的简化画法。

切换至"制图"应用环境中进行齿轮出图工作时，可以使用功能区"主页"选项卡的"制图工具-GC 工具箱"面板中的"齿轮参数"按钮🖺和"齿轮简化"按钮🌼，前者可用于生成和编辑齿轮参数表，后者则主要用于根据齿轮三维模型自动提供齿轮在图纸上的简化画法，可对简化后的视图进行部分关键尺寸的自动标注等。下面通过一个范例让读者深刻掌握GC 工具箱中关于齿轮的这两个出图工具的应用方法、技巧。

1. 生成齿轮参数表

❶ 打开本书配套的"bc_9_齿轮出图.prt"文件，确保切换至"制图"应用模块，该原始文件已经创建好 3 个视图，如图 9-22 所示。

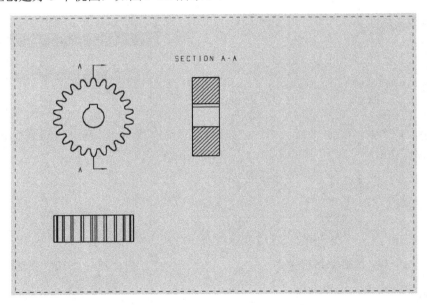

图 9-22 原始文件中已经创建好 3 个视图

❷ 在功能区"主页"选项卡的"制图工具-GC 工具箱"面板中单击"齿轮参数"按钮🖺，弹出"齿轮参数"对话框。

❸ 在"齿轮列表"列表框中选择"gear_1"齿轮名称，即选择"gear_1"齿轮作为要输出参数表的齿轮，如图 9-23 所示，接着从"模板"下拉列表框中选择"Template1"参数输出模板。

❹ 指定输出表在图纸中的放置位置。

❺ 单击"确定"按钮，从而在图纸中生成一个齿轮参数表，如图 9-24 所示（图中该参数表已被通过使用鼠标拖拽的方式调整了列宽）。

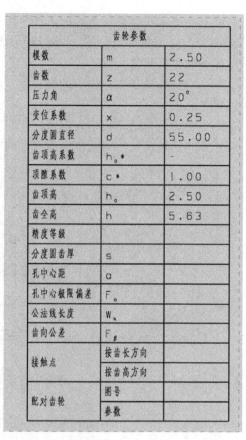

齿轮参数		
模数	m	2.50
齿数	z	22
压力角	α	20°
变位系数	x	0.25
分度圆直径	d	55.00
齿顶高系数	h_a^*	-
顶隙系数	c^*	1.00
齿顶高	h_a	2.50
齿全高	h	5.63
精度等级		
分度圆齿厚	s	
孔中心距	a	
孔中心极限偏差	F_a	
公法线长度	W_k	
齿向公差	$F_β$	
接触点	按齿长方向	
	按齿高方向	
配对齿轮	图号	
	参数	

图 9-23　"齿轮参数"对话框　　　　图 9-24　齿轮参数表（齿轮参数输出结果）

2. 将相关视图改为符合国标要求的简化画法

❶ 在功能区"主页"选项卡的"制图工具-GC 工具箱"面板中单击"齿轮简化"按钮，弹出图 9-25 所示的"齿轮简化"对话框。

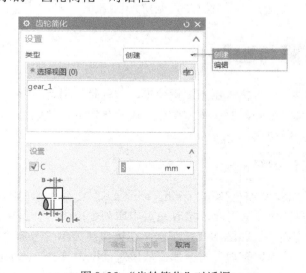

图 9-25　"齿轮简化"对话框

② 从"类型"下拉列表框中选择"创建"选项。

③ "选择视图"按钮 处于被选中的状态，在图纸页中选择需要简化的视图。在本例中选择全部 3 个视图。

④ 在"齿轮简化"对话框的列表中选择要简化的齿轮，包括圆柱齿轮和锥齿轮。在本例中选择"gear_1"。

⑤ 在"设置"选项组中勾选"C"复选框，指定 C 的值为"3"。

⑥ 在"齿轮简化"对话框中单击"确定"按钮，如图 9-26 所示。

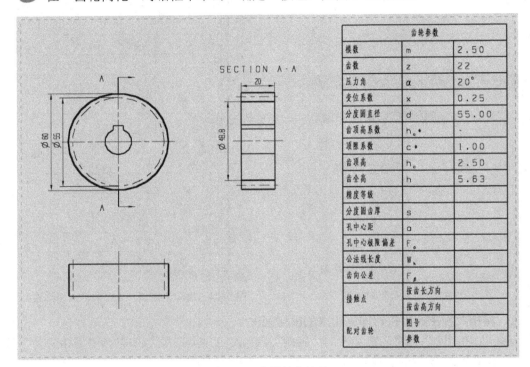

图 9-26　齿轮简化结果

9.3　弹簧建模与出图

NX 10.0 主要提供了两种模式用于弹簧建模，一种是使用重用库，另一种是使用 GC 工具箱中的弹簧设计工具。另外，要注意弹簧也有国标规定的简化画法。本节将较为详细地介绍弹簧建模与出图的实用知识。

9.3.1　使用重用库的弹簧模板

要在重用库中添加弹簧模板库（"spring_template"文件夹），则需要在资源板中单击"重用库"图标标签 以打开重用库，接着在重用库列表框中的合适空白区域处单击鼠标右键，系统弹出一个快捷菜单，如图 9-27 所示，在该快捷菜单中选择"库管理"命令，系统弹出图 9-28 所示的"重用库管理"对话框，从该对话框中单击"添加库"按钮 ，然后利用弹出的"选择目录"对话框来选择弹簧模板文件所在的文件夹"安装目录\Siemens\NX

10.0\LOCALIZATION\prc\gc_tools\configuration\spring_template"来确认添加，最后在"重用库管理"对话框中单击"确定"按钮，此时在重用库列表中可以看到弹簧模板库"spring_template"，如图 9-29 所示。

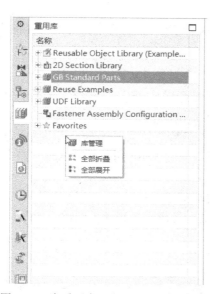

图 9-27　在重用库列表的合适位置处右击　　　　图 9-28　"重用库管理"对话框

在"装配"应用模块中要使用模板添加弹簧部件，可以在重用库中右击"spring_template"，并在弹出的快捷菜单中选择"打开源文件夹"命令，打开"spring_template"文件夹浏览窗口，里面提供若干个弹簧部件，从该浏览窗口中选择所需的弹簧，例如选择"tension_spring_half_ring_right"部件，按住鼠标左键将该部件拖到图形窗口中释放，然后可通过装配约束的方式放置该弹簧，并设置该弹簧的相关参数，图 9-30 展示了一个具有半圆钩环的右旋圆柱拉伸弹簧（通过弹簧模板"tension_spring_half_ring_right"来生成）。

图 9-29　添加了弹簧库　　　　　　　　图 9-30　示例：通过弹簧模板来生成的一个弹簧

9.3.2 GC 工具箱中的弹簧设计工具

在产品设计过程中会经常需要创建弹簧零件。在"建模"应用模块中，GC 工具箱提供了圆柱压缩弹簧、圆柱拉伸弹簧和碟簧的设计工具，通过弹簧设计工具可以按照弹簧的参数或设计条件进行相应的选择，从而自动生成弹簧模型，这种生成方式可以节省较多的产品建模时间。

圆柱压缩弹簧、圆柱拉伸弹簧和碟簧的创建方法是类似的。它们的设计分为两种模式："输入参数"模式和"设计向导"模式。

1. 圆柱压缩弹簧

① 在建模环境下，从功能区"主页"选项卡的"弹簧工具-GC 工具箱"面板中单击"圆柱压缩弹簧"按钮 ，系统弹出"圆柱压缩弹簧"对话框。

② 选择设计模式和创建方式。在这里以选择"输入参数"类型模式为例，而创建方式为"新建部件"，在"弹簧名称"文件框中指定弹簧名称，如图 9-31 所示，默认轴矢量方向和轴点，接着单击"下一步"按钮。

③ 输入弹簧参数，包括旋向、端部结构（可选的端部结构选项有"并紧磨平""并紧不磨平"和"不并紧"）、中间直径、钢丝直径、自由高度、有效圈数和支承圈数，如图 9-32 所示，接着单击"下一步"按钮。

图 9-31　选择设计模式和创建方式

图 9-32　输入弹簧参数

④ 显示弹簧的验算结果，如图 9-33 所示，然后单击"完成"按钮，完成创建的压缩弹簧如图 9-34 所示（以端部结构为并紧不磨平为例）。

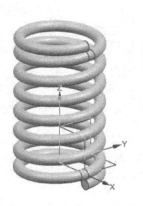

图 9-33　显示弹簧验算结果　　　　　　图 9-34　创建的圆柱压缩弹簧

2. 圆柱拉伸弹簧

① 在建模环境下，从功能区"主页"选项卡的"弹簧工具-GC 工具箱"面板中单击"圆柱拉伸弹簧"按钮 ，系统弹出"圆柱拉伸弹簧"对话框。

② 选择设计模式。在这里以选择"设计向导"类型模式为例，创建方式为"在工作部件中"，接受默认的弹簧名称等，如图 9-35 所示，接着单击"下一步"按钮。

③ 输入初始条件（包括最大载荷、最小载荷、工作行程、弹簧中径），选择端部结构（可选的端部结构选项有"半圆钩环""圆钩环"和"圆钩环压中心"），如图 9-36 所示，本例从"端部结构"下拉列表框中选择"圆钩环压中心"选项，然后单击"下一步"按钮。

图 9-35　圆柱拉伸弹簧：选择设计模式　　　　图 9-36　圆柱拉伸弹簧：初始条件

④ 输入假设直径，指定弹簧材料，估算许用应力，如图 9-37 所示，然后单击"下一步"按钮。

⑤ 输入弹簧参数,如图 9-38 所示,然后单击"下一步"按钮。

图 9-37　圆柱拉伸弹簧:弹簧材料与许用应力

图 9-38　圆柱拉伸弹簧:输入弹簧参数

⑥ 显示验算结果,如图 9-39 所示,然后单击"完成"按钮,完成创建的圆柱拉伸弹簧效果如图 9-40 所示。

图 9-39　圆柱拉伸弹簧:显示验算结果

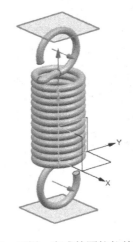

图 9-40　示例:完成的圆柱拉伸弹簧

有兴趣的读者可以尝试通过"输入参数"设计模式(类型)来创建该圆柱拉伸弹簧,注意"输入参数"设计模式与"设计向导"设计模式(类型)在操作细节上有什么不同。

3. 碟簧

碟簧(碟形弹簧)的形状为圆锥等蝶状,与传统弹簧不同,功能上有其特殊的作用,主要特点是负荷大、行程短、所需空间小、组合使用方便、维修换装容易、经济安全性高,适用于空间小、负荷大的精密机械。

下面介绍碟簧创建范例。

① 在建模环境下,从功能区"主页"选项卡的"弹簧工具-GC 工具箱"面板中单击"碟簧"按钮 ,系统弹出"碟簧"对话框。

② 选择设计模式。设计模式的类型有"输入参数"和"设计向导"两种。在这里以在"输入参数"类型模式为例,即在"类型"选项组中选择"输入参数"选项,接着在"创建方式"选项组中选择"在工作部件中",接受默认的弹簧名称为"Disc Spring",并接受默认的位置,如图 9-41 所示,然后单击"下一步"按钮。

③ 输入参数,如图 9-42 所示,单击"下一步"按钮。

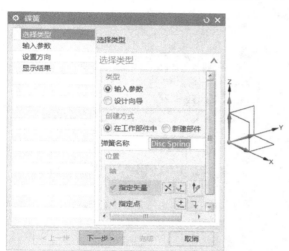

图 9-41 碟簧:选择类型

图 9-42 碟簧:输入参数

④ 设置方向,如图 9-43 所示,单击"下一步"按钮。

⑤ 显示结果,如图 9-44 所示,单击"完成"按钮,完成创建的碟簧如图 9-45 所示。

图 9-43 碟簧:设置方向

图 9-44 碟簧:显示结果

9.3.3 删除弹簧

由于创建弹簧时生成了表达式和特征组等，采用手动删除可能产生不能彻底删除的现象，以使再生成弹簧失败，在这种情况下使用"弹簧工具-GC 工具箱"面板中的"删除弹簧"按钮 可以将工作部件中的弹簧彻底删除掉。

在"弹簧工具-GC 工具箱"面板中单击"删除弹簧"按钮 时，系统弹出图 9-46 所示的"删除弹簧"对话框从列表中选择希望删除的弹簧，然后单击"确定"按钮或"应用"按钮即可将所选的弹簧删除干净。

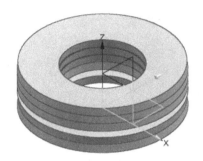

图 9-45　完成创建的组合碟簧

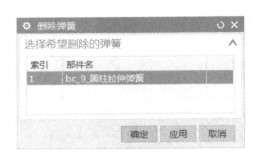

图 9-46　"删除弹簧"对话框

9.3.4 弹簧简化画法

创建好弹簧模型后，用户切换到"制图"应用模块，可以为弹簧部件在指定图纸页上创建采用简化画法的弹簧工程图。

切换至"制图"应用模块后，单击"制图工具-GC 工具箱"面板中的"弹簧简化画法"按钮 ，弹出图 9-47 所示的"弹簧简化画法"对话框，从列表中选择所需的弹簧，接着指定生成位置是在工作部件中还是在新建的部件中，并从"图纸页"下拉列表框中选择所需的图纸页，然后单击"确定"按钮或"应用"按钮，从而 NX 系统根据弹簧三维模型自动提供弹簧在图纸上的简化画法，并对简化后的视图进行部分关键尺寸的自动标注。图 9-48 所示为某圆柱拉伸弹簧的简化画法，图 9-49 所示为某圆柱压缩弹簧的简化画法。

图 9-47　"弹簧简化画法"对话框

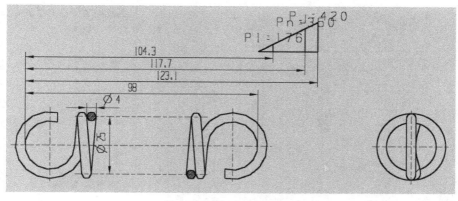

图 9-48 弹簧简化画法示例 1

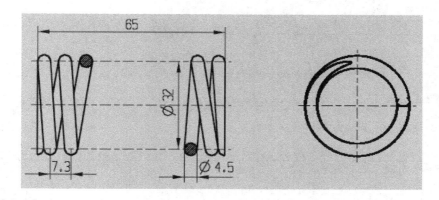

图 9-49 弹簧简化画法示例 2

9.4 使用属性工具填写工程图标题栏

在本节中通过一个典型范例（本书配套的源部件文件名为"bc_9_使用属性工具填写标题栏.prt"）介绍如何使用 GC 工具箱中的制图属性工具来填写工程图标题栏。该源文件中的标题栏初始效果如图 9-50 所示。

① 在制图环境下，从"标准化工具-GC 工具箱"面板中单击"属性工具"按钮，弹出"属性工具"对话框。

② 在"属性工具"对话框的"属性填写"选项卡中，分别为相应"标题"项的"值（Value）"框填写内容，如图 9-51 所示。

③ 在"属性工具"对话框中单击"确定"按钮或"应用"按钮，此时标题栏填写结果如图 9-52 所示。显然还有一些单元格没有填写。如果这些单元格都设置好合适的属性，那么使用属性工具来进行标题栏填写将是很便捷且直观的一件事情。

④ 可以采用手动编辑的方式填写其他单元格，注意设置相关的图层的状态（前面章节有所介绍）。本例最终完成填写的标题栏效果如图 9-53 所示。

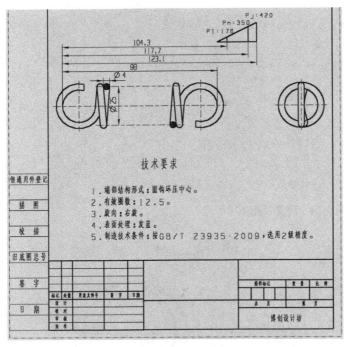

图 9-50　源文件中的标题栏初始效果　　　　　图 9-51　属性填写

图 9-52　属性填写后的标题栏结果

图 9-53　按照要求完成标题栏指定内容的填写

9.5　同步建模知识

同步建模技术是三维 CAD 设计历史中的一个值得称赞的里程碑，该技术在参数化、基于历史记录建模的基础上前进了一大步，该技术可以与先前技术共存。同步建模技术可实时检查产品模型当前的几何条件，并将它们与设计人员添加的参数和几何约束合并在一起，以便评估、构建新的几何模型、编辑模型，而这一切都无须重复全部历史记录。同步建模技术促进了其他关键领域的创新力度，例如，快速捕捉设计意图，快速进行设计变更，提供多 CAD 环境下的数据重用率，提供新的用户互操作体验等。

在"建模"应用模块下，在功能区"主页"选项卡中提供了"同步建模"面板，如图 9-54 所示。用户可以通过单击"同步建模"面板标签右侧的按钮▾来定制哪些同步建模工具显示在"同步建模"面板及其"更多库"列表中。

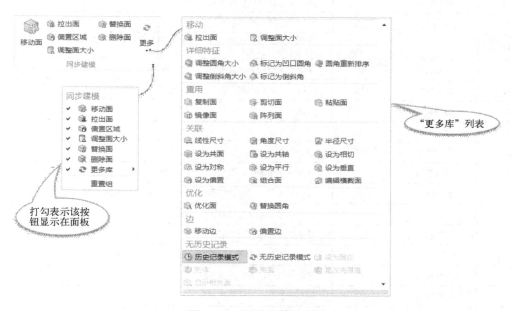

图 9-54　"同步建模"面板

下面介绍同步建模各主要命令工具的功能含义，如表 9-1 所示。注意有些命令工具只有在无历史记录模式下才可用。要启用无历史记录模式，则可以在"同步建模"面板的"更多库"列表中单击"无历史记录模式"按钮 以选中该按钮，也可以在部件导航器中右击"历史记录模式" 并从弹出的快捷菜单中选择"无历史记录模式"命令。

表 9-1　NX 10.0 同步建模各主要命令工具的功能含义

序号	命令名称	按钮	功能含义
1	移动面		移动一组面并调整要适应的相邻面
2	拉出面		从模型中抽取面以添加材料，或将面抽取到模型中以减去材料
3	偏置区域		使一组面偏移当前位置，调节相邻圆角面以适应
4	调整面的大小		更改圆柱形或球形面的直径，调整相邻圆角面以适应
5	替换面		将一组面替换为另一组面
6	调整圆角大小		更改圆角面的半径，而不考虑它的特征历史记录
7	圆角重新排序		将凸度相反的两个交互圆角的顺序从"B 超过 A"改为"A 超过 B"

（续）

序　号	命令名称	按　钮	功　能　含　义
8	标记为凹口圆角		将面标识为凹口圆角，以在使用同步建模命令时将它重新倒圆
9	调整倒斜角大小		更改倒斜角面的大小，而不考虑它的特征历史记录
10	标记为倒斜角		将面识别为倒斜角，以便在使用同步建模命令时对它进行更新
11	删除面		删除体的面并延伸剩余面以封闭空区域
12	复制面		复制一组面
13	剪切面		复制一组面并从模型中删除它们
14	粘贴面		通过增加或减少片体的面来修改体
15	镜像面		复制一组面并跨平面进行镜像
16	阵列面		使用阵列边界、实例方位、旋转和删除等各种选项将一组面复制到许多阵列或布局（线性、圆形、多边形等），然后将它们添加到体
17	设为共面		修改一个平的面，以与另一个面共面
18	设为共轴		修改一个圆柱或锥，以与另一个圆柱或锥共轴
19	设为相切		修改一个面，以与另一个面相切
20	设为对称		修改一个面，以与另一个面对称
21	设为平行		修改一个平的面，以与另一个面平行
22	设为垂直		修改一个平的面，以与另一个面垂直
23	设为固定		固定某个面，以便在使用同步建模命令时不对它进行更改
24	设为偏置		修改某个面，使之从另一个面偏置
25	组合面		将多个面收集为一个组
26	编辑横截面		与一个面集和一个平面相交，然后通过修改截面曲线来修改模型
27	线性尺寸		移动一组面，方法是添加线性尺寸并更改其值
28	角度尺寸		移动一组面，方法是添加角度尺寸并更改其值
29	径向尺寸		移动一组面，方法是添加径向尺寸并更改其值
30	壳体		通过应用壁厚并打开选定面来修改实体，修改模型时保持壁厚
31	壳面		将面添加到具有现有壳体的模型的壳体中
32	更改壳厚度		更改现有壳体的壁厚
33	优化面		通过简化曲面类型、合并、提高边精度及识别圆角来优化面
34	替换圆角		将类似于圆角的面替换成滚球倒圆
35	移动边		从当前位置移动一组边，并调整相邻面以适应
36	偏置边		从当前位置偏置一组边，并调整相邻面以适应
37	历史记录模式		设置建模模式以在线性历史中存储特征，向特征编辑功能提供回滚和重播
38	无历史记录模式		设置建模模式以向无历史记录编辑功能提供同步建模命令，不存储历史记录
39	显示相关面		显示具有有关系的面，并允许浏览以审核单个面上的关系

备注：在选中"历史记录模式"按钮时，"设为固定"按钮、"壳体"按钮、"壳面"按钮、"更改壳厚度"按钮和"显示相关面"按钮不可用；只有在选中"无历史记录模式"按钮时，这几个按钮才可用。

　　使用同步建模技术处理外来模型是非常有用的，而且其操作也非常简单易学易用。鉴于篇幅有限，本书不深入介绍，希望读者参照上表所述的知识点深入自学这方面的知识，学以致用。

9.6 综合实战进阶案例

本节介绍一个花键-圆锥齿轮的综合实战进阶案例。要完成的案例模型如图 9-55 所示。

图 9-55 综合实战进阶案例完成的零件效果

本综合实战进阶案例的具体操作步骤如下。

1. 新建一个模型文件

① 单击"新建"按钮 🗋，系统弹出"新建"对话框。

② 在"模型"选项卡的"过滤器"选项组的"单位"下拉列表框中选择"毫米"，从"模板"列表中选择名称为"模型"的模板，在"新文件名"选项组的"名称"文本框中输入"bc_9r_szalx.prt"，并指定要保存到的文件夹（即指定保存路径）。

③ 在"新建"对话框中单击"确定"按钮。

2. 使用 GC 工具箱来创建圆锥齿轮

① 在功能区"主页"选项卡的"齿轮建模-GC 工具箱"面板中单击"锥齿轮建模"按钮 ⚙，系统弹出"锥齿轮建模"对话框。

② 在"锥齿轮建模"对话框中选择"创建齿轮"单选按钮，单击"确定"按钮。

③ 系统弹出"圆锥齿轮类型"对话框，在第一组中选择"直齿轮"单选按钮，并在第二组（即"齿高形式"选项组）中选择"不等顶隙收缩齿"单选按钮，如图 9-56 所示，然后单击"确定"按钮。

④ 系统弹出"圆锥齿轮参数"对话框，从中设置图 9-57 所示的圆锥齿轮参数，其中"大端模数"为"3"，"牙数"（齿数）为"35"，"压力角"为"20°"，"齿轮建模精度"为"中部"，然后单击"确定"按钮。

⑤ 系统弹出"矢量"对话框，从"类型"下拉列表框中选择"-YC 轴"选项，如图 9-58 所示，然后单击"确定"按钮。

⑥ 在弹出的"点"对话框中设置坐标如图 9-59 所示，然后单击"确定"按钮。

图 9-57 设置圆锥齿轮参数

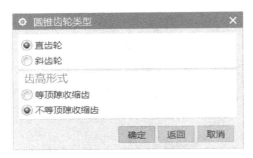

图 9-56 设置圆锥齿轮类型

图 9-58 定义矢量方向

图 9-59 设置点位置坐标

系统开始计算，生成图 9-60 所示的圆锥齿轮。

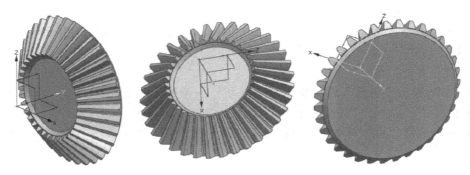

图 9-60 创建的圆锥齿轮

3．创建旋转实体特征

① 在功能区"主页"选项卡的"特征"面板中单击"旋转"按钮 🥮，打开"旋转"对话框。

② 在"截面"选项组中单击"绘制截面"按钮 📷，打开"创建草图"对话框。

③ 从"草图类型"下拉列表框中选择"在平面上"，从"草图平面"选项组的"平面方法"下拉列表框中选择"现有平面"，选择所需的坐标面来定义草图平面，如图 9-61 所示。单击"确定"按钮。

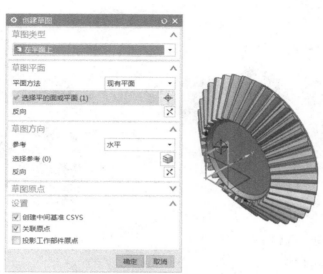

图 9-61　指定草图平面

④ 绘制图 9-62 所示的旋转截面，单击"完成草图"按钮 🏁。

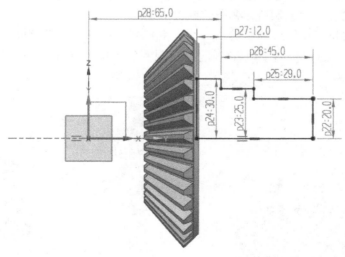

图 9-62　绘制旋转截面

⑤ 在"轴"选项组的"指定矢量"下拉列表框中选择"YC 轴"图标选项 ᵞᶜ 定义旋转中心矢量，单击"点构造器"按钮 ⬩ 来利用弹出的对话框指定绝对原点位置（0,0,0），这样

便完全定义了旋转轴。接着在"限制"选项组中设置开始角度为"0",结束角度为"360";在"布尔"选项组的"布尔"下拉列表框中选择"求和"选项;在"设置"选项组的"体类型"下拉列表框中选择"实体",如图 9-63 所示。

⑥ 在"旋转"对话框中单击"确定"按钮,完成创建该回转实体特征的模型效果如图 9-64 所示。

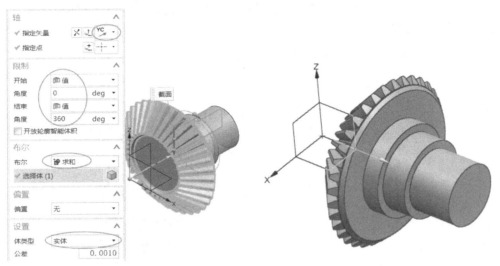

图 9-63　定义轴、限制条件、布尔类型等　　　　图 9-64　创建旋转实体特征

4. 创建简单直孔特征

① 在"特征"面板中单击"孔"按钮 🗔,系统弹出"孔"对话框。

② 在"类型"下拉列表框中选择"常规孔"选项。

③ 指定孔的放置位置。在选择条中确保选中"圆弧中心"图标 ⊙,在模型中通过单击图 9-65 所示的圆边以选择其圆心作为孔的放置位置。

④ 在"形状和尺寸"选项组的"形状"下拉列表框中选择"简单孔"选项,在"直径"文本框中输入"直径"为"21",从"深度限制"下拉列表框中选择"贯通体"选项,如图 9-66 所示。

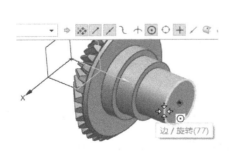

图 9-65　指定孔的放置点　　　　　　　图 9-66　设置形状和尺寸参数

⑤ 在"孔"对话框中单击"确定"按钮，创建孔的效果如图 9-67 所示。

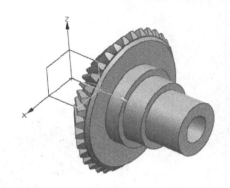

图 9-67 创建简单圆孔

5. 以拉伸的方式切除出内花键的一个键槽结构

① 在"特征"面板中单击"拉伸"按钮 🔲，系统弹出"拉伸"对话框。

② 在"截面"选项组中单击"绘制截面"按钮 🔡，打开"创建草图"对话框。

③ 草图类型为"在平面上"，草图平面的"平面方法"为"现有平面"，选择图 9-68 所示的实体平表面定义草图平面，单击"确定"按钮。

④ 绘制图 9-69 所示的拉伸截面，单击"完成草图"按钮 🏁。

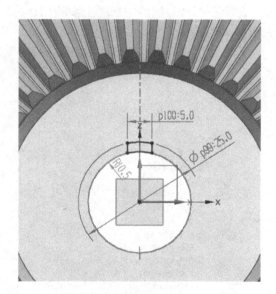

图 9-68 定义草图平面　　　　　　　图 9-69 绘制拉伸截面

⑤ 在"拉伸"对话框中设置图 9-70 所示的选项及参数。

⑥ 在"拉伸"对话框中单击"确定"按钮，拉伸求差的结果如图 9-71 所示。

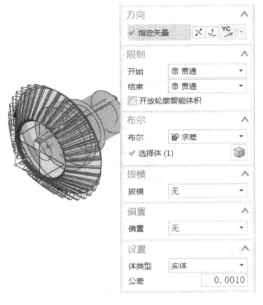

图 9-70　在对话框中设置相关的选项及参数　　　　图 9-71　拉伸求差的结果

6. 阵列出内花键的全部键槽结构

① 在"特征"面板中单击"阵列特征"按钮 ，系统弹出"阵列特征"对话框。

② 在部件导航器中选择上步骤创建的拉伸特征（拉伸切口）作为要形成阵列的特征，如图 9-72 所示。

③ 在"阵列定义"选项组的"布局"下拉列表框中选择"圆形"选项，如图 9-73 所示。

图 9-72　选择要形成阵列的特征　　　　图 9-73　选择"圆形"布局选项

④ 在"旋转轴"子选项组中选择"YC 轴"图标选项 ，并在 YC 轴上指定一点（例如通过点对话框指定绝对坐标点为 X=0、Y=0、Z=0），接着在"角度方向"子选项组的"间距"

下拉列表框中选择"数量和节距"选项,设置"数量"为"6","节距角"为"60",如图 9-74 所示。

⑤ 在"阵列方法"选项组的"方法"下拉列表框中选择"变化"选项,如图 9-75 所示。

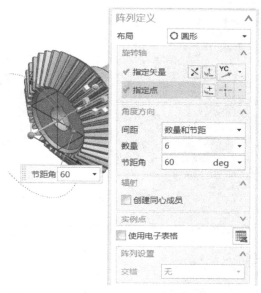

图 9-74 定义旋转轴及角度方向参数等   图 9-75 其他设置

⑥ 单击"确定"按钮,完成圆形阵列特征的效果如图 9-76 所示。

说明:此花键槽的结构也可以一次采用拉伸求差的方式来完成,但这样拉伸截面就相对复杂些,如图 9-77 所示,且拉伸截面不容易修改。在实际设计中,对于一些结构可以多分几个简单的步骤来完成,目的是保证以后变更设计方便。

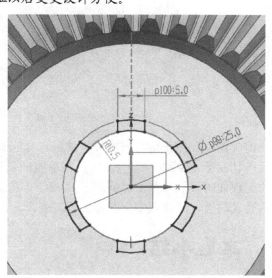

图 9-76 完成圆形阵列   图 9-77 拉伸截面草图

7．创建倒斜角

① 在"特征"面板中单击"倒斜角"按钮，系统弹出"倒斜角"对话框。

② 在"偏置"选项组中设置图 9-78 所示的选项和参数。

③ 选择图 9-79 所示的两条边。

图 9-78　设置倒斜角参数　　　　　　图 9-79　选择要倒斜角的两条边

④ 在"倒斜角"对话框中单击"确定"按钮。

8．隐藏基准坐标系与保存文件

至此，完成了该花键-圆锥齿轮一体零件的设计。可以将基准坐标系隐藏起来。完成的模型效果如图 9-80 所示。

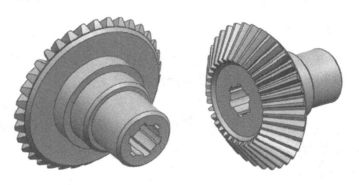

图 9-80　最后完成花键-圆锥齿轮一体零件

单击"保存"按钮，将此设计结果保存起来。

可以切换至"制图"应用模块，在指定的新图纸页上为该花键-圆锥齿轮一体零件创建相关的工程视图，然后单击"制图工具-GC 工具箱"面板中的"齿轮简化"按钮来获得符合国标要求的齿轮简化视图，具体过程省略。

9.7　本章小结

在实际工作中，使用 NX 中国工具箱（含 GC 工具箱）和同步建模功能是很有用处的，也具有很高的设计效率。

　　本章介绍了 NX 中国工具箱（含 GC 工具箱）和同步建模这两方面的实用知识。其中，GC 工具箱设计包是 NX 7.5 才开始有的功能，在 NX 10.0 中 GC 工具箱功能得到了进一步地增强和实用。在 NX 中国工具箱方面，主要介绍了 GB 标准定制基础、GC 工具箱基础、齿轮建模及其出图、弹簧建模及其出图、使用属性工具填写工程图标题栏，其他方面希望读者在学习、工作中慢慢领会，它们的使用方法都是比较类似的。对于同步建模方面，则主要介绍了相关的命令用途，这些同步建模的命令应用都是比较易学易用的。同步建模的相关功能在处理外来三维模型时很有帮助。课后请认真自学 GC 工具箱的其他工具命令和同步建模的工具命令。

　　本章最后还介绍了一个综合实战进阶案例，在该案例中主要使用了 GC 工具箱中的齿轮建模功能。

9.8　思考练习

　　1）什么 GC 工具箱？使用 GC 工具箱有什么好处？

　　2）在"制图"应用模块中，如何快速地在图纸页上插入技术要求注释？

　　3）什么是同步建模技术？在什么情况下使用同步建模技术比较实用？

　　4）如何修改齿轮参数？

　　5）扩展问题：如何为配合的齿轮设置齿轮啮合关系？

　　6）什么是圆柱压缩弹簧、圆柱拉伸弹簧、碟簧（可举图例说明）？这些弹簧的用途特点如何？

　　7）上机操作：设计直齿渐开线圆柱齿轮，已知齿轮的参数为：模数 m=4，齿数 z=24，压力角为 20°，齿轮厚度 B=35mm。

　　8）上机操作：设计一个斜齿渐开线圆柱齿轮，已知齿轮的参数为：法面模数 m=3，齿数 z=76，法面（标准）压力角为 20°，螺旋角为 9.21417°，齿轮厚度 B=62mm。

　　9）上机操作：自行设计一个端部并紧不磨平的圆柱压缩弹簧，以及设计一个具有圆钩环的圆柱拉伸弹簧，最后并分别为它们建立采用简化画法的工程图。